青藏高原牧区
肉羊生产学

朱江江 主编

中国农业出版社
北 京

图书在版编目（CIP）数据

青藏高原牧区肉羊生产学 / 朱江江主编. -- 北京：中国农业出版社，2024. 10. -- ISBN 978-7-109-32603-3

Ⅰ. S826. 9

中国国家版本馆 CIP 数据核字第 2024Q2U162 号

青藏高原牧区肉羊生产学

QINGZANG GAOYUAN MUQU ROUYANG SHENGCHANXUE

中国农业出版社出版

地址：北京市朝阳区麦子店街 18 号楼

邮编：100125

责任编辑：刘　伟　武旭峰

版式设计：王　晨　　责任校对：吴丽婷

印刷：北京印刷集团有限责任公司

版次：2024 年 10 月第 1 版

印次：2024 年 10 月北京第 1 次印刷

发行：新华书店北京发行所

开本：787mm×1092mm　1/16

印张：13.25　　插页：2

字数：300 千字

定价：86.00 元

QINGZANG GAOYUAN MUQU ROUYANG SHENGCHANXUE

《青藏高原牧区肉羊生产学》

编者名单

组编单位：西南民族大学

主　　编：朱江江

副 主 编：张倡珲　向　华

编　　者：朱江江　西南民族大学

黄　炼　西南民族大学

杜站宇　西南民族大学

向　华　西南民族大学

张倡珲　西南民族大学

杨丽雪　西南民族大学

段东东　西南民族大学

王　会　西南民族大学

赵旺生　西南科技大学

赵晓东　四川省龙日种畜场

李小伟　四川省龙日种畜场

申文兵　四川农业大学

罗志昊　四川农业大学

任子利　西藏农牧学院

赵彦玲　西藏农牧学院

王耀梅　西藏农牧学院

孙鸿强　四川省国有资产投资管理有限责任公司

FOREWORD
前言

青藏高原位于我国西部，平均海拔 4 000m 以上，是地球上一个独特的生态环境区域，素有“世界屋脊”之誉。独特的气候条件和优良的天然牧场为肉羊养殖（以藏羊为主）提供了独特的生长条件。西藏山羊和藏系绵羊是在青藏高原地区经过长期自然选择和人工选育形成的古老绵羊品种，是牧区人民重要的生产和生活资料，对牧区的经济发展具有极其重要的作用。

随着社会经济的发展，我国社会主要矛盾转变为“人民日益增长的美好生活需要和不平衡不充分的发展之间的矛盾”，人们对羊肉的营养价值的认识逐渐深化，羊肉消费市场越来越大，养羊业正悄然从传统、分散、小生产经营方式向规模化肉羊生产经营方式转变。藏羊以其产肉性能高，羊肉天然、绿色、安全、品质好，高寒适应性强，生产环境天然等特点备受消费者青睐。一批以藏羊为当家品种的养羊企业和藏民养羊合作社应运而生。这对新形势下带动牧民养羊增收，推动青藏高原牧区肉羊产业转型升级和乡村振兴提供了重要手段。

本书是由来自国内长期从事青藏高原牧区肉羊教学、科研和生产的 3 所高等院校和 2 家龙头企业的专家共同编写而完成的，针对青藏高原牧区肉羊养殖实际情况，系统介绍了青藏高原牧区肉羊产业发展现状（第一章，朱江江）、羊的生物学特性与消化生理特点（第二章，黄炼）、藏区羊种质资源与品种利用（第三章，杜站宇）、青藏高原牧区草场建设与牧草资源开发利用（第四章，段东东）、肉羊营养需要与饲养管理技术（第五章，赵晓东、张倡珲、李小伟、赵彦玲）、肉羊高效繁育技术（第六章，赵旺生、王会）、青藏高原牧区养羊主要疫病防控技术（第七章，向华）、青藏高原牧区羊场建设与经营管理（第八章，孙鸿强、申文兵、罗志昊、任子利、王耀梅）、青藏高原牧区养羊产业发展耦合模式（第九章，杨丽雪）等方面内容，力求理论联系实际，内容全面系统，注重科学性、普及性和实用性，语言通俗易懂，并配有大量插图，可为青藏高原牧区基层畜牧兽医技术人员提供技术指导，也可作为涉农院校畜牧相关专业本科生和研究生教材使用。

由于编者水平有限，书中难免存在不足或疏漏之处，恳请广大读者不吝批评、指正，以修正完善，不胜感激！

编　者

2024年5月20日

CONTENTS

目录

第一章　青藏高原牧区肉羊产业发展现状

第一节　青藏高原牧区羊遗传资源分布与肉羊养殖的意义

一、青藏高原独特的自然生态条件

青藏高原位于亚洲大陆中部，西起帕米尔高原、东迄横断山脉，北界昆仑山、祁连山，南抵喜马拉雅山，平均海拔4 000 m以上，面积约250万km^2，约占中国陆地的1/4，地域辽阔，山川险峻，自然资源丰富，是地球上一个独特的生态环境区域，素有“世界屋脊”之誉。地形上可分为羌塘高原、藏南谷地、柴达木盆地、祁连山地、青海高原和川藏高山峡谷区等6个部分，区域范围包括西藏自治区（简称西藏）和青海省全部及云南省西北部、四川省西部、甘肃省西南部和新疆维吾尔自治区（简称新疆）南部，共6个省（自治区）的38个地区（市、自治州），共211个县（市、自治县）的全部或部分。

青藏高原主要气候特征是年平均气温比较低。与同纬度相比，高原地面年平均气温比四周要低10～14℃，特别是夏季，西藏北部平均比我国东部平原同纬度日平均温度低20℃，高原气温年较差比平原要小，而日较差比平原大，前者与海洋相近，而后者则表现一种强内陆山地气候特征。同时，青藏高原也是我国降水量最少的地区，从平均降水量分布来看，总的趋势是自东南向西北减少。西藏东南部一般都在600～800 mm，西藏西北部与新疆交界处，其年平均降水量50 mm以下。较低的气温和较少的降水量也导致了高原地区空气湿度相对较低，全年平均绝对湿度只相当于同纬度平原的1/3，西藏北部比中西伯利亚也要小50%。年平均相对湿度为40%～50%，比同纬度平原（60%～80%）低20%，冬季低40%～60%。然而在夏季，除西藏西部相对湿度较小外，90°E以东则几乎和同纬度平原相当，比中南半岛西北部（低于60%）和伊朗高原都要大。

冰川是青藏高原冰冻圈的重要元素，冰川面积达19 161.9km^2，约占全国冰川面积的84%，占全球山岳冰川面积的26%，占亚洲冰川面积的1/2，冰储量约为1 105.6 km^3。虽然平均降水量相对不足，但高原冰川融雪造就了发达的河流水系，滋润了高原万物生灵，保持了生态环境平衡，提供了重要的淡水资源。青藏高原周边水系以外流水系为主，青藏高原是长江、黄河、澜沧江、怒江及雅鲁藏布江的发源地。高原腹地水系以内流水系为主，自高处流向低处，自四周汇聚于高原湖泊。青藏高原是我国湖泊主要分布地区，有数百个大小不等的湖泊，西藏北部湖泊大部分为咸水湖或盐湖，西藏南部很多湖泊为淡水湖。

高原内部总体地势较为平坦，由高原面、盆地面、湖盆谷、河流阶地、低山丘陵区和山顶面等地貌单元组成。特殊的地形、地貌特征使其经历了由低海拔的热带、亚热带森林转变为高寒草甸、干旱草原与荒漠的不同类型生态环境的变迁，也孕育了独特的生物多样性。高原上广泛分布着由适低温的多年生草本植物组成的高寒草甸，以耐寒旱生的多年生丛生禾草、根茎苔草和小半灌木为建群种，具有草丛低矮、层次简单、草裙稀疏，覆盖度小，伴生着适应高寒生境的垫状植物层片，以及生长季节短、生物产量较低等特点。

二、青藏高原肉羊养殖的意义

独特的气候条件和优良的天然牧场为肉羊养殖（以藏羊为主）提供了独特的环境条件。西藏山羊主要分布于西藏阿里、那曲、日喀则、山南、昌都等地区，四川甘孜、阿坝地区，青海省玉树、果洛等地区，据 2005 年统计数据约为 720 万只。藏系绵羊（含各地方品种）主要分布于青海、西藏、四川、甘肃、贵州、云南等地区，至 2022 年约为 3 000 余万只。藏系绵羊是我国三大粗毛绵羊品种之一，是在青藏高原地区经过长期自然选择和人工选育形成的古老绵羊品种，是其产区的景观羊种和主要畜种资源，是产区人民重要的生产和生活资料，对产区的经济发展具有极其重要的作用。藏羊终年放牧于天然牧场，所产羊肉是纯天然无污染的绿色食品，以营养、安全特性而日益凸显出市场竞争力。发展藏羊产业对提高牧户收益，加快牧区建设，维护青藏高原地区社会稳定，促进民族经济繁荣和保持生态平衡具有极其重要的意义。

此外，青藏高原地区还引入萨能奶山羊、关中奶山羊、中国美利奴羊、新疆细毛羊、高加索细毛羊、茨盖半细毛羊、罗姆尼羊、边区莱斯特羊、湖羊、萨福克羊、无角陶赛特羊、杜泊羊等品种。通过将引进品种与青藏高原本地羊品种进行杂交选育，显著提高了肉羊生产性能，提高了养殖效益，为助力青藏高原牧区养羊业从传统畜牧业向现代集约化生产转型升级具有重要意义。

第二节　青藏高原牧区肉羊产业发展面临的形势

一、青藏高原牧区肉羊产业发展现状

藏羊产业是青藏高原牧区主要产业之一，具有丰富的资源优势和发展潜力。随着经济社会的发展和人们对高品质生活需求的增加，藏羊产业面临着巨大的发展机遇和挑战。具有以下特点：

（一）资源丰富

藏羊是西藏地区的原生物种，数量庞大，分布广泛。藏羊不同于普通的绵羊，主要有以下几个方面的特点：第一，其适应环境的能力较强，就算是在比较恶劣的环境中，也能够很好的生存。与此同时，在其生存的地区，海拔一般在 3 km 以上，长期生存在这样的环境中，其体型比较高大，且颈部较短，有利于它们的呼吸。第二，藏羊与其他类型的羊相比，养殖优势十分明显。比如，养殖起来更加容易，且营养价值更高，在市场中比较受欢迎。第三，从养殖地区来看，其主要在青藏高原地区养殖。

（二）商品价值高

藏羊皮具有很高的商品价值，是制作高档羊皮产品的重要原料。藏羊的羊毛细腻、柔软、保暖性好，被誉为“纤维皇后”。羊毛制品、羊肉等产品也受到市场的广泛认可。

（三）市场需求旺盛

随着人民收入水平的提高，人们对高品质生活的追求日益增加。羊绒制品成为时尚界的新宠，藏羊产业因此受益。

（四）产业链完整

藏羊产业涵盖了养殖、加工、销售等环节，形成了完整的产业链。这种完整的产业链可以提高产品附加值，促进产业发展。

二、主要问题和挑战

目前藏羊产业还存在一些问题：

（一）遗传资源挖掘与利用不足

地区地域广阔，地形多变，容易造成群体隔离而产生了丰富的羊遗传资源。然而，一直以来藏羊遗传背景不清，同种不同名、同名不同种等现象长期存在。新品种（品系）选育相对滞后，资源优势难以发挥，难以满足现代养羊业细分市场的需求。同时，科技人才团队等介入较少，研发投入长期不足，导致科技对资源保护利用的推动作用较差。

（二）生产规模小，养殖技术和效益低下

由于高海拔、恶劣的自然环境限制，长期以来藏羊养殖以传统放牧为主，集约化养殖程度低，现代肉羊养殖基础设施建设滞后，导致现代肉羊高效养殖技术难以应用。此外，长期的放牧模式也使得品种选育和营养调控技术研究和应用技术得不到重视，藏羊养殖总体还处于“夏壮、秋肥、冬瘦、春乏”的恶性循环。受到民族和宗教等意识观念的影响，藏羊适时出栏机制还不健全，草畜矛盾日益激烈，藏羊销售效益低下。藏羊养殖技术人员不足，技术人员受培训程度低，导致藏羊养殖总体处于较低的水平。

（三）规模化、产业化发展程度低

藏羊是青藏高原生态环境下特有的羊品种，但由于长期以来青藏高原地区工业化发展时间晚，近年来发展起来的藏羊加工龙头企业带动力不强。本地区加工企业多为中小型企业，资金缺乏，技术、人才力量较为薄弱，藏羊肉加工生产规模较小，藏羊肉产品几乎处于粗加工阶段，产品多以鲜肉为主，机械化程度低，产品技术含量低，缺少精深加工产品。导致优质的藏羊资源得不到充分利用，产业链还不完善，养殖、加工、销售没有形成协调发展，藏羊肉的优势价值没有体现出来，影响了藏羊肉的市场竞争力，使本地区藏羊加工业长期处于滞后状态，规模化和产业化发展程度低。

（四）羊肉储藏、加工、运输体系不完善，品牌建设不足

在市场经济的背景下，品牌建设对于产业发展至关重要。藏羊肉氨基酸丰富，种类齐全，接近理想蛋白质模式且蛋白品质优良，肌间脂肪含量适中，矿物质含量较高，尤其镁、锰含量丰富，是生产开发绿色保健食品的最佳原料之一。但由于藏羊生产地没有完善的冷链存储运输体系，藏羊在当地屠宰后，其肉品大多以胴体肉和冷冻肉进行运输，会造成藏羊肉的汁液流失率、蒸煮损失率、挥发性盐基氮和菌落总数显著增大，对藏羊肉的品

质产生严重的不良影响。同时，不能长距离运输常温胴体肉，导致藏羊产品供应稳定性不足，难以形成具有竞争优势的本地藏羊品牌，产品附加值不高，制约了藏羊产业的进一步发展。

第三节 青藏高原牧区肉羊生产发展方向

我国养羊产业在取得成就的同时，在引种、饲养方式和产业化进程等方面的问题也日渐突出。尤其是2015年肉羊价格大幅下跌，后来由于非洲猪瘟等疫病的影响，羊肉价格显著上涨，之后维持在正常水平。这一系列问题使得我国肉羊产业发展迎来了新的问题和挑战，迫使肉羊生产者及时调整、升级产业发展模式和产业结构。增强生产管理效率，延伸产业链条，提升产品附加值，建立健全品牌化战略模式，增强产品价值和行业竞争力是我国肉羊业发展的必然趋势。藏羊产业在全国羊业转型升级的形势下，也需要谋求自身创新性发展，提升行业竞争力，这是未来发展的关键。

一、青藏高原牧区肉羊生产的发展趋势

为了促进青藏高原牧区肉羊生产的可持续发展，需要注意以下几个趋势：

（一）结构工业化和管理精细化

结构转型的工业化趋势。随着小康社会阶段目标的完成，我国经济工业化逐渐成熟。这一时期，社会对畜产品的需求压力大，同时养殖业的发展受到的制约因素众多，政策因素、市场因素、自然因素都直接或间接地左右着养殖业。同时，在国家经济制度改变和饮食结构调整的背景下，传统畜牧养殖模式向工厂化、集约化转型是主要趋势。随着集约化水平的提升，新的养殖和加工技术将逐渐应用于藏羊产业。加强与科研院所的联系，推进成果转化，通过科技手段提高藏羊的生产力和产品质量，推动藏羊产业的规模化和精细化管理是藏羊发展的重要途径。例如，利用现代化养殖技术，加强地方优势农作物副产品等新型饲料资源开发利用、新型饲料配方优化和制备方式创新、饲草料购买供给模式的转变等方面的进展将有助于降低饲养成本，缓解草畜矛盾，完善环境管理，提高育肥速度和饲养效率。

（二）资本的注入和产品链的完善，推动产业产品和市场升级

随着市场需求的增加，越来越多的资本将进入藏羊产业。这将推动产业链的完善和发展，促进新型符合市场需求的羊产品的推出。同时，随着国际市场的开拓和竞争，国内肉羊产品品牌建设和宣传推广也会增强，通过集中力量打造优质品牌，提高品牌竞争力，提高产品的知名度和美誉度，提高产品附加值，使得肉羊产业由养殖导向型转变为产品和市场导向型。新西兰、澳大利亚等一些发达国家前些年已经开始了羊肉的国际化市场转型，然而我国藏羊生产长期以来仍沿袭传统的生产方式，资本注入下的工业化、国际化道路正处于起步阶段，参与国际竞争仍然存在单体屠宰率低、产品成本高、竞争力不强等问题，这决定了青藏高原牧区肉羊产业有待进一步发展。

（三）绿色生态生产和可持续发展

尊重自然、顺应自然、保护自然是全面建设社会主义现代化国家的内在要求，保护好

青藏高原生态是对中华民族生存和发展的最大贡献。在推动藏羊产业发展的同时，要注重生态保护和可持续发展。加强对草原的保护，采用可持续的养殖模式，避免过度放牧和过度开发，保持生态平衡和稳定。草牧业的发展是应对草畜矛盾的途径之一。例如：通过培育高原适应性牧草新品种，在防风固沙、防止土壤沙化的同时增加牧场面积和草产量；在适宜地区推广人工种草技术，新建现代草畜一体化牧场；推广草场鼠害综合防治技术；推广“草-药-灌”和“圈窝种草”“牧草混播”等技术。在保护天然草场的同时，提高草产量以满足畜牧养殖对草料的需求，结合饲草外购和农副产品创新利用，以实现打造“青藏高原有机绿色农畜产品输出地”的目的。

二、对策和建议

（一）政策支持和引导

政府应出台相关政策，支持和引导藏羊产业的发展。例如，加大财政资金的投入，对藏羊产业进行资金扶持和补贴；建立健全相关的法律法规，保障肉羊产业安全规范；完善肉羊产业链人才管理和制度体系，加强对藏羊养殖和加工技术的研究和推广，提高产业的整体水平。组织专家进行技术指导和培训，提高从业人员的专业技能和管理水平，提高产品竞争力。

（二）肉羊生产结构调整，提高羊肉质量

转变生产方式，探索实施自然放牧、半放牧半舍饲、适度规模全舍饲、集约化全舍饲养殖等生产模式，提高区域饲料资源开发利用效率，加强集约化养殖营养供给及配套技术研究应用，提升养殖效益；系统开展肉羊阶段性选育，推动种质资源创新和品种（品系）培育，适度开展肉羊经济杂交，注重早期生长发育，积极发展肥羔羊肉和高品质羊肉生产，提高羊肉品质，缩短养殖周期。

（三）推动肉羊全产业链发展，培育肉羊产业品牌，唱响绿色生态名片

积极推动肉羊屠宰和精细化分割技术研发与应用，推动下游食品加工产业的发展，开发多样化、特异化食品产品；推动羊粪高效再利用技术研发应用，并与花卉、种植业等行业融合发展，推动循环经济发展；创新屠宰产品加工利用技术，提升肉羊加工综合效益；重视肥羔羊肉高端产品开发，融合生态、绿色、高端理念，打造区域性肉羊品牌，提升产品附加值。

第二章　羊的生物学特性与消化生理特点

第一节　青藏高原牧区肉羊的行为特点

一、青藏高原牧区肉羊的生理特点

（一）正常生命体征

生命体征是羊生命活动的重要征象，主要包括体温、呼吸频率、脉搏、寿命等生理指标。正常情况下，羊的生命体征指标值在一定范围内变化。但机体健康状况发生异常时，生理指标值会超出正常范围。因此，羊的生命体征是判断羊只健康状况的重要指标，对于生产实践具有重要意义。

1. 体温　羊的正常体温是 38.5～39.7℃。大多数绵羊的体温为 38.3～40.0℃，但藏羊的正常体温可达 38.2～40.3℃。通常情况下，羊的体温早上要比下午略低，小羊的体温略高于成年羊，放牧羊的体温高于舍饲羊。影响体温的因素有很多，主要包括品种、生理阶段、气温、饲养管理、运动量及疾病等。

体温是衡量羊只健康的重要指标。在生产中，应注意结合实际情况判断造成羊体温变化的原因，以确定其是否处于疾病状态，并采取相应的处理措施。例如，体温超出正常范围可能与天气炎热、追赶等因素有关，也可能表明山羊体内存在炎症或感染；低于正常体温时，一方面可能与天气寒冷有关，也可能是由于羊排泄了大量粪便。无论何种原因，都应先改进饲养管理（包括补水）或将羊转移到一个舒适卫生的区域等，然后请兽医进行检查，切不可武断地认为羊体温异常就是患病。

2. 呼吸频率　健康羊的呼吸频率为 12～20 次/min，健康青年羊的呼吸频率快于成年羊。除了年龄以外，羊的呼吸频率还受到代谢不平衡、应激、脱水、寄生虫、摄入有毒物质、受伤及肺部感染等因素的影响。患病羊的呼吸频率低于正常值时，多为代谢障碍或中毒引起；呼吸频率高于正常值时则多为热性病、呼吸系统病或急性病等。

3. 脉搏　又称心搏次数或心率，健康成年羊的脉搏为 70～80 次/min，羔羊和青年羊的脉搏值一般高于成年羊，特别是羔羊或处于应激状态的羊，特殊情况下其心率可达到成年羊的 2 倍以上。除了年龄和应激因素以外，其他影响因素还包括代谢失调、脱水、疼痛、受伤等。

4. 血常规指标　健康羊的血常规指标主要包括血液中红细胞、白细胞和血小板等细胞的数量及形态指标，是判断羊体健康状况的重要指标之一。目前，传统的显微镜人工镜检法已被更加便捷的全自动血细胞分析仪检测法替代。山羊与绵羊的血常规指标有极大的差异，不同羊品种之间和同品种不同年龄段之间的血常规指标也存在着差异。

5. 寿命与利用年限　羊的寿命一般为12～15年。不同生产用途的羊，其经济利用年限不同。如用于宰杀提供羊肉的羊的经济利用年限一般为1年左右；用于剪羊毛的羊的经济利用年限为8年左右；用于提供羊奶的奶山羊的经济利用年限一般为5～6年；如果是宠物羊，照顾得当，其寿命可达20年以上。羊的寿命与利用年限均受到生活条件和疾病的影响。因此，充足的营养、定期的兽医检查与良好的生活环境对于充分发挥羊的经济价值，保障羊的最大经济利用年限具有重要意义。

（二）羊的体躯结构

1. 躯体各部位名称　在养羊生产中，常常需要利用羊体各部位的名称来区别和记录羊的外貌特征和生长发育情况。绵、山羊各部位名称分别为头、眼、鼻、嘴、颈、肩、胸、前肢、体侧、腹、阴囊、后肢、飞节、尾、臀、腰、背、鬐甲等。

以下是羊体尺的几个主要测定指标的测量方法：

体高：由鬐甲最高点至地面的垂直距离。

十字部高：由十字部至地面的垂直距离。

体长：由肩端至坐骨结节后端的直线距离。

胸深：由肩胛骨后缘垂直体轴绕1周的周长。

胸宽：肩胛骨后缘的胸部宽度。

管围：管部最细处的周长，一般在左前腿管骨最细处测量。

尾长：脂尾内侧的自然长度。

2. 羊的皮肤构造　皮肤是羊体的最外层，它直接受到外界环境中各种物理、化学因素的刺激，并引起羊体发生复杂的反射性反应。羊的皮肤按其构造，从外向内可分为表皮、真皮和皮下结缔组织三层。各层区别明显。

（1）表皮　表皮位于皮肤表层，附着于真皮之上。由多层扁平细胞组成，表皮约占皮肤厚度的1%。在显微镜下整个表皮由外向内可分为角质层、颗粒层、生发层三层。生发层细胞能不断分裂，逐渐向外生长、变形、角质化，形成表皮颗粒层，最终到达角质层。在表皮中，生发层的功能是很重要的。

表皮层中没有血管，生发层细胞分裂生长所需的营养物质由分布大量血管和淋巴管的真皮层供应。

（2）真皮　位于表皮下面，是皮肤最厚的一层，约占皮肤总厚度的84%。由致密结缔组织构成，内含大量的胶质纤维和弹性纤维，细胞成分较少。真皮坚韧而富有弹性，构成表皮坚实的支架。皮革就是由真皮鞣制而成。真皮层密布血管、淋巴管、神经、毛囊、脂腺和汗腺等，其表面具有一层膜，称基底膜。表皮最下层的细胞固定在此薄膜上。真皮由乳头层和网状层构成。

乳头层分布有大量血管和神经末梢，为皮肤最敏感的部分。亦有人把这层称为毛发层，因为它是羊毛生长的基础部位。网状层的厚度决定着羊皮的品质与结实性，一般来说，夏秋季节的真皮网状层比冬春季节厚，公羊的真皮网状层比母羊的厚。

（3）皮下结缔组织　位于真皮网状层之下，由疏松、网状的结缔组织构成，占皮肤总厚度的15%左右。此处组织起着联系真皮和体躯的作用。由于它结构疏松的特性，使皮肤在一定程度上可以滑动，能防止或减轻机械性损伤。该处组织能聚积脂肪，肉羊育肥时脂肪主要聚积在此处。

羊皮肤的厚薄随所处生态条件的不同而有所差异。同一地区，不同品种羊的皮肤亦有差异。在同一品种内，性别、年龄及个体等因素也会影响羊皮肤的厚度。一般说来，寒冷地区羊的皮肤厚于温暖地区羊的皮肤；粗毛羊厚于细毛羊；背部、体侧等易于暴露和刺激的部位皮肤厚于股部、四肢内侧等不易暴露和刺激的部位。

羊皮的厚度与生产用途紧密相连，薄而紧密的皮肤是细毛羊理想的皮肤，薄而松软的皮肤是肉用羊理想的皮肤，厚而松软的皮肤对所有生产用途的羊都不理想。

3. 羊的内部结构

（1）骨骼　骨骼是羊运动系统的重要组成部分，参与钙磷代谢与平衡，并具有支持身体、保护内脏和维持运动等功能。其中的骨髓具有造血功能。羊的骨骼分为中轴骨和四肢骨两大部分，中轴骨包括头骨和躯干骨，四肢骨包括前肢骨和后肢骨。

躯干骨包括颈椎、胸椎、腰椎、荐椎、尾椎以及肋骨和胸骨。羊的颈椎有7枚，胸椎有13枚，腰椎有6～7枚，荐椎一般为4枚。绵羊的尾椎变异很大，可达3～24枚，山羊则为8～11枚。肋骨一般为13对，最后的1对或2对常为浮肋。胸骨由6～8块胸骨片和软骨组成，前部为胸骨柄，中部为胸骨体，后部为圆形的剑状软骨。

前肢骨由肩胛骨、肱骨、前臂骨（包括桡骨和尺骨）和前脚骨（包括腕骨、掌骨、指骨和籽骨）组成。后肢骨则由髋骨、股骨、髌骨、腓骨、胫骨、跗骨、跖骨、近籽骨、趾骨和远籽骨组成。其中跗骨由跟骨和5块短骨构成，趾骨由6块短趾骨构成。

（2）肌肉　羊的全身肌肉按所在部位可分为头部肌肉、躯干肌肉、前肢肌肉和后肢肌肉。在头、颈等部位还有皮肌。

1）皮肌　皮肌是分布在浅筋膜中的薄层骨骼肌，与皮肤深面紧密相连。皮肌并不覆盖全身，根据其所在部位分为面皮肌、颈皮肌、肩臂皮肌及躯干皮肌。皮肌能使皮肤颤动，以驱除蚊蝇以及抖掉灰尘与水滴等。

2）头部肌肉　主要分为面部肌和咀嚼肌。面部肌是指位于口腔、鼻孔、眼孔周围的肌肉，分为自然孔开张的开肌和关闭的括约肌。咀嚼肌是驱动下颌运动的肌肉，可分为开口肌和闭口肌。

3）躯干肌肉　分为脊柱肌、颈腹侧肌、胸壁肌和腹壁肌。

脊柱肌是支配脊柱活动的肌肉，可分为背侧肌和腹侧肌。脊柱背侧肌位于脊柱的背侧，颈部尤其发达。两侧同时收缩时，可伸脊柱、挺头颈；一侧肌肉收缩时，脊柱可偏向该侧。主要包括背最长肌和髂肋肌。脊柱腹侧肌仅存于颈部和腰部，包括颈部的有颈长肌和腰部的有腰小肌和腰大肌。

颈腹侧肌位于颈部食管、气管的腹外侧。包含胸头肌、肩胛舌骨肌和胸骨甲状舌骨肌三种肌肉。

胸壁肌主要有肋间外肌、肋间内肌和膈。肋间外肌收缩时，牵引肋骨向前外方移动，使胸腔扩大，助吸气。肋间内肌收缩时，牵引肋骨向后内方移动，使胸腔缩小，助呼气。膈位于胸腹腔之间，又叫横膈膜。膈由周围的肌质部和中央的腱质部构成。收缩时，膈顶后移，扩大胸腔纵径，助吸气；舒张时，膈顶回位，助呼气。膈上有3个裂孔，分别用于主动脉、食管和后腔静脉通过。

腹壁肌构成腹腔的侧壁和底壁。由外向内依次是：腹外斜肌、腹内斜肌、腹直肌和腹横肌。其表面覆盖有一层腹黄膜，能协助腹壁支持内脏。

腹股沟管位于股内侧。内口通腹腔，为腹环；外口通皮下，为皮下环。胎儿时期睾丸从腹腔沿腹股沟管下降至阴囊。公羊的腹股沟管内有精索。羊出生后腹环过大，小肠易进入腹股沟管内，形成疝。

4）前肢肌肉　分为肩带肌和作用于前肢各关节的肌肉。

肩带肌是连接前肢与躯干的肌肉。起始于躯干骨，终止于肩胛骨、臂骨及前臂骨。根据其所处位置可分为背侧肌群和腹侧肌群。背侧肌群主要有斜方肌、菱形肌、臂头肌和背阔肌；腹侧肌群包括腹侧锯肌和胸肌，其中胸肌具有内收和摆动前肢的作用。

肩部肌是对肩关节有作用的肌肉，主要分布于肩胛骨的外侧面及内侧面。从肩胛骨开始，到臂骨终止，其中跨越肩关节，具有屈、伸肩关节和外展、内收前肢的作用。肩部肌按所处位置可分为冈上肌、冈下肌、三角肌、肩胛下肌和大圆肌。

臂部肌位于臂骨周围，作用于肘关节，能屈、伸肘关节。

前臂及前脚部肌的肌腹多位于前臂部，在腕关节附近移行为肌腱。按所处部位分为背外侧肌群和掌侧肌群，分别是腕、指关节的伸肌和屈肌。

5）后肢肌肉　较前肢肌肉发达，是躯体前进的主要动力。后肢肌肉又分为臀股部肌、小腿部肌及后脚部肌。

臀股部肌是羊体最发达的肌群，参与构成臀部和股部。开始于荐骨、髂骨，终止于股骨、小腿骨和跗骨。主要作用于髋关节、膝关节。能屈、伸髋关节和膝关节，并能内收后肢。可分为臀肌、股二头肌、半腱肌、半膜肌、股阔筋膜张肌、股四头肌、股薄肌和内收肌。臀肌不仅能伸髋关节，还能参与竖立、踢蹴及推进躯干的作用。

小腿部肌及后脚部肌起自股骨、小腿骨，止于跗骨、跖骨和趾骨。该部肌肉的肌腹多数位于小腿上部，在跗关节附近变为肌腱。通过跗关节的肌腱多数包有腱鞘，分为背外侧肌群、跖侧肌群和跟腱，具有屈、伸跗关节和趾关节的作用。

（3）器官　羊具有很多的器官，功能上密切相关的器官又联合在一起构成器官系统。根据生理功能的不同，可将器官系统分为皮肤系统、运动系统、消化系统、循环系统、呼吸系统、排泄系统、生殖系统、神经系统和内分泌系统等。除皮肤系统之外，其他器官系统均位于羊体内部。

羊的消化器官包括口腔、咽、食管、胃、小肠、大肠和肛门。其中羊胃是由瘤胃、网胃、瓣胃和皱胃4个胃组成，瘤胃、网胃和瓣胃三个胃又被称为前胃。肝脏属于消化系统中的消化腺，能分泌胆汁，储存维生素，并参与蛋白质、脂质和糖的代谢，清除机体有害物质；心脏属于循环系统中的心血管系统；脾脏属于循环系统中的淋巴管系统；肺脏属于呼吸系统中的呼吸部，肾脏属于泌尿系统。在羊体内，五大内脏器官具有各自的基本活动，但在神经系统和内分泌系统的调节下相互联系，协同完成整个机体的新陈代谢活动。

二、青藏高原牧区肉羊的行为特点

(一) 绵羊的行为特点

绵羊是合群性的动物，主要在白天进行活动。合群活动时，个体间相互以视线保持联系。低头采食时，不时抬头环视同伴。合群性的另一表征是鸣叫。离群羊用鸣叫呼唤同伴，同伴则同样以鸣叫进行应答，召唤离群羊回归群体。听不到同伴羊的应答声时，离群羊会骚动不安，鸣叫加剧，摄食行为也会中断。

羊群多沿直线前进，宽道上的行进更为顺利。行进中遇有阻碍，即使阻碍物的体积不大，羊群也会在物体前 3～5 m 处止步，先止步的头羊转身回走。另外，行进途中，要保证后面的羊能看到前边的羊，且不宜让前边的羊看到后面的羊，不然，前边的羊会停步不前，甚至会转身回走。在拐弯处，前边的羊转过不见时，会影响后面的羊跟上。

羊生性胆怯，愿意从暗处走到明处，而不愿反向行走。当遇有物体的闪光、反光或折光，如水坑和药浴池的水面，洞眼和板缝的透光，以及门窗栅条的折光等，表现为畏惧不前。这时，指挥头羊先入或抓进去几头羊，就能带动羊群往目的地移动。

羊喜登高。在山地行走时，上坡路行进比下坡路好。上坡时会采食头前够得到的草叶，但不吃下坡草。遇狭窄山道，会自发列队，首尾相衔地跟随带头羊前进。

羊怕孤单，特别是刚离群时。单圈、单个被赶路时都不易接近，很难指挥，具体表现为躁动不安。但当同圈同路有一两只同伴时，能减轻其不安程度。

(二) 山羊的行为特点

山羊性格活泼，喜欢登高，行动灵活，善于游走，反应敏捷。在其他家畜难以达到的悬崖陡坡上，山羊亦可行动自如地采食。当高处有喜食的牧草或树叶时，山羊能将前肢攀在岩石或树干上甚至前肢腾空，后肢直立地获取高处的食物。因此，山羊可在绵羊和其他家畜所不能到达的陡坡或山峦上采食。

第二节　青藏高原牧区肉羊的生活习性

一、青藏高原牧区肉羊的生活习性

(一) 合群性强

羊的合群性强于其他家畜。绵羊性温驯、胆小，缺乏自卫能力，受到侵扰时，相互依靠拥挤或四处窜逃。在牧场放牧时，绵羊喜欢形成小群体采食，小群体再组成大群体，并通过视觉、听觉、嗅觉、触觉等感官来传递和接收信息，以保持和调整群体成员之间的活动。出圈、入圈、过桥、饮水和转移草场时，有跟“头羊”行为。自然群体中，头羊多由年龄较大、体格健壮、后代较多的羊只担任。绵羊的合群性有品种间的差异，地方羊品种比培育品种的合群性强，毛用羊品种比肉毛兼用品种的合群性强，粗毛羊品种合群性最强。藏羊作为国内著名的三大粗毛绵羊地方品种之一，具有较强的合群性。

一般来讲，山羊的合群性不如绵羊，在自由放牧条件下，它们往往倾向于穿过牧场，而不像绵羊那样并排吃草。在护理羔羊时，母子常分离开来，而不像绵羊母子相偎在一起。但是一旦发现入侵者，山羊通常会转身面对敌人，公羊更可能直接冲撞敌人。羊的合群性及跟“头羊”的行动特点，可方便大群的放牧管理，但羊群间距离较近时，也容易混群，故在管理上应加以注意。

（二）采食能力强，饲草利用广泛

羊的嘴长、尖、灵活，唇薄齿利，下腭门齿稍向外倾斜，上唇中央有一纵沟，能采食低矮牧草、落叶枝条、灌木枝叶和花蕾草籽，草场利用十分充分。因为羊的采食能力强，饲草利用广泛，可以进行牛羊混合放牧。据试验，在半荒漠草场上，牛不能利用的植物种类有66%，而绵羊、山羊则为38%。在对600多种植物的采食试验中，山羊能食用其中的88%，绵羊为80%，而牛、马、猪则分别为73%、64%和46%。羊能利用多种植物性饲料，对粗纤维（crude fiber，CF）的利用率可达50%～80%。

山羊与绵羊的采食特点不同，采食范围更广、更杂。山羊后肢能站立，可采食高处的灌木或乔木的幼嫩枝叶，能在不适合绵羊放牧的遍布灌木的山区丘陵进行放牧；活动能力强，放牧时行走距离远，扩大了采食空间与范围。在冬季放牧时，藏羊可扒开积雪采食牧草。此外，藏羊对当地毒草也具有较高的辨识能力。

（三）喜干厌湿

羊喜欢地势较高的干燥处。因此，养羊场应选择地势较高的场地并保持环境干燥。若羊常居低洼潮湿的环境，易发生寄生虫病、肺炎和腐蹄病。不同绵羊品种对气候的适应性不同，如粗毛羊耐寒，细毛羊适合温暖、干旱、半干旱的环境，而肉用和肉毛兼用绵羊则喜欢温暖、湿润、温差不大的气候。相对而言，山羊对环境的适应性更强，对湿润环境的耐受性强于绵羊。

（四）爱清洁

羊喜爱洁净，喜欢干净卫生的饲草料、清凉洁净的饮水。虽然羊可采食各种牧草及饲料，但宁可忍饥挨饿也不愿采食被污染、有异味的草料以及不洁净的水。因此，对于舍饲及补饲的羊群，应设置水槽与饲槽，并遵循少喂勤添原则，便于羊只采食干净的食物与饮水，平时加强饲养管理，勤扫饲槽，勤换饮水，注意饲草料的干净卫生；对于放牧的羊群，应根据羊群数量与草场面积，有计划地进行轮牧。

（五）嗅觉灵敏

羊的嗅觉灵敏，母羊通过嗅闻鉴别自己的羔羊，视觉和听觉主要起辅助作用。在生产中可利用这一点寄养羔羊，提高羔羊存活率。羊也可通过气味识别个体与群体的差异，混群时可通过气味来进行辨别。

采食时，羊能根据植物的气味和外部特征，辨别植物种类及同一类植物的不同品系。放牧时，羊通过嗅觉挑选蛋白质含量高、粗纤维较少且没有异味的牧草进行采食。饮水时，羊也可通过嗅觉来辨别水的气味，选择干净清洁的水，而拒绝饮用有异味的污水。

（六）性情特点

绵羊性情温驯，胆小易惊，突然受惊容易“炸群”，漫无目的地四散逃窜，且受惊后一段时间内不易上膘。遭遇兽害时，绵羊无自卫能力，会四处逃避，不会联合抵抗。因此，管理人员平常对羊要和蔼，避免引起羊群惊吓，且在青藏高原牧区放牧时要注意防备兽害。

山羊活泼好动，反应灵敏，记忆力强，与绵羊混养时可作为羊群的“头羊”。当遇兽害时，山羊能主动大呼求救，公山羊甚至会转身冲撞敌人，具有一定的抵御能力。此外，公山羊喜角斗，会正向顶撞或跳起斜向相撞。因此，饲养人员要注意，以防受伤。

（七）适应性强

羊具有良好的适应能力，对极端自然环境的适应性强，对各种疾病的耐受能力也较强。羊的耐渴性较强，在夏秋季缺水时，可在黎明时分牧放时，利用唇舌搜集牧草叶上凝结的露珠。绵羊被毛较厚，皮下脂肪较多，其耐寒性比山羊强。藏羊作为粗毛羊的一种，板皮厚于细毛羊，其耐寒能力尤为突出，能适应高原上的寒冷气候。但绵羊汗腺不发达，散热机能差，其耐热性较山羊差。在炎热夏季放牧时，绵羊会出现停食、喘气和“扎窝子”等表现。因此，夏季养殖绵羊时应做好防暑及补水工作。

羊的抗病力强于其他家畜，尤其是在放牧条件下，只要有充足的牧草与饮水，全年很少发病。同时，羊对疾病也没有其他家畜敏感，对疾病的耐受力较强，病情较轻时，一般不表现症状。因此，在放牧管理过程中，必须细致观察，才能早发现、早治疗。绵羊中粗毛羊的抗病能力强于细毛羊，山羊的抗病能力强于绵羊。

（八）善于游走

青藏高原牧区的羊终年以放牧为主，放牧羊群通过游走增加采食空间，常常一日的游走距离能达到 6～10 km。在接近配种季节、牧草质量较差时，为了吃饱喝足，羊只的游走距离会进一步加大，放牧时间也随着游走距离的加大而延长。山羊喜登高、善跳跃，具有平衡步伐的良好机制，采食范围相比绵羊进一步扩大，可达崇山峻岭、悬崖峭壁。在不同牧草状况、不同牧场中，不同品种的羊的游走能力有很大区别。

（九）调情特点

发情季节，公羊针对母羊发情时所分泌的外激素非常敏感。公羊追嗅母羊外阴部的分泌液，并发生反唇卷鼻行为，接近母羊，并做出爬跨动作。有时会用前肢拍击母羊并发出求爱的叫声。母羊在发情时，兴奋不安，食欲减退，放牧时离群，主动接近公羊，或公羊追逐时站立不动，接受爬跨，也爬跨别的羊只。小母羊胆子小，被公羊追逐时惊慌失措，竭力追逐下才接受交配。由于母羊发情迹象不明显，在进行人工辅助交配或人工授精时，要使用试情公羊发现发情母羊。

二、青藏高原牧区肉羊的生长发育特点

像其他动物一样，羊的生长发育同样会经历幼年、青年、壮年和老年四个不同的阶段。生产上一般以初生重、断奶重、屠宰活重及平均日增重等四个指标来反映羊的体重增长和发育状况。

羊的生长发育性状指标主要指体重和体型两方面的指标。其中，体重性状指标主要指不同年龄阶段的体重及单位时间内的增重。体型性状指标主要包括体高、体长、胸围和管围等，以及以此为基础形成的各种体尺指数。

羊的生长发育不仅仅限于体重的增长与体型的变化，还包括机体不同部位在比例上的变动，特别是机体内特定器官和组织与整体在比例上的同步变动。这一生理学和解剖学变化过程受到羊生长发育中的诸多因素的影响，对于羊的定向培育具有重要的指导意义。

(一) 生长发育的阶段性及其特点

按照生理阶段及其生长发育特点，可将羊的生长发育划分为胚胎期、哺乳期、幼年期、青年期和成年期五个时期。

1. 胚胎期　羊的胚胎在母体内生长发育的时间为 150 d 左右，所需营养主要来自母体，故应根据胚胎期胎儿生长发育所处阶段加强对妊娠母羊的饲养管理。

(1) 在胚胎初期，母羊怀孕的前 3 个月，胎儿生长发育缓慢，重量仅占胎儿初生重的 20%～30%。母羊摄入营养物质应全面，以维持胚胎的重要器官（如脑、心、肝、肺、胃等）在这一时期发育。此时母羊处于泌乳后期，日粮营养只要能够满足产奶的需要，胎儿的生长发育就能得到很好的保证。

(2) 母羊妊娠期的后 2 个月即为胚胎后期，胎儿生长速度加快，此时期新生羊的骨骼、肌肉、脂肪及皮肤等组织的发育较快，因此应供给母羊充足的营养物质。日粮应以优质青草、豆科干草及青贮饲料为主，并补充适当的精饲料。同时保证母羊的每日运动量，可防止水肿和难产。头胎母羊本身还要生长，因此营养需要量更大。

(3) 羔羊初生重主要取决于双亲的体重，为成年羊的 5%～7%。此外，还受到产羔数和性别的影响。产羔数量增多时，羔羊个体初生重会降低，公羔初生重比母羔大 10% 左右。妊娠母羊体况受到胎儿发育的影响，营养条件较差时，母羊为保证胎儿发育会做出应答性反应——母体效应，该效应导致母羊体组织中的钙、蛋白质等物质被大量动用，导致母羊消瘦和骨质松软。

2. 哺乳期　哺乳期是指从出生到断奶的一段时间，羊的哺乳期一般为 2～3 个月。羔羊出生后 2 d 内体重变化不大，随后一个月生长速度较快，哺乳期内羔羊生长发育迅速，平均日增重可达到 150～220 g，断奶重较初生重可增加 7～8 倍。

哺乳期羔羊消化机能发育不完全（仅皱胃发达），瘤胃体积小且在 4 个胃（瘤胃、网胃、瓣胃、皱胃）中占比小。营养方式由胚胎期的血液营养转变为乳汁营养。哺乳期羔羊适应力较差，抗病力较弱，因此必须高度重视哺乳期的羔羊培育工作。

羊初乳指母羊产羔一周尤其是头三天所生产的羊乳，是羔羊出生后的全价天然营养食品，对羔羊的生长发育和存活具有极其重要的作用，也是羔羊增强抗病力的物质基础。

常乳期指母羊产羔后 6～90 d 的时期。羔羊的体重、体尺在本阶段内增长极为迅速，尤其是 30～75 日龄的羔羊，其生长发育速度最快，这也与母羊所处泌乳高峰中期（产后 40～70 d）是相对应的。实践证明，羔羊平均每增重 1 kg 需 6～8 kg 羊奶，整个哺乳期需要 80 kg 左右的羊奶。

断奶可能会造成羔羊生长受阻、体增重降低，断奶越早，影响越明显。若羔羊断奶时生长受阻很严重，断奶后有时会出现补偿性生长，而良好的断奶对羔羊断奶后的生长速度影响不大。就断奶反应而言，公羔比母羔更为敏感，且断奶对哺乳期采食大量母乳的羔羊影响不大。因此，为了满足生产中羔羊快速产出的需要，并尽量减少断奶应激反应，可以提早喂食羔羊开食料及草料。

3. 幼年期　幼年期指羊从断奶到配种这一阶段，通常为 4～12 月龄。幼年期体重占成年体重的 70%左右，此阶段是骨骼和器官充分发育的时期，羊增重较快，日增重可达 180 g，公羔和母羔的体重和增重差异进一步加大。

本阶段营养方式由单纯母乳逐渐过渡到完全植物性草料，且羔羊的采食量不断增加，消化能力也随之增强，消化和生殖器官亦随着羔羊的生长进一步发育成熟。此外，公羔的生长速度比母羔要快，应多喂一些精饲料，并保证充足的运动。

4. 青年期 青年期泛指羊初配到成年这一阶段，一般为12～24月龄。青年羊体重可达成年羊体重的85%左右，当羔羊达到性成熟时，生殖器官发育成熟，到生理成熟期，体型基本趋向成年体型。在青年期的后期，羊机能活动旺盛，生产性能达到最高水平，能量代谢水平稳定，绝对增重达到高峰，即羊生长发育的"拐点"，以后增重减慢。

这一时期，繁殖的节律与饲养因素均能影响羊的生长。青年公羊在繁殖季节常因生殖活动造成采食量下降而体重减轻；青年母羊的早期妊娠活动会影响羊只的生长，尤其是多胎妊娠时。在妊娠期、泌乳期等生理阶段，由于胎儿发育和母羊泌乳的营养需要，该阶段母羊的营养需要量会明显增多。

5. 成年期 一般指24月龄以后的生长阶段。这一阶段的前期（24～48月龄），羊只体重还会缓慢增长，48月龄后体重增长基本停滞，甚至还会有下降。此阶段各种组织器官发育完善，新陈代谢水平稳定，生殖机能旺盛，体型定型并沉积脂肪。如何有效发挥本阶段羊的生活力、生殖力、生产力，并延长其持续时间，是生产实践中备受关注的问题。

（二）羊不同组织器官的生长发育特点

羊的肌肉和皮肤的生长强度在胚胎期和生长后期都占优势，在整个生长发育周期中，骨骼在羔羊出生时已经发育良好，肌肉的生长与羊胴体的生长速度相似，脂肪沉积则在生长后期逐渐增多。

1. 体组织的生长发育

（1）骨骼的生长发育 骨骼是羊体发育最早的部分。出生时，羔羊骨骼系统的性状基本与成年羊相似。出生后，羊躯体各部位骨骼的生长变化会导致其体型及各部位比例发生改变。在胚胎期，羊的四肢骨生长速度最快，主轴骨生长较慢，出生后则相反。就体躯部位而言，出生前头和四肢发育快，躯干较短而浅，出生后首先是体高和体长的增加，然后是深度和宽度增加。骨骼重量基础在羊出生前已经形成，并能负担整个体重，出生后的增长率小于肌肉。

（2）肌肉的生长发育 肌纤维数目增多和直径变大均能使羊体肌肉含量增加。羊出生前肌肉的生长发育主要是骨骼肌纤维的数目增多，并伴随着肌纤维直径的少量增大。出生后肌纤维数目已经基本恒定，主要是通过肌纤维直径或横截面积的增加来提高羊体的肌肉含量。因此，胚胎期是羊骨骼肌生长发育的关键时期。

不同部位的肌肉具有不同的生长强度。腿部骨骼肌的生长强度大于其他部位，胃肌在羔羊采食后才有较快的生长速度，头部与颈部肌肉的生长要早于背腰部。随着羔羊年龄变大，肉质纹理会变粗。因此，羔羊肉细嫩而老龄羊肉质粗糙。

（3）脂肪的沉积 脂肪分布于羊体的不同部位，主要包括皮下脂肪、肌间脂肪、肌内脂肪与脏器脂肪等多种脂肪。在羊生长过程中起到保护和防止水分流失、润滑关节、保护神经和血管以及贮存能量等作用。从初生到12月龄，羊的脂肪沉积缓慢，但仍稍快于骨骼，以后逐渐加快。沉积部位的顺序一般来说首先形成肾周脂肪、肠系膜脂肪与腹腔脂肪，再生成肌间脂肪，然后是皮下脂肪，最后生成肌内脂肪，形成大理石纹肌肉。在羔羊阶段，个体脂肪重量的增加呈平稳上升趋势，断奶后脂肪沉积速度明显加快。

2. 器官的生长发育　羊体内各器官的生长发育具有不均衡性，不同组织器官的生长发育速度不同。各器官生长发育的快慢，主要取决于该器官的来源及其形成时间。在个体发育中出现较早而生长发育结束较晚的器官，如脑和神经系统，生长发育缓慢；相反，出现较晚而生长发育结束较早的器官如生殖系统，其生长发育则较快。

公羊内脏如心脏、肝脏、肺脏、肾脏在机体中所占的比例小于母羊，这是由于母羊内脏器官上具有较厚的脂肪层。肝脏受生产方式和饲养水平的影响最为明显。胃、肠的生长发育较晚，可能与皱胃和小肠的发育晚有关，但瘤胃、网胃、瓣胃和大肠的发育在断奶后受日粮类型（尤其是粗饲料）的影响较大，在羊采食固体饲料后快速发育。

第三节　羊的消化器官及生理特点

一、羊的消化器官及其特点

消化系统的主要功能是摄取食物、消化食物、吸收养分和排出粪便，以保证机体的新陈代谢活动。羊摄取的外界营养物质主要包括碳水化合物、脂肪、蛋白质、无机盐、维生素和水。其中无机盐、维生素和水可被消化道直接吸收。但碳水化合物、脂肪和蛋白质是结构复杂的大分子物质，需要经过消化道的物理、化学和微生物的作用被分解为葡萄糖、脂肪酸和氨基酸等可吸收的小分子物质，才能被消化道吸收，最后把代谢废物排出体外。

羊的消化器官包括消化管和消化腺两部分。消化管按顺序分为口腔、咽、食管、胃（瘤胃、网胃、瓣胃和皱胃）、小肠（十二指肠、空肠和回肠）、大肠（盲肠、结肠和直肠）和肛门。消化腺按所在部位的不同，可分为壁外腺和壁内腺。前者位于消化管壁之外，包括唾液腺、肝脏和胰腺，有导管通消化管。后者位于消化管壁内，包括胃腺和肠腺。消化腺分泌的消化液中有许多酶，能催化消化管内的消化过程。

（一）消化管

1. 口腔　口腔为消化管的起始部分，具有采食、咀嚼、尝味、吞咽与泌涎等功能。口腔前壁为唇，侧壁为颊，顶壁为硬腭，底壁包括下颌骨和舌。前端通过口裂与外界相通，后端通过咽峡部与咽相连。

口腔可分为前庭和固有口腔两部分，唇、颊与齿（齿弓）、齿龈之间的空隙为前庭，齿弓以内的部分为固有口腔，舌位于其中。

（1）唇　唇分为上唇和下唇。上下唇的两侧相连，形成口角；游离边缘共同围成口裂。唇的内层为黏膜，中间层为肌组织，黏膜深层有唇腺，腺管开口于黏膜表面。唇有神经末梢，比较敏感。羊的口唇薄而灵活，不同于牛等反刍动物，上唇分裂，是采食的主要器官。

（2）颊　颊位于口腔两侧，外连口腔。主要由颊肌构成，外被皮肤，内衬黏膜，黏膜表面有许多长而尖、尖端向后的乳头。黏膜下于颊肌内含有颊腺，其中的腺管于黏膜表面形成开口。

（3）硬腭　硬腭参与构成固有口腔的顶壁，在后方与软腭相连，主要由骨腭及表面覆盖的厚黏膜构成，黏膜下有丰富的血管，构成静脉丛。硬腭正中有一条纵行的腭缝，腭缝两侧有多条横行的腭褶。大部分左右腭褶不对称，相互交错。硬腭前部腭褶高而明显，后部逐渐消失。羊的硬腭前端无切齿，腭褶上覆有一层厚的结缔组织，上皮角质厚，成为齿枕或齿板。

（4）软腭　软腭位于鼻咽部和口咽部之间，由黏膜、腭肌和腭腺构成。前缘与硬腭后缘相连，后缘游离，成为腭弓。软腭两侧与舌根相连的黏膜褶称为舌腭弓，向后与咽侧壁相连的黏膜褶称为咽腭弓。两腭弓之间有扁桃体窦，窦的外侧为豆形的扁桃体。

（5）口腔底壁　口腔底壁的前端主要由上颌骨构成，上覆黏膜，其余大部分被舌占据。舌尖下面的口腔底壁前部，有一对乳头状突起，被称为舌下肉阜，为下颌腺管的开口处。肉阜之后正中央处有一黏膜褶，被称为舌系带，用于连接舌与口腔底壁。

（6）舌　舌位于口腔底部，可分为舌尖、舌体和舌根三部分，主要由舌骨、舌肌和舌黏膜构成。舌肌属横纹肌，包括舌内肌和外来肌两种。舌内肌纤维分横、纵、垂直三个方向交错排列，使舌能做多向运动。外来肌起于下颌骨和舌骨，于舌内终止，具有茎突舌肌、舌骨舌肌和颊舌肌等三种舌肌。舌黏膜覆盖于舌的表面，表面上具有许多形态不同的舌乳头。角质乳头起机械作用，轮廓乳头和菌状乳头为味觉乳头，内有味觉感受器——味蕾，可以辨别食物味道。

（7）齿和齿龈　齿是羊体内最坚硬的器官，着生于齿槽内。由于齿排列成弓状，又被称为上弓齿和下弓齿。齿通常分为齿冠、齿颈和齿根三部分。齿根据形态、位置和功能特征又可以分为切齿、犬齿和颊齿（臼齿）三种。切齿位于齿弓前部，由内至外依次称为门齿（钳齿）、中间齿和隅齿。臼齿位于齿弓后部，与颊相对，又可分为前臼齿和后臼齿。

羔羊的牙齿称为乳齿，一般较小、颜色较白、磨损较快，生长到一定年龄后按一定顺序更换成恒齿或永久齿。除犬齿或臼齿外，门齿、中间齿和隅齿均先后更换。1～1.5 周岁时，门齿更换成第一对永久齿；1.5～3 周岁时，中间齿更换；3～4 周岁时，隅齿更换，称为齐口。

齿龈呈粉红色，是指包裹在齿颈周围和邻近骨上的黏膜与结缔组织，与口腔黏膜相连。齿龈随齿延伸进入齿槽，形成齿槽骨膜，用于将齿固定于齿槽内。

2. 咽　咽为消化道与呼吸道共同的通道，位于口腔和鼻腔后方、喉和食管的上方，是前宽后窄的肌性腔。可分为鼻咽部、口咽部和喉咽部三部分。

（1）鼻咽部　鼻咽部为鼻腔向后的直接延续，位于软腭背侧。前方有两个鼻后孔通鼻腔，侧壁上有两个耳咽管口通中耳。

（2）口咽部　为口腔向后的延续，位于软腭和舌根之间，又称咽峡。前方由软腭、舌腭弓与舌根构成的咽口与口腔相通，后方与咽喉部相通。侧壁黏膜上有扁桃体窦，以容纳扁桃体，为免疫器官。

（3）喉咽部　为咽的后部，位于喉口背侧，上有食管口通食管，下有喉口通喉。

3. 食管　食管是一种强扩张性的肌性管，起于咽，止于胃，可分为颈、胸、腹三部分。起始段位于咽的后部、气管背侧，向后延伸至颈的中部，气管的左侧，再由胸前口重新回转到气管背侧进入胸腔，然后穿过膈的食管裂孔进入腹腔，沿肝的背缘与胃的贲门相连。食管壁由黏膜、黏膜下层、肌层和外膜四层组成。黏膜有纵行的皱褶，包括上皮、固有膜和黏膜肌三层。黏膜下层为疏松结缔组织，内在的食管腺能分泌黏液润滑食管。肌层为横纹肌，分内环、外纵两层，可使食管蠕动，输送食物。外膜在颈段为疏松结缔组织膜，在胸、腹部为浆膜。

4. 胃　羊的胃处于腹腔内、膈和肝的后方，前端通过贲门与食管相连，后端通过幽门与小肠中的十二指肠相通。羊属反刍动物，胃是复式胃或多室胃，包括瘤胃、网胃、瓣胃和皱胃。前三个胃又称为前胃，黏膜内没有腺体组织，不分泌消化液。皱胃内有腺体，又称真胃。成年后和幼年期羊各个胃的容积相差较大。出生羔羊的前胃很小，发育不完全，皱胃很大。断奶后，前胃发育迅速。成年时，瘤胃最大，皱胃次之，网胃第三，瓣胃最小。成年山羊、绵羊各胃的容积比例见表 2-1。

表 2-1　成年山羊、绵羊各胃的容积比例（%）

种类	瘤胃	网胃	瓣胃	皱胃
山羊	86.7	3.5	1.2	8.6
绵羊	78.7	8.6	1.7	11

（1）瘤胃　瘤胃又称草胃，是成年羊四个胃中容积最大的一个胃，占据腹腔左半部，呈现前后稍长、左右略扁的椭圆形。左面贴膈及左侧腹壁，右面与肠、肝等内脏接触，背面与腹面分别附着于腹腔顶壁及底壁。瘤胃前、后端各有一条明显的横沟，被称为前、后沟；左、右两端存在着不太明显的左、右纵沟。两条纵沟将瘤胃分为背囊和腹囊，前沟和后沟将背囊和腹囊进一步分为前背盲囊、前腹盲囊、后背盲囊和后腹盲囊。羊的前背盲囊比前腹盲囊长，后腹盲囊比后背盲囊长。瘤胃胃壁的黏膜面有与外面各沟对应的肉柱，在瘤胃运动中起重要作用。

瘤胃黏膜为棕黑色，表面有密集的叶状、棒状乳头，背囊部黏膜乳头特别发达。瘤胃壁具有强大的内环形、外纵行肌肉，黏膜层无腺体，可研磨和搅拌食物。瘤胃内富含液体，其中存在着大量共生微生物，主要是纤毛虫、厌氧细菌和真菌，使瘤胃具有微生物消化功能。瘤胃内的温度、湿度、pH 及营养物质等特点也非常适合微生物的生长、繁殖及消化。

（2）网胃　网胃容积小，位于瘤胃前背盲囊的前下方，与瘤胃相连，大体呈球形，内表面有许多蜂窝状的突起物，又叫蜂窝胃。前面与膈和肝接触，后面与瘤胃房相贴。瘤胃房前部黏膜形成的褶状突起叫瘤网胃口，可作为瘤胃与网胃的分界。网瓣胃口用于联通网胃与瓣胃，位于瘤网胃口右下方。

食管沟位于瘤胃前庭和网胃右侧壁内，起于瘤胃贲门，沿瘤胃及网胃右侧壁直至网瓣胃口，是反刍动物胃内特有的附属结构，作为食管的延续。食管沟两缘的黏膜褶称为食管沟唇，两唇呈交叉状，羔羊两唇闭合完善，成年羊两唇闭合不全，羔羊吸吮的母乳或水，通过食管沟通道，经瓣胃底直接到达皱胃。网胃黏膜形成蜂窝状褶，褶上密布波浪乳头。其生理功能与瘤胃相似，除机械作用外，也可对饲料进行微生物消化。

（3）瓣胃　瓣胃比网胃小，位于腹腔右肋部的下部、瘤胃和网胃的右侧，呈卵圆形。左侧接触瘤胃，右侧紧邻肝，腹侧接触皱胃。内壁黏膜有许多纵列分布的皱褶，称瓣叶，呈百叶状排列，故又称百叶胃。瓣叶表面密布角质乳头，具有研磨饲料的作用。瓣胃与皱胃相通的孔，称瓣皱胃口。在网瓣胃口与瓣皱胃口之间的胃壁，内部黏膜不形成瓣叶，仅有小乳头和小褶，又称为瓣胃底或瓣胃沟，一端通网胃和食管沟，另一端通皱胃。瓣胃不仅能研磨饲料，还能吸收水分、氨和挥发性脂肪酸（VFA）。

（4）皱胃　皱胃位于腹腔右半部，瘤胃腹囊的右侧，瓣胃的下后方，外形长而弯曲，呈前大后小的葫芦形，为有腺体的真胃。皱胃可分为胃底部、胃体部和幽门部三部分。胃底部与皱胃相连，邻接网胃并部分与网胃相附着；胃体部连接胃底部并沿瘤胃腹囊与瓣胃之间向后方延伸；幽门部沿瓣胃后缘斜向后方并经幽门与十二指肠相通。

皱胃内壁黏膜形成与皱胃长轴平行的黏膜褶，增加了黏膜的内表面积。黏膜上有大量胃底腺存在，可分泌盐酸、胃蛋白酶和凝乳酶。盐酸能激活胃蛋白酶，胃蛋白酶可分解来自前胃的菌体蛋白和未被微生物利用的饲料蛋白质，将其变成氨基酸和多肽被机体利用。凝乳酶对羔羊尤为重要，可在皱胃中将羊乳凝结成块状，有助于羊乳在小肠中的消化吸收。

5. 小肠　小肠细长曲折，前端始于皱胃幽门，后端止于盲肠。可分为十二指肠、空肠和回肠，在腹腔内半环状盘曲，是食物消化吸收的主要场所。大部分消化作用与小肠液的分泌发生在小肠上部，而消化产物的吸收在小肠下部，营养物质通过肠壁吸收进入血液，并输送至全身各组织。

小肠壁结构分为黏膜层、黏膜下层、肌层和浆膜四层。黏膜层又包括黏膜上皮、固有层和黏膜肌层。固有层内有小肠腺，能分泌消化液。固有层和黏膜上皮向肠内突出，形成指状突起的绒毛，能扩大肠腔的消化吸收面积。黏膜下层为疏松结缔组织，十二指肠中该层存在十二指肠腺，能分泌黏液和消化液。肌层可分为内环和外纵两层。

（1）十二指肠　位于右侧肋区和肋壁区，分三段：第一段起于幽门，向背侧延伸到肝的脏面形成乙状弯曲；第二段接着后行到髋结节位置折转向前形成髂曲；第三段延伸至右肾腹侧与空肠相连。十二指肠与小结肠起始部通过浆膜褶相连，被称为十二指肠（小）结肠韧带，用以区分十二指肠与空肠。

（2）空肠　小肠中最长的一段，主要位于右侧肋区、右腹外侧区和右腹股沟区，卷成许多肠圈。空肠外侧隔着大网膜与腹壁相邻，内侧亦隔着大网膜与瘤胃腹囊相贴，背侧为大肠，前方为瓣胃和皱胃。

（3）回肠　回肠较短，在腹腔右后部的腹侧，不形成肠圈。起自空肠的最后肠圈，向前向上延伸，与盲肠相连。回肠与盲肠相通的孔称回盲口，回肠与盲肠底之间有回盲韧带，常作为空肠与回肠的分界标志。

6. 大肠　大肠长度比小肠短，直径比小肠大，分为盲肠、结肠和直肠三部分。大肠不分泌消化液，能吸收水分、盐和低级脂肪酸。小肠中未被消化的食糜常混有消化酶，进入大肠后可被这些消化酶和大肠中的微生物继续消化。大肠壁的结构类似小肠壁，也分为黏膜层、黏膜下层、肌层和浆膜四层，但与小肠不同，大肠内壁没有绒毛。

（1）盲肠　盲肠呈圆筒状，位于右腹外侧区。前端起自回肠口，后端沿右腹壁延伸至骨盆前口右侧。背侧通过盲结褶与结肠近袢相连，腹侧以回盲褶与回肠连接。

（2）结肠　结肠起始口径与盲肠相同，向后逐渐变细。结肠可分为升结肠、横结肠与降结肠三段。升结肠较长，通过总肠系膜悬挂于腹腔顶壁。羊的结肠较细，可人为地分为初袢、旋袢和终袢三部分。结肠在肠系膜根处盘曲成初袢，终袢在骨盆腔入口转为直肠。

（3）直肠　直肠位于盆腔荐骨的腹面，为消化管的后端。直肠前端较细，被覆浆膜，后端膨大为直肠壶腹，无浆膜覆盖，但通过疏松结缔组织与肌肉在盆腔背侧壁相连。

7. 肛门　肛门为消化管末端，位于尾根下方。皮肤薄而无毛，在黏膜层的外周有肛门括约肌，以控制肛门的开张和关闭。

（二）消化腺

1. 唾液腺　唾液腺的主要作用是分泌唾液，包括腮腺、下颌下腺和舌下腺等三对腺体。

（1）腮腺　位于舌根下方、下颌骨后方，浅红褐色，呈不规则正方形。腺管起自腺体的前下方，伴随颌骨外静脉沿咬肌前缘向上延伸，开口于颊肌黏膜上的颊黏膜乳头。

（2）下颌下腺　位于下颌角和下颌间隙的后下方，淡黄色，比腮腺大，长而弯曲，部分被腮腺所覆盖。腺管起自腺体前缘中部，向前延伸横过二腹肌，开口于舌下阜。

（3）舌下腺　舌下腺较小，位于舌体和下颌骨间的黏膜下，呈淡黄色。可分为上下两部分：上部分薄而长，有许多腺管开口于口腔底；下部分厚而短，有一条长的总导管与下颌下腺管合并，开口于舌下阜。

2. 肝　肝是体内最大的腺体，大部分位于右侧肋部，淡褐色或深红褐色，略呈长方形。壁面隆凸，朝向前上方，与膈的右侧部接触；脏面凹陷，朝向后下方，与网胃、十二指肠等接触。脏面中央有肝门，是门静脉、肝动脉、肝神经、淋巴管和肝管进出肝脏的部位。肝的背缘厚、腹缘薄，被冠状、镰状和三角韧带固定在膈的腹腔面上。羊肝分叶不明显，通过胆囊和圆韧带可将肝分为不明显的左叶、中叶、右叶。

肝的表面覆盖浆膜，深处为致密结缔组织，称纤维囊。纤维囊伸入肝内，为小叶间结缔组织，将肝实质分割成许多肝小叶。小叶呈现多边棱柱状，中轴有一条中央静脉。以中央静脉为中心，肝细胞向四周呈放射状排列，又称为肝细胞索。肝细胞索的分支交叉形成网状，网眼内为窦状隙（血窦），是肝小叶内血液流动的通路。胆小管在肝细胞间呈网状排布，是胆汁外流的通路。

肝具有解毒、防御、造血、贮血与物质代谢等作用。同时能分泌胆汁，并通过肝管输出，经胆囊管贮存于胆囊后，再经胆管排至十二指肠。在小肠内胆汁具有促进脂肪消化、脂肪酸和脂溶性维生素吸收等作用。在羊胎儿时期，肝还是造血器官，可制造红细胞、白细胞等。

3. 胰　胰是分叶腺体，位于体中线之右，黄粉红色，呈不规则四边形。胰的背面与肝、右肾、后腔静脉等接触，腹侧面被覆腹膜。胰的表面含有少量结缔组织，伸入胰实质后，将胰实质分为中叶、左叶和右叶。实质部分包含由腺泡和导管组成的外分泌部以及细胞团组成的内分泌部。外分泌部分泌胰液，内含多种消化酶，可对淀粉、脂肪、蛋白质等物质产生化学性消化作用；内分泌部又称胰岛，能分泌胰岛素和胰高血糖素等，在碳水化合物的代谢中发挥重要作用。

4. 胃腺　胃腺主要指皱胃壁上的胃底腺，由胃黏膜上皮凹陷而成。胃腺之间有少量结缔组织，其中的纤维成分以网状纤维为主；细胞成分包含成纤维细胞、淋巴细胞、浆细胞、肥大细胞与嗜酸性粒细胞等。此外，尚有丰富的毛细血管以及黏膜肌深入的平滑肌纤维。胃腺分泌的胃液通过胃黏膜表面的开口进入胃腔。

5. 肠腺 肠腺属外分泌腺，位于小肠黏膜上。羊的小肠及大肠的原层中存在大量的管状腺，可分泌肠液。肠液呈碱性，其中含有消化淀粉、脂肪、蛋白质的酶，如肠淀粉酶、肠麦芽糖酶、肠脂肪酶及肠肽酶等。在小肠内，肠液与胆汁、胰液一起消化食物。

二、羊的消化生理

消化就是将食物由大块变成小块，固态变成液态，大分子分解成可吸收的小分子的过程。羊对食物的消化方式有三种：机械性消化如咀嚼、吞咽等；化学性消化，主要指消化管中各消化腺分泌的消化液中的酶的消化作用；微生物消化，是指消化管中的微生物能利用合成的酶消化食物，尤其是对饲料中纤维素的消化具有重要作用。根据消化部位又可将羊的消化作用分为口腔消化、胃消化、小肠消化与大肠消化。

（一）口腔消化

口腔的消化由饲料摄取开始，吞咽告终。羊在采食后，饲料进入口腔，经过粗略咀嚼，将食物在口腔内切断和磨碎后，混入唾液，形成食团后吞咽。休息时，羊再反刍将饲料逆呕至口腔，再次咀嚼，进一步磨碎饲料，并混入唾液后再吞咽。如此反复，完成口腔的消化。

1. 唾液的主要作用 唾液可润湿饲料，溶解饲料中的可溶性物质，刺激味觉感受器，引起食欲；唾液可清洗口腔，清除饲料残渣和进入口腔的异物；进入胃腺部的唾液，使食团保持弱碱性环境，有利于胃内酶及乳酸菌的作用；进入胃内的唾液，还可中和瘤胃内细菌发酵产生的有机酸，维持瘤胃内的酸碱平衡，有益于细菌和纤毛虫的生存与运动。

2. 吞咽 羊将口腔中的饲料经过充分咀嚼并混合唾液形成食团后，将食团送到舌根，刺激感受器，引起软腭上举，阻断咽与鼻腔的通路。舌根后移导致会厌软骨翻转遮住喉门，防止食团误入气管。然后咽肌收缩将食团送入气管。

口腔消化是整个消化过程的第一关，口腔消化不好，会影响胃肠的消化。反过来，胃肠消化不好时，口腔也会产生保护性反应，如舌苔增厚，进而降低食欲。

（二）胃消化

胃消化主要包括依靠胃壁肌肉收缩的机械性消化、胃液的化学性消化以及胃内微生物的微生物消化作用，是口腔消化的延续。

1. 机械性消化 胃内的机械性消化主要包括食管沟及前胃的作用。羔羊阶段，食管沟的机能就已发育完善，羔羊吸吮的乳汁可通过闭合的食管沟直接流入瓣胃，再经瓣胃沟进入皱胃被机体吸收。

前胃进行较强的物理性消化，瘤胃的物理性消化主要表现为反刍作用。羊的反刍动作主要分为四个阶段，包括逆呕、再咀嚼、再混合唾液和再吞咽。未经充分咀嚼的胃内容物会刺激网胃、瘤胃前庭和食管沟黏膜上的机械感受器，网胃和食管沟发生附加收缩，将内容物通过贲门输送到食管，然后食管壁产生逆蠕动将内容物送入口腔，这一过程称为逆呕。逆呕的食团到达口腔后，羊即开始再咀嚼，这时的咀嚼比采食时的咀嚼更加细致、充分。再咀嚼过程中食团会与腮腺分泌的唾液进一步充分混合，并再一次形成食团被重新吞入瘤胃。

当网胃和瘤胃内容物经过充分反刍变为细碎的状态时，对瘤胃前庭的机械刺激减弱，并在内容物转运到瓣胃和皱胃时，刺激瓣胃的压力感受器，进而抑制了网胃和食管沟的收缩，进入反刍间歇期。当瓣胃和皱胃的内容物进入小肠时，其压力感受器受到的刺激减少，同时摄取的未经充分咀嚼的饲料由瘤胃进入网胃，再一次引起逆呕反应。

反刍通常开始于采食后 0.5～1 h，每次反刍持续 20～50 min，反刍周期为 20 次左右。反刍次数和持续时间与草料品质、种类、调制方法及羊的体况有关，饲料中粗纤维含量越高，羊的反刍时间越长。过度疲劳、兴奋及患病均会影响羊的反刍活动，反刍停止会使食糜停滞在瘤胃内过度发酵和腐败，产生大量气体，致使瘤胃膨大。

除了瘤胃中的反刍活动外，网胃能进行周期性地收缩，以揉磨食团并输送到瓣胃。瓣胃也能磨碎粗饲料和纤维，并挤出食团中的水分，然后将较干的食团送入皱胃，防止其中的胃液被稀释。皱胃能进行容受性舒张、紧张性收缩和蠕动。容受性舒张能扩大皱胃的容积。紧张性收缩能维持皱胃的形状，并维持和提高胃内的压力，有利于胃液与食糜的充分混合。蠕动自胃大弯开始传播到幽门方向，有益于食糜与胃液的混合，并推动食糜向小肠处运动。

2. 皱胃的化学性消化　皱胃分泌胃液，并在胃液中消化酶的作用下执行化学性消化。胃黏膜中存在外分泌腺和内分泌腺。前者包括贲门腺、泌酸腺和幽门腺。贲门腺分泌黏液；泌酸腺包括主细胞、壁细胞和黏液颈细胞，分别分泌胃蛋白酶原、盐酸及黏液；幽门腺分泌碱性黏液。内分泌腺包括 G 细胞、D 细胞、肥大细胞等，分别分泌胃泌素、生长抑素及组胺等。上述分泌物的混合物是胃液的主要成分。哺乳期羔羊的主细胞还能分泌凝乳酶，有利于乳汁的消化吸收。

主细胞分泌的无活性的胃蛋白酶原，在盐酸条件下或已有活性的胃蛋白酶的作用下，转变为有活性的胃蛋白酶。胃蛋白酶仅在酸性环境中有活性（最适 pH 为 2），活性随 pH 的升高而降低，高于 6 时，会变性。胃蛋白酶能水解蛋白质为小肽和部分氨基酸，是一种内切酶。此外，胃蛋白酶亦有凝乳作用。

胃脂肪酶为胃底黏膜主细胞分泌的一种耐酸性酶，最适 pH 范围为 3～5，pH 低于 2 或高于 7 时，活性下降。此酶具有分解甘油三酯为甘油二酯和脂肪酸的能力。成年羊胃内脂肪酶含量较少，羔羊含量较成年羊多。

盐酸就是通常所说的胃酸，对于皱胃的化学性消化具有重要作用。盐酸能抑制和杀灭前胃中进入皱胃的微生物，而且能使饲料蛋白质变性而易于消化。此外，盐酸还能活化胃蛋白酶原，其形成的酸性环境亦有利于胃蛋白酶的消化。盐酸进入小肠还能促进胰液、胆汁和小肠液的分泌。

胃的黏膜表面覆盖着一层厚约 0.5 mm 的黏液，主要由贲门腺、黏液颈细胞和幽门腺分泌。黏液层和碳酸氢盐组成的黏液-碳酸氢盐屏障，呈弱碱性，能保护胃黏膜不受胃酸环境的损害，并有润滑作用，易于食团通过。

3. 瘤胃的微生物消化　羊的微生物消化主要在瘤胃内进行。瘤胃微生物可将饲料纤维水解为碳水化合物和低级脂肪酸，将植物蛋白或非蛋白氮转化为全价的细菌蛋白和纤毛虫蛋白，在皱胃和小肠被消化利用。瘤胃微生物还能合成维生素 K 和 B 族维生素，将不饱和脂肪酸变为饱和脂肪酸，将碳水化合物转化为挥发性脂肪酸，并将无机硫和尿素氮合成含硫氨基酸。

瘤胃中包含细菌、原虫与真菌等三种微生物，前两者的作用尤为重要。在羊的瘤胃中，三种微生物的类别和数量不是固定不变的，它们会随着饲料类型的改变而发生变化。不同类型饲料的组成成分不同，消化所需的微生物种类也各异。因此，更换日粮时，要逐渐进行，以适应瘤胃内微生物区系的变化，保证消化功能的正常进行，以防消化道疾病的发生。

瘤胃微生物分泌脲酶并水解尿素成氨，并利用生成的氨合成微生物蛋白。因此，在羊的养殖中，常在饲料中添加尿素，但要防止尿素添加过多，避免其大量溶解生成氨转化成氨中毒。瘤胃微生物合成的蛋氨酸相对较少，而蛋氨酸可能是反刍动物的主要限制性氨基酸。饲粮中的纤维是一种必需营养素，淀粉和中性洗涤纤维在瘤胃内可发酵生成挥发性脂肪酸。若饲料中纤维水平过低，则淀粉会迅速发酵，大量产酸，降低瘤胃液 pH，抑制纤维分解菌活性，严重时导致酸中毒。

4. 嗳气 瘤胃发酵产生大量二氧化碳和甲烷，小部分被血液吸收由肺脏排出体外，绝大部分通过嗳气形式排出。瘤胃内气体较多时，上端收缩，内压升高，引起贲门反射性缩张，引起嗳气。若瘤胃内气体未能及时排出，会导致瘤胃体积膨大。

瘤胃内乙酸、丁酸发酵产生的氢被产甲烷菌利用合成甲烷，通过嗳气排出体外。一般来说，饲粮中粗饲料比例越高，瘤胃中乙酸比例越高，甲烷产量也相应增高。对用干草和精饲料长期舍饲的奶山羊突然饲喂大量青绿饲料，会导致瘤胃内容物急剧发酵，产生大量气体不能及时排出，形成瘤胃急性膨胀。

（三）小肠消化

小肠内的消化是营养物质消化过程中极为重要的阶段。食糜在小肠内受到胰液、胆汁和小肠液的化学性消化，以及小肠运动的机械性消化作用，分解成的小分子营养物质在这部分的消化道内被吸收利用。

胰液为胰腺的外分泌物，pH 呈碱性，含有大量碳酸氢盐，可中和随食糜进入十二指肠的胃酸。胰液中含有多种消化酶类。其中，胰蛋白酶、糜蛋白酶、胰弹性蛋白酶与肽链端水解酶均能分解蛋白质，上述酶均以无活性的酶原形式存在，能被肠液中的肠激酶、胃酸、胰蛋白酶本身以及组织液激活，共同将蛋白质分解为多肽和氨基酸。胰脂肪酶是胃肠道消化脂肪的主要酶，能被胆汁中的胆酸盐活化。胰淀粉酶由胰腺分泌出来时即是活性形式，能分解淀粉为双糖。

胆汁为肝脏内肝细胞合成的绿褐色的液体，呈弱碱性，消化间期生成的胆汁浓缩贮存在胆囊中，在消化时由胆囊排入十二指肠中。胆汁主要由水、胆酸盐、无机盐、胆汁酸、胆固醇、胆色素、脂肪酸和卵磷脂等组成。胆酸盐是胰脂肪酶的辅酶，能增强胰脂肪酶的活性；胆酸盐、胆固醇和卵磷脂等可降低脂肪滴的表面张力，增加脂肪酶与脂肪的接触面，有利于脂肪的消化吸收；胆酸盐还可结合不溶于水的高级脂肪酸，促进脂肪酸的吸收；胆汁能促进脂溶性维生素（维生素 A、维生素 D、维生素 E 和维生素 K）的吸收；胆汁中的碱性无机盐可中和由胃进入肠中的酸性食糜，维持肠内的 pH 环境；胆汁在小肠内能被吸收入血，并刺激肝胆汁的分泌，形成胆汁的肝肠循环。

小肠液由小肠黏膜中的小肠腺分泌，呈弱碱性，有利于保护肠黏膜免受机械性损伤和胃酸的侵蚀。主要包含肠激酶（激活胰蛋白酶原）与小肠淀粉酶两种消化酶。小肠黏膜上皮细胞可合成和分泌肠肽酶、麦芽糖酶、蔗糖酶及乳糖酶，能将吸收的多肽分解为氨基酸，双糖分解为单糖。随着上皮细胞脱落，这些消化酶会进入小肠液中。

小肠内的机械性消化主要包括以下 3 种运动方式：①紧张性收缩，使食糜与消化液充分混匀，并保持肠腔内的一定压力，有利于消化吸收；②分节运动，将肠内的食糜分割成若干节段，有利于充分将食糜与消化液混匀，并增加食糜与肠壁的接触，为消化吸收创造有利条件；③蠕动，将分节运动后的食糜推进到新肠段，有利于食糜的消化和吸收。

经过小肠的化学性和物理性消化作用，除纤维素外，绝大部分的糖、脂肪和蛋白质，相继受到胰液、胆汁和小肠液的作用，分解变成溶于水的小分子物质被小肠吸收。水和溶于水的无机盐，绝大部分被小肠吸收。未被消化的部分则进入大肠进一步消化。

（四）大肠消化

大肠不分泌消化液，其中的盲肠和结肠部分可消化纤维素，形成的挥发性脂肪酸经肠壁被吸收利用。部分未被小肠消化的蛋白质和糖也可以被大肠内的细菌进一步分解，分解蛋白质、氨基酸所产生的氨可被吸收转化成尿素，经血液转运到瘤胃，被微生物重新利用生成微生物蛋白质。

大肠的主要功能是吸收水分、盐类及低级脂肪酸，形成、贮存和排泄粪便。同时，其中的杯状细胞能分泌黏液蛋白，可保护大肠黏膜、润滑粪便，防止肠壁受到机械性损伤并免遭细菌侵蚀。

大肠在消化的同时，盲肠和结肠肠壁的肌层在食糜的刺激下，产生蠕动和逆蠕动，食糜得以混匀，同时细菌消化其中的纤维素，并吸收水分和低级脂肪酸。

第四节　藏羊对高原环境的适应性

一、藏羊生理结构对高原环境的适应性

青藏高原牧区动物长期生活在高海拔、高寒、低氧、低压环境下，动物会出现一系列生理改变，严重的会出现肺动脉高压、心肥厚等病理性变化。一些对高原土生动物的研究表明，高原低氧环境适应性动物表现出肺血管收缩反应钝化，肺动脉压不高，无右心室肥大，红细胞数、血细胞比容和血红蛋白不因海拔高度的增加而出现显著改变等现象。对土生动物的研究表明，高原土生动物经过长期的自然选择，对高原环境具有良好的适应性。

藏羊是生活在青藏高原及其毗邻的四川、云南以及甘肃的高寒牧区，经长期自然选择和人工培育形成的地方品种。相较于普通绵羊，藏羊体型更大且面容粗犷，四肢粗壮有力，具有极强的攀岩能力；被毛粗且密，能够有效地抵御严寒、风沙及强紫外照射。通过对脑血管形态比较分析发现，藏羊的大脑后交通动脉、上颌动脉的管径更粗，其他脑动脉管径也更大，脑硬膜外异网更长，主要脑动脉中的侧支更发达，伸展较长，细小分支更丰富。藏羊有相对发达的脑动脉系统，利于向脑组织有效供血。心肺血液动力学研究显示，藏羊适应高海拔、低氧环境的机制与高原鼠兔的适应机制可能是一致的。为了更好地适应高原环境，藏羊的心肺结构发生了适应性的变化，如较厚的心肌壁、更大的心腔面积和粗

长的心肌纤维等，肺脏则出现末端支气管分级丰富、发达的支气管杯状细胞以及更厚的支气管平滑肌等。此外，肾脏结构也发生了一定的适应性变化，如肾小球面积更大，推测其对血液的滤过效率更高，能更高效地重吸收原尿中的水分，保持机体水平衡。血液生理学特征显示，藏羊的白细胞总数、血红蛋白等指标更高，证明藏羊能够通过增加白细胞数量来增强免疫力，增加血红蛋白携氧能力。

二、藏羊生活习性对高原环境的适应性

青藏高原牧区大多数地区气候寒冷，降水量较少，相对湿度为40%～80%。经过长期的自然选择，藏羊形成了耐寒、耐干燥的特点。藏羊的汗腺不发达，自身的散热机能比较差。夏季时，藏羊会因炎热而站立、喘息，羊群互相拥挤躲避阳光、停止采食。但在冬季−25℃时，藏羊却很少因寒冷而受冻害。

藏羊性喜群居，羊群内部通过视觉、听觉、嗅觉互相接收信息，保持群体结构，头羊确定之后，群体结构会更加稳定。头羊一般由年龄较大、子孙较多的母羊担任。藏羊受惊容易惊群，但牧民及时呼唤就能重聚羊群。

藏羊嘴尖，牙齿锋利，下腭门齿略向外倾斜，方便采食地面上的小草、灌木枝、花蕾等，也利于充分咀嚼草籽。由于藏羊能采食低草，可以和牛群进行混牧。冬季草地积雪时藏羊会主动扒开雪面采食。

藏羊是整年放养的，通常放牧日的放牧时间和放牧速度应遵循“中间低、两头高”的原则，即在早上和晚上多让藏羊食草，保证藏羊能够有效地长膘。6月是藏羊长夏膘的关键时期，而9—10月是藏羊长秋膘的时候，是藏羊跑青、沉淀脂肪的关键时期。放牧时要保证每只羊一天三饱。充分把握早出牧、晚归牧的规律，保证羊能吃饱。

春季放牧时注意“躲青”，夏季放牧时选择高山草地放牧，秋季放牧要防蚊、防蝇，要将放牧和跑茬相结合抓好秋膘。冬季放牧时做到晚出牧、早归牧，严禁让羊只吃冰霜冻草，以免造成羊只流产。

三、藏羊消化生理对高原环境的适应性

在青藏高原牧区高寒环境条件的刺激下，藏羊瘤胃上皮和瘤胃微生物及其代谢产物的转录状态发生了适应性变化。受到高原高寒草甸牧草生长环境和生长周期的限制，藏羊对牧草蛋白质表现出了较高的消化利用率。高海拔下，藏羊瘤胃乳头宽度和基底层厚度增加，瘤胃微生物多样性降低。研究发现，藏羊的瘤胃中甲烷含量较低，挥发性脂肪酸产量较高，能更多地生成乙酸、丙酸等小分子代谢物，为机体提供能量，能量利用更高效。此外，藏羊瘤胃上皮吸收表面积更大，与短链脂肪酸（SCFA）吸收相关的基因表达量更高，这使得藏羊具有较强的SCFA转运吸收能力。在日粮氮含量不足的情况下，藏羊具有更高的氮消化率，能更有效地利用氮，维持所需的氮也更低。

高原地区气候寒冷，低温导致饲草短缺、来源匮乏。因此，藏羊需要利用有限的饲草保证自身正常代谢。对藏羚羊、藏野驴、藏绵羊的肠道微生物进行比较后发现，这些高海拔食草动物的肠道微生物组成相似，且功能相似，显示了三种动物肠道微生物对高原环境适应的一致性。藏羊脂肪组织的分解代谢较低，而合成代谢较高。在负能量平衡状态下，

藏羊对葡萄糖和脂肪酸的吸收能力降低，以维持能量平衡。藏羊的瘤胃微生物群落组成中，分解纤维的拟杆菌属和普雷沃氏菌属的比例较高，有利于藏羊适应高原放牧环境。冬季极端寒冷气候下，瘤胃中厚壁菌门的相对丰度、厚壁菌门/拟杆菌门的比值、微生物多样性、微生物间的相互作用和代谢增加，相应的饲料中各种成分的分解和能量的维持增强。藏羊的肠道菌群中包含大量与碳水化合物代谢相关的独特的菌群，说明肠道微生物在藏羊适应高原环境的过程中发生了演化。

第三章 肉羊种质资源与品种利用

第一节 青藏高原牧区肉羊地方种质资源分布

青藏高原现存的藏羊可以分为多个各具特色的地域类型或亚型，如适应于气候寒冷的高海拔地区、体型较大的高原草地类型，适应于气温相对温和的低海拔地区的、体型较小的山谷类型。中国甘肃、新疆、青海、西藏等地广泛分布的盘羊是藏系家绵羊的祖先，古羌人驯化了盘羊，将其驯养成为短瘦尾的古羌羊，古羌羊随着民族的迁徙和融合扩散到四方，形成如今的藏系绵羊。

青藏高原牧区包括青海、西藏、甘肃南部和四川西北部。该地区面积广大，雪山连绵，冰川广布，丘陵起伏，湖盆开阔，到处可见天然牧场，海拔一般3 000 m以上，气候寒冷干燥，无绝对无霜期，枯草季节长。青藏高原牧区是我国重要的牧区，有绵羊、山羊共3 177.3万只，占全国羊总数的11.3%，其中山羊占全国山羊总数的6.0%，绵羊占17.6%。该地区有藏绵羊、贵德黑裘皮羊、藏山羊等地方羊品种。培育品种有青海毛肉兼用细毛羊、青海高原毛肉兼用半细毛羊、柴达木绒山羊、澎波半细毛羊等。

一、藏系绵羊中心产区及分布

藏系绵羊原产于青藏高原，主要分布于西藏及青海、甘肃、四川、云南、贵州等地，由于各地生态条件差异悬殊，形成了不同的类型。草地型（高原型）藏羊是藏系绵羊的主体，数量最多，主要分布于西藏境内的冈底斯山、念青唐古拉山以北的藏北高原和雅鲁藏布江地带；青海的藏羊主要分布在海北藏族自治州、海南藏族自治州、海西蒙古族藏族哈萨克族自治州、黄南藏族自治州、玉树藏族自治州、果洛藏族自治州六州的广阔高寒牧区；甘肃的藏羊主要分布在甘南藏族自治州的各县；四川的藏羊分布在甘孜藏族自治州、阿坝藏族羌族自治州北部牧区。山谷型藏羊主要分布在青海省南部的班玛、囊谦两县的部分地区，四川省阿坝藏族羌族自治州南部牧区，云南的昭通市、曲靖市、丽江市及腾冲市等。欧拉型藏羊是藏系绵羊的一个特殊生态类型，主产于甘肃省的玛曲县及毗邻地区以及青海省河南蒙古族自治县和久治县等地。

二、藏系山羊中心产区及分布

藏系山羊原产于青藏高原，分布于西藏自治区全境，四川省甘孜藏族自治州、阿坝藏族羌族自治州，以及青海省玉树藏族自治州、果洛藏族自治州。西藏山羊是长期生活在高原严寒条件下的一个古老地方品种，从西藏自治区的卡若遗址中发现，有土坯坑窑以及饲养的栏圈，栏内有大量的动物骨骼和羊粪堆积，也有骨铲和兽骨（如羊、狍等骨骼）钻等。说明西藏山羊早在殷商以前的新石器时代就被藏族先民所驯养，距今有 4 000 多年的历史，是藏族人民为解决生活中对毛、皮、肉、奶的需要，经长期饲养和选择而育成的。

三、产区自然生态条件

藏羊的中心产区位于北纬 26°50′—36°53′、东经 78°25′—99°06′，地处青藏高原的西南部，北有昆仑山脉及其支脉，南有喜马拉雅山脉，西为喀喇昆仑山支脉，平均海拔 4 000 m 以上。地貌多样，可分为藏北高原、藏南谷地、藏东高山峡谷、喜马拉雅山地四部分，地势由西北向东南倾斜。

产区自然环境差异大，气候类型由东南向西北依次有热带、亚热带、高原温带、高原亚寒带、高原寒带等各种类型。气候特点是日照长、辐射强烈，气温低、温差大，干湿分明、多夜雨，冬春干燥、多大风，气压低、氧气含量少。年平均气温－2.8～11.9℃，温差大；年降水量 75～902 mm，分布极不均匀；年日照时数 1 476～3 555 h，西部多在 3 000 h 以上。

境内江河纵横、水系密布，有雅鲁藏布江及其拉萨河、年楚河等五大支流，还孕育着长江上游的多条重要支流。湖泊多为咸水湖。草场类型多样：高山草原，以旱生禾本科牧草为主；高山草甸、沼泽草甸及（灌）丛草甸草场，牧草茂密、覆盖度大、产草量较高。海拔较低的河谷地区是西藏主要的产粮区，气候温暖湿润，无霜期 120 d 左右，可以种植青稞、小麦、豌豆、马铃薯、油菜等作物；主要牧草植物有紫花针茅、草地早熟禾、冰川棘豆、细叶苔、青藏苔草、红景天、垫状点地梅、凤毛菊等。农作物一般一年一熟，主要有青稞、豌豆、小麦、油菜等。

第二节　青藏高原牧区肉羊主要品种资源

一、青藏高原牧区绵羊主要品种

（一）欧拉羊

分布：欧拉羊主要分布在青藏高原东部边缘黄河第一弯曲部，青海省的河南蒙古族自治县、久治县，甘肃省的玛曲县等。

产区生境：产区海拔 3 400～4 800 m，高寒阴湿，气候恶劣，四季不分明，冬春长而寒冷，夏秋短而凉爽，昼夜温差大。年均气温 0.5～1.1℃，降水量 615.5 mm，相对湿度 40%～80%，无绝对无霜期。产区内主要为高山草甸草场、亚高山灌丛草甸草场和高山草场。牧草每年于 4 月下旬萌发，5 月下旬返青，生长期 5 个月。

外貌特征：欧拉羊是著名的藏羊地方类型，体质结实，肢高体大，背腰较宽平，胸深，后躯发育好，十字部略高于体高。头稍狭长，呈锐三角形，鼻梁隆凸，眼廓微突，耳较大，多数具有肉髯。公羊前胸着生黄褐色“胸毛”，而母羊不明显。公羊角粗而长，呈浅螺旋状向左右平伸或稍向前，角尖向外，角尖距离较大，母羊角较细小。头、颈、四肢和腹下着生刺毛且多为有色，以黄褐色为主，纯白羊极少。

生产性能：欧拉羊平均初生重公母羔分别为 4.3 kg 和 4.2 kg，成年公母羊体重分别为 67 kg 和 53 kg。成年羯羊的屠宰率为 50%，胴体重 38 kg；成年母羊的屠宰率为 47%，胴体重 24 kg；1.5 岁羯羊的屠宰率为 44%，胴体重 16 kg。成年公羊平均剪毛 1.1 kg，母羊剪毛 0.9 kg；1.5 岁公羊剪毛 1 kg，母羊剪毛 0.7 kg；0.5 岁公母羊剪毛均为 0.4 kg。

繁殖特性：欧拉羊母羊的母性良好，育羔能力强。一般母羊在 1.5 岁开始发情，繁殖年限 5～6 年。每年产羔 1 次，每胎 1 羔。母羊发情周期平均为 17.54 d、妊娠期 151.31 d。1.5 岁母羊的繁殖成活率为 48%，成年母羊的繁殖成活率为 68%。

（二）乔科羊

分布：乔科羊主要分布在甘肃省甘南藏族自治州玛曲县曼日玛镇、齐哈玛镇、采日玛镇、阿万仓镇和碌曲县的尕海镇、郎木寺镇。

产区生境：产区海拔为 3 300～3 600 m。年平均气温 1.1℃，最高气温 23.6℃，高寒潮湿，气候多变，无绝对无霜期，年降水量为 615.5 mm。产区有天然草场 125.27 万 hm^2，可利用草场占 93%以上，牧草种类繁多，资源丰富。

外貌特征：乔科羊属于藏羊的地方类群，体格高大，头部着生少量刺毛，两眼稍凸，鼻梁隆起，耳长下垂。公母羊均有角。公羊角长而粗壮，向左右平伸，呈螺锥状；母羊角较细而短，多数呈螺锥状向外上方斜伸。颈细长，胸宽深，背平直，十字部稍高，臀部稍丰满。尾小呈扁锥形，紧贴于臀部。被毛粗长，覆盖度中等，毛辫长，具有波形浅弯，死毛含量较高。头颈、四肢杂色，以黄褐色较多，黑花亦属常见。

生产性能：成年羊平均个体剪毛量公羊为 0.98 kg，母羊为 0.81 kg，毛辫长度公羊为 26 cm，母羊为 24 cm。公羊宰前平均活重为 58 kg，平均胴体重 26 kg，净肉重 20.01 kg，屠宰率为 47.7%；母羊宰前平均活重为 51 kg，平均胴体重 21 kg，净肉重 15.02 kg，屠宰率为 43.73%。乔科羊成年公羊被毛中，无髓毛占 48.24%，有髓毛占 9.54%，两型毛占 19.94%，死毛占 22.25%；成年母羊被毛中，无髓毛占 54.08%，有髓毛占 8.59%，两型毛占 22.88%，死毛占 14.45%。

繁殖特性：乔科羊母羊 1.5 岁开始发情，繁殖年限 5～6 年。公羊发情较母羊稍晚，但配种年龄一般在 2.5 岁左右，利用年限 3～5 年。1.5 岁母羊（群众称为“采毛”）配种，繁殖率较低。一般每年产羔一次，每次一羔。发情周期一般为 18 d，一个发情期持续时间为 12～46 h，以 30 h 居多，妊娠期大多为 148～155 d。

（三）甘加羊

分布：甘加羊主要分布在甘肃省夏河县甘加地区，以夏河县甘加镇为中心产区，主要分布在夏河县甘加镇、达麦乡、唐尕昂乡。

产区生境：产区最高海拔 3 800 m，最低海拔 2 500 m，平均海拔 2 950 m。气候寒冷湿润，年最高气温平均 10.8℃，年最低气温平均−9.4℃，年均温度 2.6℃，无霜期 88 d。年均降水量 325.1 mm，雨季集中在 6—9 月，相对湿度 40%～80%。日照充足，水量充盈，热量不足，牧草生长期 90～100 d。土壤以亚高山草甸土和高山草甸土为主。自然植被良好，类型多样，以中生亚高山草甸植被为主，伴有灌丛草甸和高寒沼泽等类型，野生牧草以禾本科、豆科、莎草科、菊科和蔷薇科等为主，主要有垂穗披碱草、冰草、针茅、羊茅、野豌豆、华扁穗草、藏异燕麦、鹅冠草、老芒麦、细裂亚菊和委陵菜等；还有豆科牧草紫花苜蓿、黄花苜蓿、山藜豆，以及蓼科的珠芽蓼、头花蓼等。主要作物有青稞、燕麦、油菜。草丛平均高度 35 cm，植被覆盖度 85%以上。冷季长而牧草、作物生长季短，牧草一般从 4 月下旬开始萌发，9 月下旬开始枯黄，枯草期约 7 个月。

外貌特征：甘加羊具有草地型藏羊的一般外貌特征，体质结实，结构匀称，体格较小而紧凑，四肢端正、较长，体躯近似长方形。头部、四肢着生杂色毛及体躯主要部位被毛白色者占大多数（93.19%）。头略短而稍宽，呈三角形，额稍宽平；头部干燥，着生以黄褐色为主的刺毛。面部清秀，眼廓微凸，鼻梁隆起，耳大而向左右两侧平伸性下垂。公羊 98.6%的有角，角长而粗壮，为螺旋形，角体长而扁平，并向两侧呈扭曲状弯曲性伸展；母羊 97%有角，角相对细而短，为螺旋形，并呈螺锥状向外上方斜伸。颈宽深，较细长，着生黄褐色刺毛者居多；颈部无褶皱，有肉垂者不多。胸部较宽深，体躯呈长方形，肋拱起，背直而平，十字部略高于鬐甲，尻斜而短，臀部稍丰满。四肢端正，较粗而长，着生刺毛，多为黄褐色。成年公母羊平均毛长分别为 27.97 cm 和 26.73 cm，毛辫呈大波浪弯曲，光泽好，死毛含量低，毛股长，一般在 30 cm 左右，界线清晰，肤色均为浅粉色。蹄质坚硬，多为黑色。短瘦尾呈扁锥形，着生以白色为主的刺毛，紧贴臀部。公羊平均尾宽和尾长分别为 4.63 cm 和 14.9 cm，母羊平均尾宽和尾长分别为 4.59 cm 和 12.56 cm。骨骼匀称结实，肌肉发育适中。

生产性能：成年羯羊胴体重平均为 21.50 kg，屠宰率为 47.50%；成年母羊胴体重平均为 19.36 kg，屠宰率为 44.48%；1.5 岁羯羊胴体重平均为 19.36 kg，屠宰率为 47.51%，胴体净肉率为 70.04%。成年公羊平均剪毛量为 1.21 kg，成年母羊平均剪毛量为 1.05 kg，公羊毛辫长平均为 30 cm，母羊毛辫长平均为 29 cm，公羊净毛率平均为 68.25%，母羊净毛率平均为 70.70%。

繁殖特性：甘加羊母羊发情较早，1.5 岁开始配种，发情周期一般为 17～18 d，妊娠期约为 150 d，可利用年限为 4～5 年；公羊发情较母羊晚，可利用年限 3～4 年。母羊一般年产羔一次，多为单羔，羔羊繁殖成活率一般为 88.52%。

（四）岷县黑裘皮羊

分布：岷县黑裘皮羊产于甘肃省洮河和岷江上游一带，中心产区为洮河流经岷县的两岸地区和岷江上游宕昌县的部分地区，以岷县的西寨、清水、十里等镇为主产区，边缘产区有临潭县新城以下的三岔、虎子、阵旗等，临洮县的牙下、三甲、潘家集和苟家滩，渭源县的峡城、麻家集，康乐县的莲麓和景古等地。

产区生境：岷县黑裘皮羊产区位于洮河中游一带，是甘肃甘南高原与陇南山地接壤区。海拔一般为 2 500～3 200 m，产区内山地多平地少，山峰在 3 000 m 以上。属高寒阴湿气候，全年平均温度为 5.5℃，1 月最冷，平均−7.1℃，7 月最热，平均 15.9℃；无霜期 90～120 d，产区东部无绝对无霜期。年降水量为 635 mm，主要集中于 7—9 月，占全年降水量的 65%以上。年蒸发量为 1 246 mm。相对湿度夏季较大，为 73%～74%，冬春季为 65%～68%。雹灾频繁，早晚霜冻危害严重。产区内植被覆盖度较好，牧草以禾本科为主，还有大量的柳丛灌木及部分森林草场，均可供放牧用。农作物主要有春小麦、蚕豆、青稞、燕麦和马铃薯等。经济作物主要是油料和当归。

外貌特征：岷县黑裘皮羊属于山谷型藏羊。该品种羊体质细致，结构紧凑。行动灵活敏捷。体躯、四肢、头、尾及蹄全呈黑色。头清秀，鼻梁隆起，颈长适中，背腰平直，四肢端正。公羊有角，向后、向外呈螺旋状弯曲；母羊多数无角，少数有小角。尾小呈锥形，属瘦尾型。

生产性能：岷县黑裘皮羊主要以生产黑色二毛皮而闻名。羔羊初生后被毛长达 2 cm 左右，呈环状或半环状弯曲。在岷县黑裘皮羊生长到 2 月龄左右，毛股自然长度不小于 7 cm 时宰杀剥取的毛皮称二毛皮，其特点为：毛股紧实，毛长不短于 7 cm，毛股明显而呈花穗，尖端呈环形或半环形，有 3～5 个弯曲，毛纤维由根到尖全黑，光泽悦目，皮板较薄，面积 1 350 cm^2。

岷县黑裘皮羊体格偏小，成年公羊平均体高和体长分别为 56.2 cm 和 58.73 cm，成年母羊体高和体长分别为 54.27 cm 和 55.67 cm；成年公羊体重（31.1±0.8）kg，成年母羊（27.5±0.3）kg。成年羯羊屠宰率为 44.23%。岷县黑裘皮羊每年剪毛 2 次，4 月中旬剪春毛，9 月剪秋毛，被毛异质，年平均剪毛量为 0.75 kg。

繁殖特性：岷县黑裘皮羊母羊初配年龄一般在 1.5 岁以上，妊娠期 149～152 天，一年一胎，均产单羔，分春羔和冬羔。春羔较少，一般在次年 3 月以后产羔，冬羔一般在 12 月产羔。

（五）祁连藏羊

分布：祁连藏羊主要分布于青海省祁连县及其周边地区。

产区生境：祁连藏羊分布区草原开阔，地势相对平缓，冷季草场海拔 2 800～3 400 m，暖季草场海拔在 3 700 m 以上。年均气温－1.6℃，无绝对无霜期，最热月（7 月）均温 10.6℃，最冷月（1 月）均温－15.2℃，年降水量 325.3 mm，年均风速 3.9 m/s，年均相对湿度 55%。草原类型属半干旱草甸草场和草原草场。青草期约 5 个月，一般亩*产可食青草 106～141 kg。

外貌特征：祁连藏羊属“高原型”藏羊，头呈三角形，成年公羊头宽 14 cm，母羊 13 cm 左右。头宽是头长的 65%左右，鼻梁隆起，尤以公羊为甚。公母均有角，无角者少。公羊角粗大，向后上左右伸展，呈螺旋状；母羊角小，多呈扁形扭转，伸向两侧，无明显的大螺旋状。颈细长，十字部高于鬐甲 2 cm 左右。肋形开张，胸宽为胸深的 59%左右。背腰平直，短而略斜。成年羊尻宽与尻长之比为：成年公羊约 79∶100，成年母羊 84∶100 左右。体躯深长，公羊体长率为 102.68%，母羊为 106.93%。尾长平均为 16 cm，宽约为 5 cm。四肢稍长而细，前肢肢势端正，后肢多呈刀状肢势。体躯被毛呈纯白者占 90%以上，头肢被毛杂色约占 70%。被毛大多呈毛辫结构，可分大、小毛辫，以小毛辫为主。3 岁左右，母羊的毛辫平均长 26 cm 以上，最长可达 40 cm，毛辫将四肢掩盖。毛辫随年龄的增加而变短。

生产性能：成年公羊最高产毛量为 1.45 kg，羯羊以 4.5 岁产毛量最高为 1.39 kg，母羊以 3.5 岁最高为 1.07 kg。

繁殖特性：祁连藏羊公羊 6～8 月龄开始性活动，9～10 月龄达到性成熟。一般在

* 亩为非法定计量单位，1 亩＝1/15 hm^2。

2 岁投入配种，3.5～6.5 岁为最佳繁殖时期，每只公羊每年可配 30～40 只母羊。母羊性成熟期为 8 月龄，1.5 岁以后达到性成熟，一般在 1.5 岁投入配种，2 周岁产羔。母羊发情周期为 16 d 左右。发情持续 1～2 d，孕期为 5 个月左右。怀孕后安静，采食性能强，上膘快，一生可产 5～7 胎。双羔率 1%～2%。

(六) 山谷型藏羊

分布：山谷型藏羊主要分布在青海省南部的班玛、昂欠两县的部分地区，四川省阿坝藏族羌族自治州南部牧区，云南的昭通、曲靖、丽江等地区及腾冲市等。

产区生境：产区海拔达 1 800～4 000 m，主要是高山峡谷地带，气候垂直变化明显。年平均气温 2.4～13℃，年降水量为 500～800 mm。草场以草甸草场和灌丛草场为主。

外形特征：山谷型藏羊体格较小，结构紧凑，体躯呈圆桶状，颈稍长，背腰平直。头呈三角形，公羊多有角，短小，向后上方弯曲，母羊多无角，四肢矫健有力，善爬山远牧。被毛主要有白色、黑色和花色，多呈毛丛结构，被毛中普遍有干死毛，毛质较差。剪毛量一般为 0.8～1.5 kg。成年公羊体重为 40.65 kg，成年母羊为 31.66 kg。屠宰率约为 48%。

(七) 贵德黑裘皮羊

分布：贵德黑裘皮羊，亦称“贵德黑紫羔羊”或“青海黑藏羊”，以生产黑色二毛皮著称。主要分布在青海海南藏族自治州的贵南、贵德、同德等县。

产区生境：贵德黑裘皮羊的产区生境是典型的高原大陆性气候，具有较大的温差和气候变化幅度，无霜期较短，年降水量为 324.7～492.6 mm，年平均相对湿度为 42%～46%，年日照时数平均为 2 702.6 h。

外貌特征：毛色初生时为纯黑色，随年龄增长，逐渐发生变化。成年羊的毛色，黑微红色占 18.18%，黑红色占 46.59%，灰色占 35.22%。

生产性能：成年公羊体高 75 cm，体长 75.5 cm，体重 56.0 kg；成年母羊体高 70.0 cm，体长 72.0 cm，体重 43.0 kg；成年公羊剪毛量 1.8 kg，成年母羊剪毛量 1.6 kg，净毛率 70%，屠宰率 43%～46%。产羔率 101.0%。

贵德黑紫羔皮主要是指利用 1 月龄左右羔羊生产的二毛皮。其特点是，毛股长 4～7 cm，每厘米有弯曲 1.73 个，分布于毛股的上 1/3 或 1/4 处。毛黑艳，光泽悦目，图案美观，皮板致密，保暖性强，干皮面积为 1 765 cm^2。

(八) 浪卡子绵羊

分布：浪卡子绵羊的中心产区为西藏山南市浪卡子县，与其相邻的江孜、仁布、贡嘎、扎囊、措美、洛扎、康玛等 7 个县均有分布。

产区生境：产区海拔 4 500 m，是西藏山南市海拔最高的地区之一。光照充足，辐射强，年日照时数为 2 929.7 h。年均温度 0.5℃，7 月温度最高，为 23℃，1 月温度最低，为−23℃。年降水量为 350 mm 左右，且多集中于 6—8 月，占全年降水量的 70%，相对湿度 44%，蒸发量 2 000 mm。属于高原温带半干旱季风气候，其特点是：冬春漫长、干燥、寒冷、多风，夏秋温凉、多雨水，气候多变，昼夜温差大。绝对无霜期为 8～62 d。牧草 4 月底萌生，9 月底开始枯黄，枯草期长达 200 d。当地农作物有青稞、豌豆、元根、油菜等。牧草种类以莎草科为主，其次为禾本科和杂草类，覆盖率一般为 30%～70%，草生长高度 10 cm 左右，产草量低。在一些冲积砾石滩上常有紫云英、狼毒、一枝蒿等毒害草。

外貌特征：浪卡子绵羊头型清秀，鼻梁微隆，颈较细，体躯呈楔形，四肢适中而坚实，尾细、下垂。公羊大多数有角，母羊很少有角，有角者绝大多数为大旋，极少数为小旋，角色以黑色居多。耳以宽长、下垂者居多，也有细短耳、“马耳朵”和平伸、半下垂耳。基础毛色为白色，也有黑色、褐色，以白色长毛黑斑点为主。多见黑头、黑面、黑眼圈、黑鼻端、黑四肢，也有相当一部分褐头、褐面、黑眼圈、褐鼻端、褐四肢。在群体中有纯白色、纯黑色和纯褐色个体。也有相当一部分羊背、臀、腹、裆部分黑色或有褐色斑点。

生产性能：浪卡子绵羊在全年放牧稍加补饲的饲养条件下，一般2.5岁屠宰，表现出良好的肉用性能，屠宰率41.11%。一年剪一次毛，每年7月剪毛，每次剪毛量为1 kg左右。在泌乳期绵羊产奶量为125 kg，最高日产奶量约为0.3 kg。

繁殖特征：公羊5月龄、母羊3～4月龄性成熟。一般羊初配年龄为1.5岁。发情配种期21 d，在整个发情期内有2～3 d持续发情表现。妊娠期5个月，约150 d。繁殖率80%～95%。浪卡子绵羊繁殖成活率为90%左右。

（九）岗巴绵羊

分布：岗巴绵羊的中心产区位于西藏自治区日喀则市的岗巴县以及靠近岗巴县周边县的乡村，处于喜马拉雅山北麓。岗巴县5个乡镇均有分布，羊群规模一般为500～700只，周边邻县呈散在分布。

产区生境：产区牧场海拔均在5 000 m左右，最高海拔为6 155 m。属高原温带半干旱季风气候区，气候寒冷干燥，雨水稀少，年降水量300 mm，日照充足，年日照时数3 200 h以上，但昼夜温差较大，年无霜期60 d左右。

外貌特征：岗巴绵羊体型较矮，结构紧凑、匀称，大多无角，有角羊仅占21.5%，角呈小旋。耳大，多细短，呈半垂状，少数平伸，偶见完全呈下垂状。细垂尾。额颊、头顶和腹底均有覆毛。岗巴绵羊基础毛色有白、黑、褐3种，其中白色较多，占69.5%，褐色极少，仅1.5%，有色毛中，常见有不同部位的白斑、白额、白鼻梁、白顶部及白四肢。在颜面、眼圈、鼻端、四肢等色素易沉着的部位常出现黑或褐色。少数羊有角，角色有蜡黄或褐色，少数黑色；蹄壳以黑色偏多，亦有蜡黄或褐色。

生产性能：岗巴绵羊肉用性能好，一般公羊2岁、母羊6岁屠宰，平均活重25 kg，胴体重13.5 kg，屠宰率较高。岗巴绵羊泌乳期7个月左右，前2.5个月主要用于羔羊哺乳，以后开始挤奶（一般是每年的6月15日至9月30日），一天挤2次奶，日平均产奶量0.25 kg，乳脂率4.7%。全年分2次剪毛，产毛量0.9～1.0 kg。

繁殖特性：岗巴绵羊性成熟早，母羊2岁、公羊1岁即可参加配种。母羊发情周期为15 d左右，发情持续3～5 d，妊娠期6个月，受胎率95%以上。配种季节性很强，一般每年10月25日开始配种至11月15日结束。羔羊产后15 min即可自行站立，并找母羊吃奶。

（十）多玛绵羊

分布：多玛绵羊亦称安多绵羊，产于青藏高原唐古拉山北侧，沱沱河以南地区的雁石坪、多玛、岗尼、玛荣、色务、玛曲等乡镇。多玛绵羊是西藏自治区安多县特有品种。

产区生境：产区平均海拔5 020 m，最高海拔6 600 m，最低海拔4 884 m。该区域气候寒冷，平均气温－3℃，最热月（7 月）平均气温 14℃，最冷月平均气温－23℃。平均相对湿度 49%，最低相对湿度（3 月）为 29%，最高相对湿度（8 月）为 70%。无绝对无霜期，全年各月均有降雪的可能。年均降水量 400 mm，年最多降水量为 604 mm，年最少降水量为 292 mm，雨季降水量变化范围为 4～270 mm，旱季变化范围为 0～60 mm，由于地表蒸发力弱，显得比较湿润，平均降雪日数 59 d。年平均 8 级大风日数为 158 d，年 7 级以上大风日可达 284 d，平均风速 4.6 m/s。年均日照时数 2 847 h，年日照百分率 64%。该区域是典型高原大陆气候。地表冻结 6 个月左右，但野生牧草仍有 170～180 d 的生育期。

外貌特征：多玛绵羊体质结实，匀称，体格较大，骨骼粗壮结实，肌肉较为丰满，在秋季抓膘情况下显示出良好的肉用体型。多玛绵羊被毛为粗毛，绝大部分为白色，个别为褐色，眼圈及鼻端大部分为有色（黑或褐色）。眼睑与口唇主要为黑色，褐色亦占 20%左右，少部分为粉色。大小适中，头部无长毛覆盖。公羊大部分有大螺旋形角，母羊大部分亦有大或小螺旋形角，极个别无角，角的颜色以蜡黄色为主，占 90%左右，其余为黑褐色。蹄壳黑色的占 70%，蜡黄色约占 25%，褐色约占 5%。眼睛大小适中。鼻梁稍微隆起。耳细短，绝大部分下垂或半垂。颈部粗壮结实，与头颈结合良好。胸部较宽深、结实，肋骨开张良好，背腰平直，尻部较丰满。四肢粗壮结实，高度适中，适于放牧。尾型为细垂尾，尾色为白色。

生产性能：成年公、母羊胴体重 27 kg，屠宰率约为 54%。平均产毛量 1.5 kg/只，羊毛商品率 93.58%。

繁殖特征：多玛绵羊性成熟较早。一般 3～4 月龄便有性表现。公、母羊 1.5 岁开始配种。发情通常出现在 8 月底至 9 月初，发情周期为 14～17 d，发情持续期为 36 h，妊娠期为 148 d，一年一胎，单羔，羔羊成活率 88%。

（十一）江孜绵羊

分布：江孜绵羊中心产区为西藏日喀则市江孜县，主要分布在年楚河两岸。

产区生境：产区海拔 4 040 m，干、湿季节变化明显，6—9 月为雨季，年降水量为 285.0 mm，84%的降水量集中在 6—9 月。年蒸发量为 257.2 mm。10 月到翌年 5 月为干旱季节，空气干燥，风大。年平均温度为 4.7℃，最高为 26.5℃，最低为－22.6℃。霜期从 9 月底开始，5 月中旬结束。

外貌特征：江孜绵羊体质结实，结构匀称，近似圆筒状。体格较小，头清秀。公羊大多有扁形大螺旋角；母羊多无角，偶有小角。鼻梁微凸，颈部没有垂皮。背腰平直，四肢较短，蹄质坚实，善于爬山。尾小，呈圆锥形。骨骼小巧而结实，肌肉发育良好。纯白江孜绵羊占全品种的比例为 1.5%，躯干和颈部白色、头部与四肢有黑和褐斑者占 52.3%，躯干有色者占 46.2%，其中，有不少为纯黑色。

生产性能：成年羯羊的宰前活重为 31.27 kg，屠宰率为 43.61%。公羊平均剪毛量为 1.22 kg，母羊平均剪毛量为 0.87 kg。

繁殖特征：江孜绵羊性成熟年龄一般为 1 岁左右，少数在 1.5 岁。配种年龄为 2.5 岁，每年秋季（9—10 月）发情、配种。发情周期为 15 d，妊娠期 150 d。产羔率为 85%左右，一年一胎，羔羊成活率 80%。

（十二）霍尔巴绵羊

分布：霍尔巴绵羊中心产区为西藏自治区仲巴县霍尔巴乡玉列村和普琼村，主要产区在雅鲁藏布江源头的杰马央宗冰川区域。

产区生境：产区平均海拔 5 000 m 以上，属高原亚寒带半干旱气候区，年日照时数 3 000 h 以上，年无霜期为 110 d 左右，年降水量 280 mm，多集中在 6—9 月。平均气温 1～2℃，最低气温－40℃。

外貌特征：霍尔巴绵羊体质结实，匀称，体型较大，头大小适中，头部无覆盖。公羊大部分有大螺旋形角，母羊大部分亦有大或小螺旋形角，极个别无角，角的颜色以蜡黄色为主，占 90%左右，其余为黑褐色。蹄壳颜色为黑色者占 70%，蜡黄色约占 25%，褐色约占 5%。眼睛大小适中，鼻梁稍微隆起，耳细短且绝大部分下垂或半垂。颈部粗壮结实，与头颈、肩结合良好。胸部较宽深、结实，肋骨开张良好，背腰平直，尻部较丰满，四肢粗壮，高度适中。尾型为细垂尾，尾毛为白色。被毛为粗毛，绝大部分为白色，个别为褐色，眼圈及鼻端大部分为有色（黑或褐色）。眼睑与口唇主要为黑色，褐色亦占 20%左右，少部分为粉色。

生产性能：成年公羊胴体重为 33.6 kg，成年母羊胴体重为 27.5 kg，屠宰率平均为 51.2%，净肉率平均为 43.2%。年平均产毛量 1.8 kg/只，羊毛商品率 94.5%。

繁殖特性：霍尔巴绵羊性成熟较早，一般 8～9 月龄便有性表现，母羊 1.8～1.9 岁开始配种，发情通常在 8 月底至 9 月，发情周期为 15～18 d，妊娠期为（148±2.5）d，一般为自然交配，一年一胎，羔羊成活率达 90%以上。

（十三）阿旺绵羊

分布：阿旺绵羊中心产区是西藏自治区昌都市贡觉县阿旺乡及其周边各乡、村。另外，芒康县、察雅县、江达县与贡觉县周边地区均有分布。

产区生境：产区群山连绵，丘原交错，河流纵横，高山、森林、草原并存。山脉海拔多在 4 600～5 443 m，河谷海拔 2 570～3 800 m，平均海拔 4 021 m。年平均气温 6.3℃，日最高气温 29.9℃，日最低气温－25℃；日平均气温 0℃以上为 245 d，无霜期 85 d；年平均降水量 480 mm；全年日照数约为 2 100 h。旱雨分明，属大陆性高原季风气候。由于地处横断山脉、高山深谷，立体气候特征突出，气候差异较大，素有“一山有四季、十里不同天”之称。分布区大致可分为：东部海拔 2 800～3 200 m 沿金沙江河谷地带，气候较温暖温润；北部和中部海拔 3 500～3 900 m，气候温暖较干旱；西南部海拔 3 900～4 500 m，气候湿凉半干旱半湿润。阿旺绵羊主产区属后两种气候类型。草场植被以禾本科、莎草科和豆科牧草为主。

外貌特征：阿旺绵羊体型高大，体质结实，全身各部位结合匀称，体躯呈长方形，背腰基本平直，四肢较长，蹄质坚实。头中等大小，颈长短适中。有角，公羊角向后呈大弯曲状或向外呈扭曲状，母羊角弯曲扭转斜向两侧前上方伸展，呈倒八字形。鼻梁隆起，部分羊颌下有肉髯。公羊体态雄壮，睾丸发育良好；母羊体型清秀，乳房发育良好，呈球形或梨形。尾长 11～15 cm，属细短瘦尾型。羊只被毛主体为白色，头部、颈部、腹下同为棕色或黑色，大腿内侧后部有相应棕色斑或黑色斑，四肢有相应棕色斑或黑色斑。

生产性能：成年公羊、母羊、羯羊屠宰胴体重分别为 31.27 kg、29.54 kg 和 35.90 kg，平均为 32.38 kg；屠宰率分别为 49.49%、49.63%、52.03%，平均为 50.52%；净肉率分别为 41.08%、41.58%、43.78%，平均为 42.31%。育成（周岁）公羊剪毛量平均为 0.50 kg，育成母羊剪毛量平均为 0.51 kg。被毛净毛率高达 85.68%。日平均挤奶量 0.2～0.6 kg，产乳期 80～96 d。

繁殖特性：阿旺绵羊母羊初情月龄平均为 21 月龄；初配月龄平均为 19 月龄，少数母羊 10 月龄能配种受孕；初产月龄平均为 48 月龄；发情持续期平均为 29～79 h；发情周期平均为 16.94 d；妊娠期平均为 148.53 d。公羊 5～6 月龄便有爬跨行为。阿旺绵羊平均受胎率、产羔率、成活率分别为 96.34%、91.14%、91.33%，一年一胎，一胎一羔。

二、青藏高原牧区绵羊引入品种

（一）中国美利奴羊（简称中美羊）

中美羊分布于新疆维吾尔自治区、内蒙古自治区和吉林省，按育种场所在地区分为新疆型、新疆军垦型、科尔比型和吉林型。

中美羊的育种工作从 1972 年开始，主要以澳洲美利奴公羊与波尔华斯母羊进行杂交育种，在新疆地区还选用了部分新疆细毛羊和军垦细毛羊的母羊参与杂交育种。经过 13 年的努力，于 1985 年育成，同年被命名为“中国美利奴羊”。

外貌特征：体质结实，体形呈长方形。羊毛密长、生至眼线，外形似帽状。鬐甲宽平。胸宽深、背平直、腰宽平，后躯丰满，肷部皮肤宽松。四肢结实，肢势端正。公羊有螺旋形角，少数无角，母羊无角。公羊颈部有 1～2 个横皱褶，母羊有发达的纵皱褶，无论公、母羊体躯均无明显的皱褶。

被毛品质：被毛呈毛丛结构，闭合良好，密度大，全身被毛有明显的大、中弯曲，细度 60～64 支。油汗白色或乳白色，含量适中。各部位毛长度和细度均匀，前肢被毛着生至腕关节，腹毛着生良好。

生产性能：成年公羊原毛产量 17.37 kg、净毛率为 59%、净毛量 9.87 kg，剪毛后体重 91.8kg、毛长 12.4 cm；成年母羊原毛产量 6.4～7.2 kg、体侧部净毛率为 60.84%、净毛量 3.9～4.4 kg，剪毛量后体重 40～45 kg、毛长 10.2 cm。

（二）新疆毛肉兼用细毛羊（简称新疆细毛羊）

新疆细毛羊产于新疆维吾尔自治区，1954 年在新疆巩乃斯种羊场育成。新疆细毛羊是以高加索泊列考斯羊为父本、以当地哈萨克羊和蒙古羊为母本，采用复杂的杂交方式培育而成。

外貌特征：公羊大多数有螺旋形角，母羊无角。公羊的鼻梁微有隆起，母羊鼻梁呈直线或几乎呈直线。公羊颈部有 1～2 个完全或不完全的横皱褶，母羊颈部有一个横皱褶或发达的纵皱褶。体躯无皱，皮肤宽松，体躯深长，后躯丰满。四肢结实，蹄致密，肢体端正。有些羊在眼圈、耳、唇部皮肤有小的色素斑点。

被毛品质：被毛白色，闭合性良好，有中等以上密度，有明显的正常弯曲，细度为 60～64 支。油汗呈白色、乳白色或淡黄色，含量适中，分布均匀。细毛着生头部至腕关节，后肢到达飞节处或飞节以下。

生产性能：成年公羊体重 93.6 kg，成年母羊体重 48.29 kg。成年公羊剪毛量 12.42 kg，腹毛较长，呈毛丛结构，没有环状弯曲，净毛率 50.88%；母羊的剪毛量 5.46 kg，净毛率52.88%。成年公羊平均毛长11.2 cm，母羊为8.74 cm。屠宰率43%～44%，净肉率38%～40%。经产母羊产羔率130%左右。

(三) 苏联美利奴细毛羊

苏联美利奴细毛羊原产于苏联，1960年引入西藏。

外貌特征：苏联美利奴细毛羊有毛用及毛肉兼用两种类型，西藏引入的是毛肉兼用型，公羊有螺旋形角，母羊多数无角。颈部有三个皱褶，被毛紧密且着生良好，体格结实。

特点：耐寒冷，怕潮湿。

生产性能：见表3-1。

表3-1 苏联美利奴细毛羊生产性能

性别	体重 (kg)	产毛量 (kg)	毛长 (cm)	羊毛细度 (支数)	净毛率 (%)	产羔率 (%)
公羊	101.4	16.1	7.5	64	38～40	—
母羊	54.9	7.7	7～7.5	64	38～40	135

(四) 高加索细毛羊

高加索细毛羊原产于苏联，西藏于1966年由河北省引入。

外貌特征：体格大，体质结实，结构良好。公羊有螺旋形角，母羊无角。颈部有1～3个皱褶。骨骼粗大，体躯宽广，四肢端正。腹毛良好。

生产性能：见表3-2。

表3-2 高加索细毛羊生产性能

性别	体重 (kg)	产毛量 (kg)	毛长 (cm)	羊毛细度 (支数)	净毛率 (%)	产羔率 (%)
公羊	90～100	10～11	7～8	67～70	38～42	—
母羊	56～60	5.8～6.5	6.5～8	64～70	38～42	106～125

高加索细毛羊是在干旱地带育成的，故而对自然条件较差的地区适应能力较强。

(五) 罗姆尼羊

罗姆尼羊原产于英国，西藏于1975年引入。目前，在我国分布于青海、内蒙古、甘肃、云南、贵州等地。

外貌特征：长毛种肉毛兼用半细毛羊体型，体质强健，骨骼结实，四肢短矮，胸宽背平，肋骨开张良好，后腿发达，头短额宽。公、母羊均无角。被毛白色，蹄为黑色，鼻、唇及前肢部有黑斑。具有明显的肉用羊体型，肉质优良，脂肪分布均匀（表3-3）。

表3-3 罗姆尼羊生产性能

性别	体重 (kg)	产毛量 (kg)	毛长 (cm)	羊毛细度 (支数)	净毛率 (%)	产羔率 (%)
公羊	110～120	6～8	13～15	46～50	60～70	—
母羊	70～90	4～5	17～22	46～50	60～70	110～120

因为罗姆尼羊的原产地为潮湿的沼泽地，所以对寄生虫病和腐蹄病有一定的抵抗能力，对恶劣的气候和粗放的管理条件能够适应，放牧后抓膘能力强。

（六）边区莱斯特羊（简称边莱羊）

边莱羊原产于英国北部，1996 年引入西藏。目前，在我国分布于青海、内蒙古、四川、云南等地。

外貌特征：属于长毛种肉毛兼用半细毛羊。体格大，四肢长，体躯深广、呈长方形。公、母均无角，鼻梁隆起，耳大而直立。头部清秀，蹄和鼻为黑色。行动灵活、发育快、成熟早（表 3－4）。

表 3－4　边莱羊生产性能

性别	体重（kg）	产毛量（kg）	毛长（cm）	羊毛细度（支数）	净毛率（%）	产羔率（%）
公羊	112～145	4.5～9	20～25	40～56	65～80	—
母羊	79～126	3.6～5.4	20～25	40～56	65～80	150～200

（七）萨福克羊

1. 产地及育种史　萨福克羊原产于英国英格兰东南部的萨福克地区，是用英国短毛种肉用南丘羊与旧型黑头有角的洛尔福克羊杂交，于 1859 年培育而成的。在我国西北、华北、东北地区，萨福克羊主要用于杂交育种 2000 年引入西藏，在四川红原县等地亦有引入。

2. 外貌特征　萨福克羊公、母羊都没有角，体躯白色，头和四肢为黑色。萨福克羊体质结实，结构轻盈。头重，鼻梁隆起，头、颈、肩部位结合良好。体躯长筒状，背腰长而宽广平直，腹大而紧凑，后躯发育丰满，四肢健壮、结实。公羊睾丸发育良好，大小适中，左右对称；母羊乳房发育良好，柔软而有弹性。

3. 生长性能　萨福克羊早期增重快，3 月龄前日增重为 400～600 g，成年公羊的体重一般为 100～110 kg，母羊为 60～70 kg。

繁殖力强，萨福克羊性成熟早，部分 3～5 月龄的公、母羊有互相追逐、爬跨现象，4～5 月龄有性行为，7 月龄性成熟。一年内多次发情，发情周期为 17d。妊娠率高，第一个发情期妊娠率为 91.6%，第二个发情期妊娠率达 100%，总妊娠率为 100%。妊娠周期短，一般为 144～152 d。羔羊初生重大，第二胎单胎公羔羊初生重 5.7 kg，母羔羊 5.4 kg。二胎 1～4 羔，公、母羔羊平均出生重分别为 5 kg 和 4.7 kg。产毛量高，羊毛品质好，成年公羊产毛量 5～6 kg，成年母羊产毛量 3～4 kg，毛长 7～9 cm，净毛率 60%。产肉性能突出，萨福克公母羊 4 月龄平均体重 47.7 kg，屠宰率 50.7%；7 月龄平均体重 70.4 kg，胴体重 38.7 kg，胴体瘦肉率高，屠宰率 54.9%。

4. 萨福克羊引入我国后的杂交利用　萨福克羊引入我国后，本身并不用于肉食，主要是作为种公羊进行杂交来提高肉羊品质。由于萨福克羊的头和四肢为黑色，被毛中有黑色纤维，杂交后代多为杂色被毛，在细毛羊产区要慎重使用。

（八）无角陶赛特羊

1. 育成简史　无角陶赛特羊原产于大洋洲的澳大利亚和新西兰。该品种是以雷兰羊和有角陶赛特羊为母本、考力代羊为父本进行杂交，杂种羊再与有角陶赛特公羊回交，然后选择所生的无角后代培育而成。1954 年，澳大利亚成立无角陶赛特羊品种协会。

2. 外形特征 无角陶赛特羊体质结实，头短而宽，光脸，羊毛覆盖至两眼连线，耳中等大小。公母羊均无角。颈短、粗，胸宽深，背腰平直，后躯丰满，四肢粗、短。整个躯体呈圆桶状。面部、四肢及被毛为白色。

3. 品种特性 无角陶赛特羊生长发育快，早熟，全年发情。该品种成年公羊体重 90～110 kg，成年母羊为 65～75 kg，剪毛量 2～3 kg，净毛率 60%左右，毛长 7.5～10 cm，羊毛细度 56～58 支。产羔率 137%～175%。经过肥育的 4 月龄羔羊的体重，公羔为 22 kg，母羔为 19.7 kg。在新西兰，该品种羊用作生产反季节羊肉。

（九）杜泊羊

1. 育成简史 杜泊羊原产于南非，由有角陶赛特羊和波斯黑头羊杂交育成，是世界著名的肉用羊品种。根据头颈的颜色，分为白头杜泊羊和黑头杜泊羊两种。

2. 外形特征 这两种羊体躯和四肢两个部位皆为白色，头顶部平直、长度适中，额宽，鼻梁微隆，无角或有小角根，耳小而平直，既不短也不过宽。颈粗短，肩宽厚，背平直，肋骨拱圆，前胸丰满，后躯肌肉发达。四肢强健而长度适中，肢势端正。整个身体犹如一架高大的马车。杜泊羊分长毛型和短毛型两个品系。长毛型羊羊毛可生产地毯，能适应寒冷的气候条件；短毛型羊被毛较短（由发毛或绒毛组成），能较好地抗炎热和雨淋。在饲料蛋白质充足的情况下，毛可以自由脱落，不用剪毛。

杜泊羊具有良好的抗逆性，在多种草地草原和饲养条件下都有良好表现，在精养条件下表现更佳。在较差的放牧条件下，许多品种的羊存活率低，它却能存活。即使在相当恶劣的条件下，母羊也能产出并带好一头质量较好的羊羔。由于当初培育杜泊羊的目的在于适应较差的环境，加之这种羊具备内在的强健性和采食性广，使得该品种在肉用绵羊中有较高的地位。在大多数羊场，可以进行放养，也可饲喂其他品种家畜较难利用或不能利用的草料。羊场中既可单独饲养杜泊羊这一个品种，也可混养少量的其他品种，使较难利用的饲草资源得到利用。这一优势非常有利于饲养管理。杜泊母羊产乳量高，护羔性好，不管是带单羔还是双羔，都能培育得很好。

3. 种用价值 杜泊羊的遗传性很稳定，无论进行纯种繁育还是改良后代，都表现出极好的生产性能与适应能力。特别是产肉性能，肉中脂肪分布均匀，为高品质胴体。生长良好的羔羊，其胴体品质无论在形状还是在脂肪分布方面均能达到优秀的标准。年龄为 A 级（年轻、肉嫩、多汁）、脂肪为 2～3 级（肉味道好）、形状为 3～5 级（中等到圆形体）的杜泊羊体被称为最优级体，销售时冠为钻石级杜泊羊。该品种皮质优良，也是理想的制革原料。目前国内引入品种以白头杜泊羊为主，黑头杜泊羊很少有纯种引入，主要用于和蒙古羊等地方品种杂交。

4. 生产性能 体质好、发育良好的肥羔，其胴体品质无论是形状还是脂肪分布均能达到优秀的标准。这种肥羔出售时很受青睐。在 1990 年召开的全国展销会期间，杜泊肥羔体赢得了个体和群体竞标赛中的 8 项第一。3～4 月龄的断奶羔羊体重可达 38 kg，胴体重 16 kg，肉骨比为（4.9～5.1）：1，屠体中的肌肉约占 65%，其中优质肉占 43.2%～45.9%，脂肪占 20%，肉质细嫩可口，特别适合绵羊肥羔生产，在国际上被誉为钻石级绵羊肉。年剪毛1～2次，成年公羊剪毛量为2～2.5 kg，母羊为1.5～2 kg。被毛多为同质细毛，个别个体为细的半粗毛，毛短而细，春毛毛长6.13 cm，秋毛毛长4.92 cm，羊毛主体细度为64支，少数达70支或以上，净毛率平均50%～55%。杜泊羊高产，繁殖期长，不受季节限制。一个配种季母羊的受胎率相当高，这一点有助于羊群选育，也有利于增加可销售羊羔的数量。在良好的生产管理条件下，杜泊母羊可在一年四季任何时期产羔。母羊的产羔间隔期为6个月，在饲料条件和管理条件较好的情况下，母羊可达到1年2胎。杜泊羊具有多羔性，在良好的饲养管理条件下，一般产羔率能达到150%。一般放养条件下，产羔率为100%。在由大量初产母羊组成的羊群中，产羔率为120%左右，初产母羊一般产单羔。

（十）小尾寒羊

1. 来源及分布　小尾寒羊主要分布在山东省和河北省。主产区农作物一年两熟或两年三熟，农副产品和饲草饲料资源丰富，形成了具有早熟、生长发育快、体格高大、繁殖力强、适宜分散饲养、舍饲为主等特点的农区优良绵羊品种，被誉为"超级绵羊"。平均产羔率251.3%。引入青海省后主要饲养在东部农业区的川水地区。

2. 品种特性　小尾寒羊具有早熟、多胎、多羔、生长快、体格大、产肉多、裘皮好、遗传性稳定和适应性强等优点。小尾寒羊体型结构匀称；鼻梁隆起，耳大下垂；短脂尾呈圆形，尾尖上翻，尾长不超过飞节；胸部宽深，肋骨开张，背腰平直。体躯长，呈圆筒状；四肢高，健壮端正。公羊头大颈粗，有发达的螺旋形大角，角根粗硬，前躯发达，四肢粗壮，有悍威、善抵斗。母羊头小颈长，大多数都有角，形状不一，有镰刀状、鹿角状、姜芽状等，极少数无角。全身被毛白色、异质，有少量干死毛，少数个体头部有色斑。按照被毛类型可分为裘毛型、细毛型和粗毛型三类，裘毛型毛股清晰、花弯适中美观。

3. 适应性　小尾寒羊在青海省东部农业区的受胎率、产羔率、繁活率、成活率等主要繁殖性能都能接近原产地水平，适应青海省东部农业区的自然环境，保持原有的生产性能。

4. 生产性能　3月龄公羊羔断奶体重达26 kg，胴体重13.6 kg，净肉重10.4 kg；3月龄母羊羔断奶体重达24 kg，胴体重12.5 kg，净肉重9.6 kg。6月龄公羊体重可达46 kg，胴体重23.6 kg，净肉重18.4 kg；6月龄母羊体重可达42 kg，胴体重21.9 kg，净肉重16.8 kg。周岁育肥羊屠宰率55.6%，净肉率45.89%。小尾寒羊成年公羊年剪毛量5.1 kg，母羊2.4 kg。

5. 繁殖性能　小尾寒羊性成熟早，可以常年发情配种，繁殖周期短，产羔率高。公母羊一般都在5～6月龄性成熟。母羊6～7月龄，公羊10～12月龄即可开始配种。母羊发情周期平均21 d，妊娠期152 d，产后发情期1～2个月，繁殖周期5～8个月，1年2胎或2年3胎。母羊每胎产羔2～4只，最多达7只，随胎次增加产羔率上升。群体平均产羔率270%。

（十一）茨盖半细毛羊

茨盖半细毛羊原产于苏联和东欧，是毛、肉、乳三者兼用的半细毛羊品种，西藏于1960年开始引入，是引入数量最多、分布最广、影响最大的一个品种，对高原气候有较强的适应性。

外貌特征：茨盖半细毛羊公羊有螺旋形角，母羊多数无角。体格健壮，被毛白色，耳及四肢偶有黑褐色斑点。胸深、背直，体躯呈圆筒形，颈部无皱褶。

生产性能：早熟性能良好，羔羊断奶体重可达 30～40 kg，1.5 岁时体重达到成年的 90%～95%，肉质好，产奶量较高，4 个月泌乳平均产奶 85～90 kg，乳脂率为 7.5%～8.5%。羊毛强度和弹性好，是工业用毡的主要原料（表 3－5）。

表 3－5　茨盖半细毛羊生产性能

性别	体重（kg）	产毛量（kg）	毛长（cm）	羊毛细度（支数）	净毛率（%）	产羔率（%）	屠宰率（%）
公羊	70～85	6～7	8.5～9.5	46～56	50	—	60～55
母羊	50～55	3.5～4	7～9	46～56	50	110～120	50～55

该羊体格结实，耐粗饲，对饲养管理条件要求不高，羊毛弹性好，可作为改良藏系绵羊的父系。

三、青藏高原牧区山羊主要品种

（一）西藏普通山羊

1. 来源及分布　西藏普通山羊具有较强的适应性，分布于西藏各地以及四川甘孜藏族自治州等地区。

2. 外貌特征　体小健壮，体躯结构匀称紧凑，头中等大小，额较宽。公羊颈下多有皱褶。公山羊双角粗长，成年公山羊角长达 30～40 cm。角呈“八”字形，向后上方扭曲伸长。母山羊一般都有较小的细角，向两侧伸长达 15～25 cm，部分母山羊无角。颈细，胸中等深宽，四肢粗壮结实，蹄质坚实，乳房不发达，毛色较杂，有青黑、褐、白等色。

3. 生产性能及体尺　山羊数量多，毛绒总产量多，毛绒总产量占西藏自治区各家畜毛绒总产量的 11%，主要产于阿里、那曲、日喀则。个体产乳量低，体尺均小。公山羊平均体高 52～61 cm，体长 60～73 cm，胸围 71～83 cm，体重为 25～38 kg；母山羊平均体高 47～58 cm，体长 54～64 cm，胸围 57～63 cm，体重为 16～31 kg。

（二）亚东山羊

1. 来源及分布　亚东山羊分布于亚东、樟木、墨脱、察隅等地，日喀则市也有饲养。一般生长在海拔 3 000 m 以下的河谷地区，气候湿润多雨，年平均气温为 10℃左右，以舍饲为主。

2. 外貌及体尺　体格比藏山羊大，发育良好。公母羊均有小型角。头颈较细长，背平直，四肢比较结实，后躯发育良好。乳房发达。被毛粗短，一类毛色以黑色为主，额部带有白点，另一类毛色为深褐色，并有黑色背线。另外，多数体躯杂色，有白斑或黑斑。成年公羊平均体高 69 cm，体长 72 cm，胸围 82 cm。成年母羊平均体高为 55.78 cm，体长为 61.78 cm，胸围 69.33 cm，繁殖力强，为早熟品种，一年四季均可产羔，每胎产羔 2～3 只。

（三）藏西北白绒山羊

1. 来源及分布　藏西北白绒山羊主要分布在羌塘高原，即阿里地区和那曲市，日喀则、山南、昌都也有饲养。自 1994—1997 年，西藏实施“藏西北百万只白绒山羊基地建设”项目以来，先后在阿里地区的日土、改则、革吉、措勤和那曲市的尼玛、班戈、申扎和双湖县等地建立了两个原种场和 5 个扩繁场。基地的建设使藏西北区域整体绒山羊毛色结构得到极大的改进，优势特色品种的基因得到良好的保护，为绒山羊品种的选育打下了坚实的基础。

2. 外貌及体尺　体质结实，体躯结构紧凑匀称，背腰平直，四肢结实，蹄质坚实。头小、额宽、耳长、鼻骨平直。公、母羊均有角（个别有无角型），公、母羊均有额毛和胡须。公羊体重约为 31.7 kg，母羊约为 23.5 kg。被毛毛色主要为白色和黑色，白色集中在阿里地区的日土县，羊绒品质洁白，细度 13～15 μm，其中 13 μm 以下者占 30%以上，14 μm 以下者占 65%，是羊绒加工中最好的绒。

（四）昌都黑山羊

1. 来源及分布　昌都黑山羊主要分布于西藏东部的昌都市，耐粗放型饲养管理，抗逆性强，适应于牧区、农区及半农半牧区的气候条件。

2. 外貌及体尺　毛色以黑色居多，杂色较少。体格大小适中，结实，体躯结构匀称，额宽，耳较长，鼻梁平直。公、母羊均有角。公羊角型主要有两种：一种稍向后向上微分开，呈倒“八”字状；另一种向外扭曲伸展。母羊角较细，多向两侧扭曲，也有少数母羊无角。公、母羊均有额毛和髯，胸部发育广深，鬐甲略低，背腰平直。四肢结实，肌肉发达，蹄质坚实。乳头小，乳房不发达。

3. 生产性能　成年公羊产绒量为 0.4～0.6 kg，成年母羊产绒量为 0.3～0.5 kg，产肉性能公羊平均屠宰率为 47.08%，母羊平均屠宰率为 46.02%（表 3－6）。母羊平均日产乳量为 0.16 kg，产乳期为 86～96 d，以供羔羊哺乳为主。

表 3－6　体尺体重情况

性别	样本数	体重 (kg)	体高 (cm)	体长 (cm)	胸围 (cm)	胸宽 (cm)	胸深 (cm)	尾宽 (cm)	尾长 (cm)
公	20	36.37±3.71	61.03±6.56	65.95±7.34	77.13±8.92	37.40±2.05	14.03±2.05	5.48±0.90	11.98±1.65
母	80	24.24±3.25	53.83±3.65	60.34±4.66	68.58±5.23	34.42±2.81	11.03±2.19	4.86±0.05	9.76±1.24

4. 繁殖性能　昌都黑山羊性成熟早，因各地气候和草地资源不同，性成熟略有差异，一般性成熟为 16～18 月龄，第一次配种期为每年的 4—5 月，第二次配种期为每年的 10 月，母羊年产两胎，双羔较少。

（五）白玉黑山羊

白玉黑山羊是以产肉为主的山羊地方品种。原产于四川省白玉县的河坡、热加、章都、麻绒和沙马等乡镇。白玉黑山羊是在白玉县经过长期的闭锁繁育，加上无数代的自然选择和人工选择，逐渐适应当地气候和环境条件，形成的适应性强、产肉性能好的优良品种。白玉黑山羊被毛多为黑色，少数个体头黑、体花。体格小，骨骼较细。头较小，略显狭长，面部清秀，鼻梁平直，耳大小适中、为竖耳。颈较细短。胸较深，背腰平直。四肢长短适中、较粗壮，蹄质坚实。

白玉黑山羊成年公羊平均体重 28.2 kg，母羊 22.4 kg。周岁公羊屠宰率 48.9%、净肉率 37.4%，周岁母羊屠宰率 41.0%、净肉率 29.2%。白玉黑山羊产羔率 100.9%，羔羊成活率 80%。白玉黑山羊全年放牧饲养，一般不补饲，仅在冬、春季节给妊娠母羊补饲少量的青稞和青干草。

四、青藏高原牧区山羊引入品种

（一）萨能奶山羊

萨能奶山羊原产于瑞士，是世界上著名的奶山羊，引入世界各地作为山羊改良的父系。

外貌及生产性能：该羊全身颜色纯白或淡黄色，被毛粗短，公羊的肩、背和腹部有长毛。部分羊颈下有肉垂，胸宽而深，体躯匀称，早熟性能好，寿命长。产奶量高，乳脂率为 3.8%～4.0%。20 世纪 60 年代引入西藏，进行纯种繁殖和杂交改良藏山羊，对高原气候有较好的适应性，改良后一般日产奶量 2～3 kg，比藏山羊提高 6～9 倍。

（二）陕西关中奶山羊

陕西关中奶山羊分布于陕西关中，是由陕西关中奶山羊与萨能奶山羊经过长期杂交选育而成的。该山羊公、母羊多无角，少数有角。全身白毛，被毛短。母羊后躯发育良好，乳房发达，乳脂率为 4%左右。4～6 月龄性成熟，1.5 岁开始配种，发情旺季在秋季，产羔率为 150%～170%，有的高达 236%。1980 年引入西藏，产乳性能高，适应性良好，一般日产奶量 2～3 kg。

（三）波尔山羊

波尔山羊是世界上著名的肉用山羊品种，以体型大、增重快、产肉多、耐粗饲而著称。波尔山羊公羊周岁体重 50～70 kg，母羊 45～65 kg；成年公羊体重 90～130 kg，母羊 60～90 kg。周岁屠宰率达 50%。产羔率 193%～225%。

从 1995 年开始，我国先后从德国、南非、澳大利亚和新西兰等国引入波尔山羊数千只。引入后，分布在陕西、四川、江苏等 20 多个省（自治区、直辖市）。种羊引入后，各地采取加强饲养管理、采用繁殖新技术等方法，加快扩繁速度，使其迅速发展。同时，用波尔山羊对当地山羊进行杂交改良，当地山羊的产肉性能明显提高，效果显著。我国于 2003 年发布了国家标准《波尔山羊种羊》（GB 19376—2003）。

（四）努比亚山羊

努比亚山羊属肉乳兼用型山羊品种，具有性情温顺、繁殖力强、生长快、体格大和泌乳性能好等优点，原产于非洲东北部的埃及、苏丹以及邻近的埃塞俄比亚、利比亚等地。因努比亚山羊原产于干旱炎热地区，所以其具有良好的耐热性能，但对寒冷潮湿的气候适应性差，在我国各地只要不是极冷的地方都能很好地生长繁育。

努比亚山羊周岁公羊体重平均 62 kg，母羊 48 kg；成年公羊体重 90 kg，母羊 58 kg。母羊繁殖力强，平均产羔率 192.5%，双羔占比 72.9%。努比亚山羊泌乳期为 150～180 d，产奶量为 300～800 kg，乳脂率为 4%～7%。

（五）南江黄羊

南江黄羊是在海拔 1 000～1 500 m 立体气候明显、各季节间湿度差悬殊的山区环境条件下育成的我国第一个肉用山羊新品种，具有体格大、生长发育快、四季发情、繁殖率高、泌乳力好、抗病力强、适应能力强、产肉力高、板皮品质好和杂交改良效果好等特性。南江黄羊中心产区位于四川省巴中市南江县，通江县、巴州区和平昌县等县（区）也均有分布。我国南方大部分地区都是南江黄羊的适合养殖区域。南江黄羊全身被毛为黄色，毛短、富有光泽，自枕部沿背脊有一条黑色毛带至十字部后渐浅。头大小适中，耳长直或微垂，鼻微拱，公羊、母羊均有毛髯。背腰平直，四肢粗壮，体躯各部结构良好，整个体躯略呈圆桶形。

南江黄羊周岁公羊体重 35 kg，母羊 28 kg；成年公羊体重 60 kg，母羊 42 kg。母羊常年发情，一般年产 2 胎，部分 2 年产 3 胎，经产母羊产羔率 200%。周岁羯羊胴体重 15.5 kg，屠宰率 49%。南江黄羊适合放牧、半舍饲和舍饲饲养。南江黄羊自育成以来，已累计在全国 25 个省、直辖市、自治区推广种羊 10 万余只，从杂交效果看，杂种一代周岁羊体重比地方山羊提高 23%～67%，成年羊体重提高 43%～63%，效果明显，经济效益显著。我国于 2004 年发布了农业行业标准《南江黄羊》（NY 809—2004）。

（六）简州大耳羊

简州大耳羊于 2013 年通过农业部审定，是我国成功培育的第二个肉用山羊新品种。简州大耳羊是在海拔 300～500 m 的浅丘亚热带湿润气候环境下育成的，其适合饲养区域为北纬 25°—35°、东经 92°—115°，海拔 260～3 200 m，气温 −8～42℃的自然区域。简州大耳羊中心产区位于四川省简阳市。

简州大耳羊体型高大，体质结实，体躯呈长方形；被毛为黄褐色，腹部及四肢有少量黑色，从枕部沿背脊至十字部有一条宽窄不等的黑色毛带；头中等大小；耳大下垂，成年羊耳长 18～23 cm；大部分有角，公羊角粗大，向后弯曲，母羊角较小，呈镰刀状；鼻梁微拱；成年公羊下颌有毛髯，少数有肉髯；颈长短适中，背腰平直，四肢粗壮，蹄质坚实。公羊体态雄壮，睾丸发育良好、匀称；母羊体型清秀，乳房发育良好，多数呈球形。

简州大耳羊成年公羊体重 70 kg，母羊 47 kg。初产母羊产羔率 153%，经产母羊产羔率 242%。周岁阉羊屠宰率 50.04%，净肉率 38.46%。

自 1998 年以来，简州大耳羊已推广到贵州、云南等 10 多个省（直辖市、自治区），累计推广种羊 75 万余只。在不同的生态条件下，不论纯繁还是杂交利用效果都非常显著。杂交羊比同龄本地山羊体重提高 11%～46%，屠宰率提高 5%～10%，繁殖率提高 10%～30%。我国于 2015 年发布了农业行业标准《简州大耳羊》（NY/T 2827—2015）。

第三节　藏羊主要品种选育与利用

一、品种选育

（一）选育目的

藏羊的本品种选育虽然同其他家畜的本品种选育相比，育种进展比较缓慢，但藏羊的本品种选育并不像有些人认为的那样，藏羊仅有一些生态类型，无品种结构，尚未测定各经济性状的遗传参数，因而藏羊本品种选育的作用是极其缓慢和微不足道的。只要目标明确，方法得当，集中力量选育某几个性状，效果还是非常明显的。如1995年甘肃省科学技术厅下达了甘肃省“九五”重点科技攻关项目“欧拉羊本品种选育与提高研究”，由甘南藏族自治州畜牧科学研究所承担，在玛曲县欧拉乡实施。项目通过建立3个选育核心群（包括种公羊选育群），并以颁布的标准为依据，确定了以表型为主的系统选育和系列配套技术的实施方案。选育方向以肉用为主。经过四年多的整群鉴定、选种选配，种公羊选留一级以上，母羊选留三级以上，进行纯种繁育，对后代种公羊按初生、断奶、1.5岁、成年四个阶段的表型性状（如体重、体尺）来选择培育，到1998年7月选育群中特级、一级成年种公羊由选育前的17%提高到43.4%，特级、一级母羊从39%提高到59%，使欧拉羊选育核心群羊只体重、产肉量、繁殖成活率、羔羊成活率、成畜保活率分别提高了9.791 kg、5.3 kg、11.77%、13%、3%，经对体重、体高进行相关分析，均呈正相关。

选育的整体目的是保持和发展一个品种的优良特性，增加品种内优良个体的占比，克服该品种的某些缺点，保持品种纯度，提高品种质量。选育和纯种繁育的区别在于纯种繁育是在品种内进行繁殖和选育，其目的是获得纯种。选育的含义更广，不仅包括育成品种的纯繁，而且包括某些地方品种、类群的改良和提高，并不强调保纯，有时可采用小规模的杂交。

（二）选育的基本原则

虽然产区内各地藏羊群体的特征、特性有所不同，选育目标与措施也不一样，但在进行本品种选育时，有一些基本的原则是一致的，必须共同遵守。

1. 明确选育目标 对藏羊进行本品种选育，必须要有明确的选育目标，才能对它进行有计划、有目的地选择和培育，也才能取得预期的良好效果。

在制定选育目标时，一方面要以国民经济发展需求、藏羊分布地区的自然环境条件（特别是饲草条件）作为制定选育目标的依据，另一方面要根据现有藏羊品种的生物学特性和生产性能、该品种的形成历史和现状、分布地区和适应性、品种结构以及存在的缺点等情况，在调查了解的基础上，综合分析制定选育目标，拟定选育方案和选育指标。在拟定选育方案时，要以保持和发展本品种原有的优良特性为原则。

2. 掌握藏羊资源基本情况，制定出科学的选育方案 虽然对藏羊品种的主要特征和特性、生长发育和生产性能等进行了一定的研究，但缺乏深度、不全面，远不能满足本品种选育的需要。必须对其生物学特性、畜牧学特性，尤其是遗传特性、遗传参数等进一步研究。弄清藏羊的基本情况，制定出正确的育种目标和合理的选育方案，开展有效的育种工作。评价遗传资源的大致步骤见图3-1。

3. 突出主要性状，以提高生产力水平为主 藏羊品种均为兼用型，其生产性能全面。藏羊的生产性能通常是由多个性状组成，在进行本品种选育时，往往需要同时对许多性状进行选择。如除选择肉用性能、日增重、早熟性外，还要对皮用、毛用性状进行选择。但在对多个性状进行选择时，要突出主要性状，而且同时选育的性状数目不宜过多，以免分散力量，降低每个性状的遗传改进量。

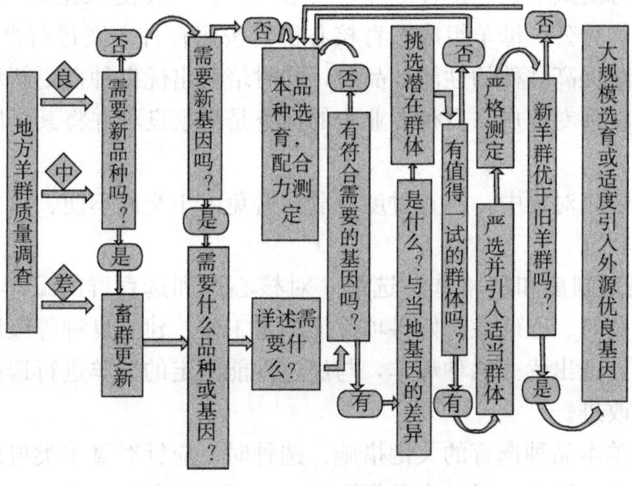

图 3-1　遗传资源评价步骤

藏羊数量多，而生产力水平低，产品品质参差不齐，跟不上社会经济发展的需要。因此，藏羊的本品种选育应以提高生产性能和产品品质为主要任务。再是要注意提高藏羊品种的纯度和稳定的遗传性，使藏羊品种纯繁时其后代趋向整齐一致，不出现分离。当用于杂交时，能获得良好的杂种优势。

4. 选种选配相结合　藏羊的本品种选育由于个体来源相同、饲养管理条件基本一致、群体较小等原因，有时即使没有近亲繁殖，往往也会得到与近亲繁殖相似的不良结果，即后代的体质变弱、体格变小、生长缓慢、生产性能降低等近交衰退现象。因此，实施藏羊本品种选育必须严格进行选种与选配，两者密切结合，不可偏废，以保持和提高藏羊品种的生活力和生产性能。

5. 改善培育条件，提高饲养管理水平　根据现代遗传学理论，生物任何性状的表型都是遗传和环境共同作用的结果。当饲养条件差时，家畜优良基因的作用无法实现。没有良好的培育和饲养管理条件，再好的品种也会逐渐退化，再高的选育水平也起不到应有的作用。藏羊的产肉性能与优良肉羊品种相比较是极低下的，这除了受到遗传差异的影响外，与藏羊恶劣的生存条件和长期粗放的饲养管理有密切的关系。因此，在进行藏羊本品种选育的同时，必须相应地改善培育和饲养管理条件，以便使其优良的遗传特性得以充分发挥。

（三）选育的基本措施

1. 建立选育领导小组，搞好协作　藏羊的分布广，数量多。其选育是一项集技术、组织管理为一体的复杂工程，具有长期性、综合性和群众性的特点。因此，在开展藏羊本品种选育时，必须建立由业务主管领导、专家、专业合作社负责人组成的选育领导小组，加强统一领导。开展调查研究，了解该品种的优缺点、形成历史以及当地经济发展对品种的要求等。然后确定选育方向、拟定选育目标、制定统一的选育计划。

2. 建立稳定的选育基地和良种繁育体系　在藏羊产区，划定品种选育基地，办好各种类型的藏羊养殖场，建立和完善良种繁育体系，组建选育群和核心群。

良种繁育体系可由藏羊场、良种专业户或重点户、一般牧户组成。藏羊场内集中经品种普查鉴定出的最优秀公、母羊组成选育核心群，按照育种方案进行严格的选种、选配，开展品系繁育，不断提高品种的性能和品质，同时培育出优良种畜更新和扩展核心群，分期分批推广，装备良种专业户。良种专业户的任务是扩繁良种并将其供应的一般牧户进行繁殖饲养。

藏羊选育基地要相对集中，不宜过度分散，避免由于交通不便、信息不畅而产生各自为政、难以统一的状况。

3. 健全性能测定制度和严格选种选配 对核心群和选育群的藏羊，应按选育标准、使用统一的技术，及时、准确地做好各项性能测定工作。建立良种等级制度，健全种畜档案，并在此基础上，选出优秀的种母羊，与经过性能测定的公羊进行选配，从而使羊群质量不断得到提高和改进。

选种选配是藏羊本品种选育的关键措施。选种时，应针对藏羊类群的具体情况突出重点，集中选择几个主要性状，以加大选择强度。选配时，各场（户）可采取不同方式。在育种场的核心群中，为了建立品系可采用不同程度的近交。在良种繁育场（户）和一般饲养场（户）应避免近交。

4. 建立与选育目标相一致的配套培育和饲养管理体系 在进行藏羊本品种选育时，所选出的优良品种只有在适宜的饲养管理条件下，才能发挥其应有的生产性能。因此，应加强饲草饲料基地建设，改善饲养管理，进行合理培育，建立藏羊的科学饲养和合理培育体系。

5. 以“性状建系”法为主开展品系繁育 藏羊的系统选育程度不高，系谱制度不健全，开展品系繁育主要以“性状建系”法为主，采用品系繁育能有效加快选育进程。

6. 有计划、有针对性地适当引用外血 在藏羊本品种选育过程中，即使采取一定的选育措施，某些缺陷仍然无法克服时，可考虑引入杂交，有计划、有针对性地引入少量外血（外源基因），改良缺陷性状。不可超越本品种选育的范畴，藏羊的基本性能不能改变。

7. 定期举办藏羊评比会 通过评比会评选出优秀公、母羊，交流和推广藏羊繁育的先进经验，检验育种成果，表彰先进个人和集体，以达到向广大牧民宣传、普及畜牧兽医科技知识、推动选育工作的目的。

8. 坚持长期选育 藏羊的本品种选育世代间隔长、涉及面广、社会性强，造成进展较慢。另外，藏羊的饲养管理相对粗放，选育程度低，分布地区的社会、经济、文化发展水平较落后，先进技术的接受、消化较困难。这很大程度上决定了藏羊选育工作的长期性。因此，选育计划一经确定，不要轻易变动，特别是育种方向，更不能随意改变。要争取各方面的支持，坚持长期选育。

（四）藏羊的常用选种方法

一只好的种用藏羊，不仅要求本身生产性能高、体质外貌和繁殖性能好、发育正常、合乎品种标准，更重要的是种用价值要高。因为种畜的主要价值，不在于它本身生产性能的高低，而在于能否生产品质优良的后代，也就是说看它是否具有优良的遗传性状。因此，藏羊的选种，实质上就是对藏羊遗传性状的选择。

在家畜中选种的方法多种多样，过去主要是通过祖先和后裔的好坏来鉴定种畜，近几十年来又有了一些新方法，使鉴定结果更为准确可靠。

1. 藏羊的主要遗传参数　在藏羊的改良与育种工作中，为了能够正确地掌握藏羊数量性状的遗传规律，加快羊群品质改良的遗传进展，常应用以下遗传参数。

（1）遗传力　遗传力是指在特定性状的表型变异中，由遗传差异所引起的部分所占的比例。它既反映了子代与亲代的相似程度，又反映了表型值和育种值之间的一致程度。数量性状表型值受遗传因素与环境因素的共同制约，同时，遗传因素中由基因显性效应和互作效应所引起的表型变量值在传给后代时，由于基因的分离和重组很难固定，而能够固定的只是基因加性效应所造成的那部分变量，因此，我们把这部分变量称为育种值变量。在养羊业育种实践中，把育种值变量（V_A）与表型值变量（V_P）的比率（V_A/V_p）定为遗传力。因为育种值变量不是直接变量，所以常用亲属间性状表型值的相似程度来间接估计遗传力。方法有两种，即子亲相关法和半同胞相关法。

①子亲相关法是通过比较公羊与其后代（如女儿）的性状表现来估计遗传力的一种方法，即以女儿对母亲在某一性状上的表型值相关系数或回归系数的两倍来估计该性状的遗传力，即

$$h^2=2r \text{ 或 } h^2=2b$$

式中：h^2 为遗传力；

r 为亲本-子代相关系数；

b 为亲代-子代回归系数。

因此，此法估计遗传力，必须估算母女对的相关系数或回归系数，其公式为：

$$r=\frac{\sum\sum xy-\sum\sum C_{xy}}{\sqrt{(\sum\sum y^2-\sum C_y)(\sum\sum x^2-\sum C_x)}}$$

式中：r 为母女对的相关系数；

x 为母亲该性状表型值；

y 为女儿同一性状表型值；

C_y 为 $(\sum y)^2/n$；

C_x 为 $(\sum x)^2/n$；

C_{xy} 为 $\sum x\sum y/n$；

n 为样本数量。

在随机交配的羊群中，当母女两代性状表型变量的标准差基本相同时，则 $r=b$。为计算方便，可用母女回归代替母女相关，否则，还是以母女相关计算结果准确。母女回归计算公式为：

$$b_{yx}=\frac{\sum(x-\bar{x})(y-\bar{y})}{\sum(x-\bar{x})^2}$$

$$b_{yx}=\frac{n\sum xy-\sum x\sum y}{n\sum x^2-(\sum x)^2}$$

x 表示亲代的性状值，y 表示子代的性状值。

b_{yx} 为回归系数，表示因变量 y 对自变量 x 的斜率，即每增加一个单位的 x 会导致 y 平均增加多少单位。

$\bar{x}$ 和 $\bar{y}$ 为变量 x 和 y 的平均值（均值）。

子亲相关法计算遗传力，方法比较简单，但母女两代处于不同年代，环境差异大，影响精确性。

②半同胞相关法是利用同年度生的同父异母半同胞资料估计遗传力。即根据某一性状的半同胞表型值资料计算出相关系数（r_{Hs}），再乘以 4，即为该性状的遗传力。公式是：

$$h^2 = 4r_{Hs}$$

$$r_{Hs} = \frac{MS_B - MS_W}{MS_B + (n-1)MS_W}$$

式中：MS_B（公羊间均方）$=\dfrac{SS_B}{df_B}$；

MS_W（公羊内均方）$=\dfrac{SS_W}{df_W}$；

n：各公羊加权平均女儿数。

注：SS_B（公羊间平方和）$=\sum C_y - \dfrac{\sum\sum_y 2}{\sum n}$；

SS_W（公羊内平方和）$=\sum\sum_y^2 - \sum C_y$；

df_B（公羊间自由度）$=$组数-1；

df_W（公羊内自由度）$=\sum n-$组数；

$$n = \frac{1}{df_B}\left(\sum n - \frac{\sum n^2}{\sum n}\right)。$$

虽然利用半同胞资料计算遗传力的过程较为复杂，但因半同胞数量一般较多，而且出生年度相同，环境差异较小，所以求得的遗传力较为准确。

用以上方法估计的遗传力是否可靠，还须经过显著性检验。遗传力的显著性检验采用 t 检验法，其基本原则是被检验的统计量除以它的标准误，然后查 t 表。如果 $p<0.05$ 就是显著，$p<0.01$ 就是高度显著。

藏羊性状遗传力值的特点如下：

①品种内性状遗传力值不是固定不变的常数，其受性状本身特性、群体遗传结构及环境因素的影响而变化。但对同一环境条件下的同一群体羊来讲，其性状遗传力值则是相对稳定的。

②从理论上讲，遗传力值在 0～1 范围内变动。没有与环境无关的性状（$h^2=1$），也没有与遗传无关的性状（$h^2=0$）。当出现负值时，毫无意义，应检查试验设计是否正确，资料是否可靠。

③藏羊性状遗传力值高低的区分界限是，$h^2>0.4$ 属高遗传力，$h^2=0.2$～0.4 属中

等遗传力，$h^2<0.2$ 属低遗传力。

性状的遗传力是群体特征，不同品种、不同育种工作水平、不同羊群的同一性状的遗传力都有差别，饲养管理条件差异也会造成羊群估计遗传力的差异。

遗传力的用途是：第一，决定选种方法。当一个性状的遗传力高时，表明其表现型和基因型之间的相关性高，可直接按表型值选择；对低遗传力性状，表型选择的效果就差，需采用家系选择，也就是说，要使低遗传力性状在选择中取得进展，必须更多地注意旁系和后代的性能。第二，预测选择效果。用公式 $R=Sh^2$ 计算。式中，R 为选择反应，S 为选择差，h^2 在一个群体是一个常数。因此，根据选择差的大小就可预测选择效果。在同样的条件下，加大选择差，就可提高选择效果。第三，预测每年的遗传进展。用公式 $\Delta G=Sh^2/t$ 计算。式中 ΔG 为每年的遗传进展，t 为世代间隔。该式表明 ΔG 由 S、t 和 h^2 三个因素决定，因为 h^2 是个常数，所以根据 S 和 t 的变化可预测每年羊群的遗传进展。

（2）重复力 重复力指同一个体的同一性状在其一生的不同时期所表现的相似程度。重复力的性状，可用一次度量值进行早期选择。

重复力采用组内相关法进行计算，以组内变量在总变量中所占的比例来反映组内相关。公式为：

$$r_e=\frac{MS_B-MS_W}{MS_B+(K_0-1)MS_W}$$

式中：MS_B 为个体间均方（组间变量）；

MS_W 为个体内均方（组间变量）；

K_0 为每个个体度量次数，若各个体度量次数不等，则需用加权平均数。

WK_0 的计算公式为：

$$WK_0=\frac{1}{n-1}\left(\sum K-\frac{\sum K^2}{\sum K}\right)$$

式中：n 为个体数；

$\sum K$ 为各个体总度量次数；

$\sum K^2$ 为每只羊度量次数平方和。

藏羊性状重复力的特点如下：

ⅰ. 藏羊性状重复力值受性状的遗传特性、群体遗传结构及环境等因素的影响，所以测定的重复力值只能代表被测羊群在其特定条件下的重复力。

ⅱ. 藏羊性状重复力高低区分界线是，0.6 以上为高重复力，0.3～0.6 为中等重复力，0.3 以下为低重复力。

在羊的育种工作中，应用重复力可在早期预测选种效果，推断某个性状今后变异的情况，所以对选种有很重要的指导意义。

（3）遗传相关 遗传相关是指两个性状间的育种值的相关，也就是亲代某一性状的基因型与子代另一性状基因型的相关。例如，净毛量与原毛量呈正遗传相关，若选择高净毛量亲代，可提高后代的原毛量；皮肤皱褶多少与产羔数量呈负遗传相关，选择皮肤皱褶少的亲代，可提高后代产羔数。因此，遗传相关用于间接选择，并可以间接估计选择效果。特别是只能在一个性别上度量的经济性状，如产奶量、产羔数等，在选择高产奶量、高产羔数公羊亲代时，就要通过公羊亲代与这些性状的遗传相关的计算结果进行选择。

遗传相关是通过亲属间两性状的表型相关计算得来的，在养羊业中多采用同胞关系计算性状间遗传相关。公式是：

$$r_{A(xy)}=\frac{MP_{B(xy)}-MP_{W(xy)}}{\sqrt{[MS_{B(x)}-MS_{W(x)}][MS_{B(y)}-MS_{W(y)}]}}$$

式中：$MP_{B(xy)}$ 为组间 x、y 性状均积；

$MP_{W(xy)}$ 为组内 x、y 性状均积；

$MS_{B(x)}$，$MS_{B(y)}$ 为 x、y 性状组间均方；

$MS_{W(x)}$，$MS_{W(y)}$ 为 x、y 性状组内均方。

遗传相关高低的区分界限：0.6 以上为高遗传相关；0.4～0.6 为中等遗传相关；0.2～0.4 为低遗传相关；0.2 以下相关性很小。

（4）表型相关　藏羊的许多性状之间，相互是有联系的，即具有一定的相关性。如藏羊品种内，同一个体的两个不同性状之间的相关性表现为羊体高、体长大，则体重大，这种关系称为表型相关。表型相关由遗传相关和环境相关二者组成。当性状遗传力高时，表型相关主要决定于遗传相关，反之，则决定于环境相关。因此，要提高群体的某个性状值，遗传力高的性状关键在育种，优饲对遗传力低的性状则很重要。

2. 常规的选种方法

（1）性能测定　性能测定（或称成绩测验）是根据藏羊个体本身成绩的优劣决定留种与淘汰。对于藏羊的增重、阶段活重、体格大小、饲料利用率等遗传力较高，且能够活体测定的性状，它是一种十分有效的选择方法。1～1.5 岁藏羊的二选和定选均采用这种方法。

在实际选种中，当被选个体同一性状只有一次成绩记录时，应先校正到同一标准条件下，然后按表型值顺序选优去劣；当被选个体同一性状有多次成绩记录时，先把多次记录进行平均，然后按平均值进行排序选种。

（2）系谱测定　系谱测定就是通过查阅和分析各代祖先的生产性能、发育情况以及其他材料，来估计该种畜的近似种用价值，以便基本确定种畜的去留。在实践中，往往是将多头种畜的系谱直接进行针对性的比较分析。鉴定时应注意以下几点：

ⅰ. 重点放在父母代的比较上，其次是祖父母代。因为近代亲属影响大，远亲影响小。

ⅱ. 审查和鉴定不能只针对某一性状，要以生产性能为主做全面的比较。

ⅲ. 不同系谱要同代祖先相比，即亲代与亲代、祖代与祖代比较。

系谱测定多用于藏羊幼年和青年时期，本身尚无生产性能记录时的选种，是早期选种的方法之一。在藏羊生产中主要用于种用藏羊的初选。

（3）同胞测定　同胞测定是根据同胞的成绩来评定某一个体的种用价值。可分为全同胞测定、半同胞测定、全同胞一半同胞混合测定等 3 种方式。而藏羊选种中的同胞测定方式以半同胞测定为主，另两种同胞测定方式较少应用。

对于藏羊的产肉量、产后乏情期长短、排精量等限性性状，以及屠宰率、净肉率等活体上难于准确度量的性状，同胞测定是最好的方法之一。

（4）后裔测定　后裔测定是根据后代的成绩，来评定种畜种用价值好坏的一种鉴定方法。它是评定种畜种用价值最可靠的方法，因为后代是亲代的子女，是亲代遗传型的直接继承者。

后裔测定的方法很多，常用的有以下几种。

1）母女对比法　这种测定方法多用于公羊。它是通过母女间生产性能的直接比较来选择公羊的一种方法。做法是将母女成绩相比较，凡女儿成绩超过母亲的，则认为公羊是改良者，可留作种用，否则就淘汰。此法还可通过计算公羊指数（F），依指数的大小排序选留。公羊指数计算公式为：

$$F=2D-M$$

式中：F 为公羊指数。

D 为女儿成绩；

M 为母亲成绩。

这种方法简单易行，一目了然，适用于小群体的选种；但由于母女所处的年代不同，存在一定的环境差异。同一头公羊与不同的母羊群配种会得到不同的结果。

2）同期同龄比较法　同期同龄比较法是将被测公羊的后代与其他同期、同群、同龄母羊的生产性能加以比较，来评定种公羊的遗传性能好坏的一种方法。其优点是可以消除场地、季节等非遗传因素的影响，而且方法简单，在资料不全时，可按单一性状进行选择。不足之处是所得结果只是对表型值的估计，没有消除预测中的误差。

3）总性能指数法　该法是将各数量性状的预期遗传传递力结合起来，编制成一个简单的指数，即总性能指数 TPI，然后按指数大小排序选种。TPI 的计算公式为：

$$TPI=\sum_{j=1}^{n}W_jR_{vj}$$

式中：TPI 为总性能指数；

n 为性状数；

W_j 为加权值；

R_{vj} 为相对育种值。

后裔测定固然是一种评定种畜种用价值的可靠方法，但也具有所需时间长、改进速度慢等不可克服的缺点。在实际应用中，要获得较精确的效果，还应注意以下事项：①消除遗传因素和生理因素的影响；②消除环境因素的影响；③要有一定的数量；④除测定主要的生产性能外，还应全面分析体质外貌、生长发育、适应性及有无遗传病等。

（5）选配

1）选配的概念　藏羊的选配是指按照一定的原则安排公、母藏羊的交配组合，以期达到优化其后代的遗传基础，培育和利用良种的目的。换句话说，就是为了实现一定的育种目标，对藏羊的交配进行人工干预。

2）选配的意义　选配的意义在于巩固选种效果。通过正确的选配，使后代能够结合和发展被选择藏羊所固有的优良性状和特征，从而使羊群质量获得预期的遗传进展。具体来说，选配的作用主要是：使亲代的固有优良性状稳定地传给下一代；把分散在双亲个体上的不同优良性状结合起来传给下一代；把细微的不甚明显的优良性状累积起来传给下一代；对不良性状、缺陷性状给予削弱或淘汰。

选配具有创造变异，培育理想类型，稳定遗传基础，把握变异方向的作用。因此，正确的选配，对藏羊品种（类群）的改良具有重要意义，它和选种是互相衔接、不可缺少的两个育种技术环节。

3）选配的类型　选配实际上是一种交配制度。按照不同的育种工作要求，选配可分为表型选配和亲缘选配两种类型。表型选配是以与配公母羊个体本身的表型特征作为选配的依据；亲缘选配则是根据双方的血缘关系进行选配。这两类选配都可以分为同质选配和异质选配，其中，亲缘选配的同质选配和异质选配即指近交和远交。

①表型选配。

A. 同质选配和异质选配。

a. 同质选配。是指具有同样优良性状和特点的公母羊之间的交配，以便使相同特点能够在后代身上得以巩固和继续提高。通常特级羊和一级羊属于品种理想型羊只，它们之间的交配即具有同质选配的性质；或者当羊群中出现优秀公羊时，为使其优良品质和突出特点能够在后代中得以保存和发展，可选用同羊群中具有同样品质和优点的母羊与之交配，这也属于同质选配。例如，将体大毛长的母羊与体大毛长的公羊相配，以便使后代的体格和羊毛长度得以继承和发展。这也就是“以优配优”的选配原则。

b. 异质选配。是指选择在主要性状上不同的公母羊进行交配，目的在于使公母羊所具备的不同的优良性状在后代身上得以结合，创造一个新的类型；或者是用公羊的优点纠正或克服与配母羊的缺点或不足。用特、一级公羊配二级以下母羊即具有异质选配的性质。例如，选择体大、毛长、毛密的特、一级公羊与体小、毛短、毛密的二级母羊相配，使其后代体格增大，毛长增长，同时羊毛密度得以继续巩固提高。在异质选配时，必须使母羊最重要的有益品质借助于公羊的优势得以补充和强化，使其缺陷和不足得以纠正和克服。这也就是“公优于母”的选配原则。

藏羊育种实践中同质选配和异质选配往往是相对的，并非绝对的。例如，以上面列举的特级公羊与二级母羊的选配来说，按毛长和体大是异质的，但对于羊毛密度则又是同质的。因此，实践中并不能把它们截然分开，而应根据改良育种工作的需要，分清主次，结合应用。一般在培育新品种的初期阶段多采用异质选配，以综合或集中亲本的优良性状；当获得理想型，进入横交固定阶段以后，则多采用亲缘的同质选配，以固定优良性状，纯合基因型，稳定遗传性。在纯种选育中，两种选配方法可交替使用，以求品种质量的不断提高。

B. 个体选配和等级选配。表型选配在养羊业中的具体应用是十分复杂的。其选配方法也可分为个体选配和等级选配。

a. 个体选配。个体选配就是为每只母羊考虑选配合适的公羊。主要用于特级母羊，如果一级母羊为数不多时，也可以用这种选配方式。因为特级、一级母羊是品种的精华，羊群的核心，对品种性能的进一步提升关系极大；同时，又由于这些母羊已达到了较高的生产水平，再继续提高生产水平比较困难，因此必须根据每只母羊的特点为其仔细地选配公羊。个体选配应遵循以下基本原则：

· 符合品种理想型要求并具有某些突出优点的母羊，如体格特大的母羊，应为其选配具有相同特点的特级公羊，以期获得这些突出优点得到巩固和发展的后代。

· 符合理想型要求的一级母羊，应选配体大的特级公羊，以期获得较母羊更优的后代。

· 对于具有某些突出优点但同时又有某些性状不甚理想的母羊，如体格特大、羊毛很长，但羊毛密度欠佳的母羊，则要选择在羊毛密度上突出，体格、毛长性状上也属优良的特级公羊与之交配，以期获得既能保持其优良性状又能纠正其不足的后代。

b. 等级选配。二级以下的母羊具有各种不同的优缺点，应根据每一个等级的综合特征为其选配适合的公羊，以期等级的共同优点得以巩固、共同缺点得以改进，称之为等级选配。在对藏羊进行等级选配时，应根据前述选种标准，分别组成若干类群；然后根据每一个类群的共同点，有针对性地选择能克服和纠正其缺点的种公羊与之交配，或者选择综合品质理想的种公羊与之交配，以达到后代品质的全面提高。

②亲缘选配。亲缘选配是指具有一定血缘关系的公母羊之间的交配。按交配双方血缘关系的远近可分近交和远交两种。

近交是指有亲缘关系的个体间的交配。凡所生子代的近交系数大于 0.78%者，或交配双方到其共同祖先的代数的总和不超过 6 代者，为之近交，反之则为远交。在养羊业生产中，在采用亲缘选配方法时，主要是要科学地、正确地掌握和应用近交的问题。

选配时采用近交办法，可以加快群体的纯合过程。具体来讲，近交在纯合过程中的主要作用如下。

a. 固定优良性状，保持优良血统。近交可以纯合优良性状基因型，并且使其比较稳定地遗传给后代，这是近交固定优良性状的基本效应。因此，在培育新品种、建立新品系的过程中，当羊群出现理想的优良性状以及特别优秀的个体时，必然要采用同质选配加近交的办法，纯合和固定这些优良性状，增加纯合个体的比例，这正是优良家系（品系）的形成过程。这里需要指出的是，数量性状受多对基因控制，其近交纯合速度不如受一对或几对基因控制的质量性状快。

b. 暴露有害隐性基因。近交同样使有害隐性基因纯合配对的机会增加。在一般情况下，有害的隐性基因常被有益的显性等位基因所掩盖而很少暴露，多呈杂合体状态而存在，单从个体表型特征上是很难发现的。通过近交就可以分离杂合体基因型中的隐性基因并且形成隐性基因纯合体，即出现有遗传缺陷的个体，而得以及早淘汰。这样便使群体遗传结构中隐性有害基因的频率大大降低。因此，正确地应用近交可以提高羊群的整体遗传素质。

c. 近交通常伴有羊只本身生活力下降的趋势。不适当的近亲繁殖会产生一系列不良后果，藏羊除生活力下降外，繁殖力、生长发育、生产性能都会降低，甚至产生畸形怪胎，而导致品种或群体的退化。研究证明，近交对藏羊体重和产毛的不利影响，至少部分地是由于近交引起大脑垂体活动的减退所致。

近交系数的计算和应用：换句话说，“近交系数”代表了与配公母羊间存在的亲缘关系在其子代中造成相同等位基因的机会，是表示纯合基因来自共同祖先的一个大致百分数。近交系数的计算公式如下：

$$F_x=\sum\left[\left(\frac{1}{2}\right)^{n_1+n_2+1}\cdot(1+F_\alpha)\right]$$

或

$$F_x=\sum\left[\left(\frac{1}{2}\right)^{N}\cdot(1+F_\alpha)\right]$$

式中：F_x 为个体 x 的近交系数；

$\sum$ 为表示总和，即把个体 x 到其共同祖先的所有通路（通径链）累加起来；

1/2 为是个常数，表示两世代配子间的通径系数；

n_1+n_2 为通过共同祖先把个体 x 的父亲和母亲连接起来的通径链上所有的个体数；

F_α 为共同祖先的近交系数，计算方法与计算 F_x 相同，如果共同祖先不是近交个体，则计算近交系数的公式变为 $F_x=\sum\left(\frac{1}{2}\right)^N$ 或 $F_x=\sum\left(\frac{1}{2}\right)^{n_1+n_2+1}$，式中 N 表示交配双方到共同祖先的代数总和。

在养羊业生产实践中应用亲缘选配时要注意以下事项。

·要对选配双方进行严格选择，必须是体质结实、健康状况良好、生产性能高、没有缺陷的公母羊才能进行亲缘选配。

·要为选配双方及其后代提供较好的饲养管理条件，即应给予较其他羊群更丰富的营养条件。

·对所生后代必须进行仔细鉴定，选留那些体质结实、体格健壮、符合育种要求的个体继续作为种用，凡体质纤弱、生活力衰退、繁殖力降低、生产性能下降及发育不良甚至有缺陷的个体要严格淘汰。

不同亲缘关系与近交系数见表 3－7。

表 3－7　不同亲缘关系与近交系数

近交程度	近交类型	罗马数字标记法	近交系数（%）
嫡亲	亲子	Ⅰ-Ⅱ	25
	全同胞	Ⅱ Ⅱ-Ⅱ Ⅱ	25
	半同胞	Ⅱ-Ⅱ	12.5
	祖孙	Ⅰ-Ⅲ	12.5
	叔侄	Ⅱ Ⅱ-Ⅲ Ⅲ	12.5
近亲	堂兄妹	Ⅲ Ⅲ-Ⅲ Ⅲ	6.25
	半叔侄	Ⅱ-Ⅲ	6.25
	曾祖孙	Ⅰ-Ⅳ	6.25
	半堂兄妹	Ⅲ-Ⅲ	3.125
	半堂祖孙	Ⅱ-Ⅳ	3.125

（续）

近交程度	近交类型	罗马数字标记法	近交系数（%）
中亲	半堂叔侄	Ⅲ-Ⅳ	1.562
	半堂曾祖孙	Ⅲ-Ⅴ	1.562
远亲	远堂兄妹	Ⅳ-Ⅵ	0.781
其他		Ⅲ-Ⅴ	0.781
		Ⅱ-Ⅵ	0.781

4）选配实施的原则

①有明确的目的。

②为母羊选配的公羊，在综合品质和等级方面必须优于母羊。

③为具有某些方面缺点和不足的母羊选配公羊时，必须选择在这方面有突出优点的公羊与之配种，决不可用具有相反缺点的公羊与之配种。

④采用亲缘选配时应当特别谨慎，切忌滥用。

⑤及时总结选配效果。如果效果良好，可按原方案再次进行选配。否则，应修正原选配方案，另换公羊进行选配。

（6）藏羊的血液更新　血液更新是指从外地引入同品种的优质公羊来替换原羊群中所使用的公羊。当出现下列情况时采用此法：当羊群小，长期封闭繁育，已出现由于亲缘繁育所致的近亲危害时；当羊群的整体生产性能达到一定水平，改善选择差变小，靠自有的公羊难以再提高时；当羊群进入到一个新的环境，经数年繁育后，在生产性能或体质外形等方面出现某些退化时。

引入外血是指现有品种基本上符合国民经济需求，但还存在个别缺点，而用纯种繁育不易克服，采用此方法有望改善品种性能，但引入外血不能改变原品种的生产方向和特性。有时一个品种虽然没有明显的缺点，但用纯种繁育继续提高它的生产性能很缓慢时，如有必要也可引入外血提高。在引入外血之前，首先要对原有品种的特点进行细致分析，确定哪些应当保留，哪些需要提高。然后选择合理的品种作为引入品种，选择的品种在针对原品种所要克服的缺点方面应有突出的表现。由于同一品种的个体间差异很大，因此，在决定引入外血时，还必须选用最符合理想要求的种公羊，否则难以达到预期效果。

引入外血是以获得含外血1/4、1/8、1/16的后代为宜，并从含外血的后代中选择理想型个体进行自群繁育。引血量既可达到引血目的，又不改变原来品种的主要生产性能和体质类型，而且其后代在自群繁育时又不出现性状分离，即应认为是成功的引血效果。

（7）藏羊的品系繁育

1）品系的概念　品系是指一些具有突出优点，并能将这些优点相对稳定地遗传下去的藏羊群。一般又可将品系分为广义品系和狭义品系两种。

①广义品系。广义品系是指一群具有突出优点，并能将其优点稳定地遗传下去的种用羊群。在个体间不一定具有亲缘关系。它包括地方品系、近交系、合成系、群系、专门化品系等。藏羊品种主要以地方品系为主。藏羊品种中的地方品系是在各地不同的生态环境条件和社会经济条件下，经长期选育而形成的。

②狭义品系。狭义品系是指来源于同一头有突出优点的系祖，并与其有类似的体质和生产力的种用藏羊群。它是建立在系祖的遗传基础上的，范围较窄。

广义和狭义品系在理论和建系方法上有一定的区别，但从选育目的和效果看，两者是一致的，都是为了育成具有一定亲缘关系、有共同优点、遗传性稳定、杂交效果好的藏羊群。

2）品系繁育的特点　品系繁育是围绕品系而进行的一系列繁育工作，是品种选育工作的具体化。其内容包括品系的建立、保持和利用。它具有加速品种的形成、改良及充分利用杂种优势的作用。而这些作用是基于品系繁育本身所具有的以下特点。

①育成速度快。品系由于群体小，可使遗传性很快趋于稳定，群体平均生产性能提高较快。当组成品系的原始群体较好时，3～5 代即可育成。

②群小，工作效率高，面向市场需求或品种特性需要调整时的响应能力强，效果具体明显，一致性强。

③优良性状突出，有利于促进品种的发展和利用。

3）品系繁育的方法

①系祖建系法。

a. 系祖的选择。品系繁育的成效主要取决于系祖的品质。一个优秀的系祖应该是：第一，具有遗传性稳定的突出优点，同时，在其他方面符合选育群的基本要求；第二，体质优良，无遗传病，测交试验证明不带有隐性有害基因；第三，有一定数量的优秀后代。

b. 合理的选配。为了使系祖的突出优点在后代中得到巩固和发展，常采用同质选配，甚至有时采用连续的高度近交。

c. 加强选择。要巩固系祖优良的特点，需要对系祖的后代进行严格的选择和培育，选择最优秀的后代作为系祖的继承者。继承者的选择以性能为主，严格按选育指标，并采用选择系祖的方法进行选择。继承者一般为公畜，以便迅速扩大系祖的影响。

从以上可见，系祖建系法实质上就是系祖及继承者的选择和培育，同时进行合理的选配，以巩固系祖的优良性状并使之成为群体特点的过程。该法性状较易固定，方法简单易行。

②群体继代选育法。群体继代选育法是群体建系的一种方法。藏羊的本品种选育多数采用该法。它的特点如下：第一，由于从零世代畜群开始全封闭，故选择组建基础群特别重要；第二，强调选种，品系形成后畜群的生产性能水平可能优于基础群；第三，以生产性能测定为主，适用于中等遗传力性状的选育；第四，加速更新核心群，缩短世代间隔。

a. 组建基础群。建立基础群后，开始闭锁繁育，不再向群内引入其他任何优良基因。因此，新品系的质量高低取决于基础群组建的好坏。组建基础群时，要根据选育目标，把主要性状的优良基因全部汇集于基础群的基因库里。

建立基础群的方法有两种。一种是多性状选择，但不强调个体的每个性状都优良，即对群体而言是多性状选留，而对个体只针对单个性状；另一种是单性状选择，即选出某一性状表现好的所有个体组成基础群。

基础群要有一定的数量，其最低公畜数可按每代的近交增量估计，公式为：

$$S=\frac{n+1}{8n\Delta F}$$

式中：S 为最低公畜数；

n 为公母比例中的母畜比数，一般公母比例为 1∶（25～40）；

ΔF 为适宜的世代近交增量，一般以不超过 2%～3%为宜。

b. 闭锁繁育。基础群建立后，对畜群进行闭锁繁育，不再引入任何来源的种畜，后备者都在基础群后代中选留。闭锁后，一定会有一定程度的近交，为避免高度近交一般以大群闭锁为好，使近交程度缓慢上升。

c. 严格选择。对基础群的后代，按照选育目标，严格选种。尽量使每一世代的后备藏羊集中于一个时期内出生，在相同条件下培育和生长。以后根据同胞和本身的成绩严格选留。同时，始终保持每世代的选种方法和标准不变，使基因频率朝着同一方向改变。

群体继代选育法由于从基础群开始采用闭锁群内随机交配，近交系数上升缓慢，遗传基础丰富，对继代种畜的选留较容易，因此，建系的成功率高于其他建系法。

4）品系的利用　品系的建立和保持不是品系繁育的最终目的，而只是一种手段。建立品系后，应有计划地利用品系，使品系繁育工作进入一个新阶段。

①合成新品系。这是品系利用和发展的重要途径。通过不同品系的结合，使品系间的优良特性互相补充，取长补短，以提高藏羊品种的整体质量。

②作为杂种优势利用的亲本。由于品系各有特点，且它们的遗传结构存在差异，品系间杂交，其后代可表现出显著的杂种优势。因此，用它们作为商品生产的亲本很适合，特别是更适合作为母本。

（8）藏羊的合作育种措施　藏羊的有些性状，通过选择并不难提高，像大部分的育肥性状、生长速度、成年体型一类外形性状，通过目测鉴定或公羊测验等方法，在群内或群间进行选择都能取得进展。有些性状，如繁殖效益、母羊总生产力、适应性、胴体品质和饲料转化率，通过选择，进展不大，主要原因不外乎是性状遗传力低、遗传变异小、选择差小和度量测定困难。解决的办法是增加羊群头数，扩大育种记录，以加大选择余地和准确性。问题是种羊场能办到，个体生产者做不到。为应对千家万户家庭羊群的育种难题，藏羊合作育种这一形式应运而生。藏羊合作育种组织是独立于种羊场，由个体生产者组织起来的联合体，适合分散的小型家庭羊群或经济羊群的育种需要。

开展合作育种，首先要强调自愿，能遵章守约长期合作。其次是各成员的藏羊类型要相同或相似，羊群所处的环境、管理条件相似。再次是明确合作目的是自繁自养，共同提高，而不是相互攀比对外出售种公羊，也不在参观展览上耗用精力。当前，青藏高原地区建立了牧民合作社组织，为藏羊的合作育种创造了良好的条件。合作育种主要采用开放式核心群育种体系，具体做法见图 3-2。

ⅰ. 有 5 户个体生产者，每户有 400 头母羊，藏羊品种类型相似，有合作育种、生产自用种公羊的共同想法，并商定羊群共同提高的目标，即提高产羔率，增大个体体重等。

ⅱ. 按照商定的目标，各户从自己羊群中挑选 10%最好的母羊，集中组成核心群，指定一户代养。5 户同时按照前两年内年年繁殖能力高、生长发育良好、健康的标准选出 40 头母羊，共 200 头精选母羊组成核心群。

ⅲ. 为核心群选出当年母羊配种用的公羊。公羊或引自种羊场，或来自各户原有公羊。所用公羊必须是遗传上优秀的个体，经过认可后才能使用。

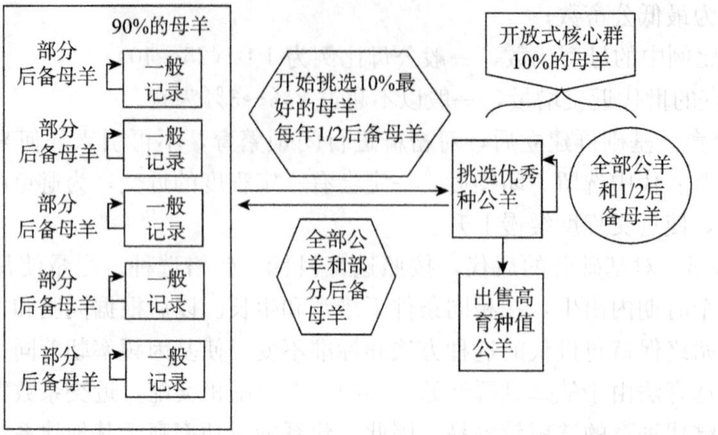

图 3-2　开放式核心群合作育种体系

计划从外场引入 4 头公羊，要求条件为生长发育良好、健康和 120 日龄体重大，估测的性状育种值高，产羔数育种值高于一般平均值。4 头公羊与 200 头母羊组成配对群，按计划使用。

ⅳ. 为加快核心群的遗传进展，尽可能缩短世代间隔。母羊 1.5 岁配种，每年补充更新 25%母羊。补充核心群的后备母羊，每年从核心群中选留 50%，从各户羊群中选留 50%，这样，可以连年将分散在各户羊群中的优良个体陆续补充到核心群，这是传统封闭育种所不及的一大遗传优势。

核心群母羊每年因死亡或淘汰等原因需补进 50 头，其中，25 头按选择指数值选自核心群母羔，25 头从 5 户羊群中挑选 5 头断奶体重最大的母羔。将核心群中多余的后备母羔补充到各户羊群中。

ⅴ. 核心群和各户羊群使用的公羊，全部由核心群选出，要求核心群的公羔有详细记录，实行严格淘汰。核心群的公羊只使用 1 年，目的是缩短世代间隔。

每户羊群 1 年需用 8 头公羊，每年更新 50%，5 户 1 年总共要补充 20 头公羊。核心群每年使用 4 头新公羊。按照上述需要量，核心群公羔 120 日龄断奶，选出 50 头断奶体重、估测性状育种值高的活公羔，饲养在相同条件下进行 90 d 增重测验，测验结束时，进行性能测定。比较各项指标，选出 4 头最优公羊留给核心群使用，再从中选出 20 头优秀公羊分到各户羊群使用。第二年再将核心群上一年度使用的 4 头公羊转到各户羊群使用。

ⅵ. 核心群用的公羊全部要求有准确的谱系和生产性能记录。各户羊群只要有一般必要项目记录，当转入核心群的优秀母羔数不足时，从本群选择后备母羔进行补充即可。

核心群要有完整的产羔记录，注明羔羊的父、母亲。羔羊初生时和断奶时全部称重。初选公羔必须通过断奶后 90 d 增重测验和性能测定。各户羊群产羔时母羔带耳标，母女号登记入册，断奶时根据羔羊耳标确定各头母羊实有的断奶羔羊数，不需要对羔羊称重和剪毛。

以上是开放式核心群合作育种体系的简述。根据理论计算，核心群母羊数应占合作育种总母羊数的 10%左右。母羊有 50%选自各户羊群中最好的母羔，这样才能取得最大的遗传进展。据估测，开放式核心群育种的遗传进展比封闭式核心群育种（即所有补充的公、母羊全部来自原核心群后代）高 5%～15%。

（9）藏羊育种资料的整理与应用

①育种资料整理的重要性。藏羊育种和生产过程中的各种记录资料是羊群的重要档案，尤其对于育种场种羊群，育种资料更是必不可少。要及时全面掌握和了解羊群存在的缺点及主要问题，进行个体鉴定、选种选配、后裔测验及系谱审查，合理安排配种、产羔、剪毛、防疫驱虫、羊群的淘汰更新、补饲等。日常管理时，也必须做好育种资料的记录。育种资料记录的种类较多，如种羊卡片、个体鉴定记录、种公羊精液品质检查及利用记录、羊配种记录、羊产羔记录、羔羊生长发育记录、体重及剪毛量（抓绒）记录、羊群补饲饲料消耗记录、羊群月变动记录和疫病防治记录等。不同性质的羊场、企业，不同羊群、不同生产目的的记录资料不尽相同。育种记录应力求准确、全面，并及时进行整理分析，因为有许多方面的工作都要依靠完整的记录资料。

②育种资料的种类及应用。藏羊育种资料记录的种类应根据需要而定，不求繁多。记录资料必须在规定的时间内统计整理完毕，否则，对育种工作起不到指导作用。不整理或不及时整理的育种资料记录是毫无意义的。下面列出藏羊生产需要的各种记录表格（表 3-8 至表 3-13）的样式，仅供参考。例如，种羊卡片。凡用作种用的优秀公、母羊都必须有种羊卡片。卡片中应包括种羊本身生产性能和鉴定成绩、系谱、历年配种产羔记录和后裔品质等内容。

表 3-8 藏羊基本情况记录

种羊卡片（正面）						
品　种	个体号		登记号			
出生日期	性别		出生时母亲月龄			
单（多）羔	初生重（kg）		1月龄重（kg）			
2月龄重（kg）	4月龄重（kg）		6月龄重（kg）			
12月龄外貌评分			等级			
指　标	1岁	2岁	3岁	4岁	5岁	6岁
体高（cm）						
体长（cm）						
胸围（cm）						
尻宽（cm）						
体重（kg）						
羊毛长度（cm）						
剪毛量（kg）						
繁殖成绩						

亲、祖代品质及性能（背面）	
个体号	产单（多）羔
父亲	
母亲	
祖父	
祖母	
外祖父	
外祖母	

表 3-9　种公羊精液品质检查及利用记录

品种									公羊耳号							

表 3-10　藏羊配种记录

种公羊卡片

个体号　　　　　　品种　　　　　　出生日期　　　　　　出生地点

Ⅰ. 生产性能及鉴定成绩

年度	年龄	鉴定结果	活重（kg）	产毛（绒）（kg）	性能（kg）	等级

Ⅱ. 系谱

母：个体号	父：个体号
品种	品种
鉴定年龄	鉴定年龄
羊毛（绒）长度　（cm）	羊毛（绒）长度　（cm）
体重　（kg）	体重　（kg）
剪毛绒量　（kg）	剪毛绒量　（kg）
等级	等级

祖母：	祖父：	祖母：	祖父：
个体号	个体号	个体号	个体号
体重　（kg）	体重　（kg）	体重　（kg）	体重　（kg）
剪毛量　（kg）	剪毛量　（kg）	剪毛量　（kg）	剪毛量　（kg）
等级	等级	等级	等级

Ⅲ. 历年配种情况及后裔品质

年份	与配母羊数	产羔母羊数	产羔数	后裔品质（等级比例）					
				特级	一级	二级	三级	四级	等外

（续）

种母羊卡片							
个体号		品种		出生日期		出生地点	
Ⅰ. 生产性能及鉴定成绩							
年度	年龄	鉴定结果	活重（kg）	产毛（绒）（kg）	性能（kg）	等级	
Ⅱ. 系谱							
母：个体号 品种 鉴定年龄 羊毛（绒）长度　（cm） 体重　（kg） 剪毛绒量　（kg） 等级				父：个体号 品种 鉴定年龄 羊毛（绒）长度　（cm） 体重　（kg） 剪毛绒量　（kg） 等级			
祖母： 个体号 体重　（kg） 剪毛量　（kg） 等级		祖父： 个体号 体重　（kg） 剪毛量　（kg） 等级		祖母： 个体号 体重　（kg） 剪毛量　（kg） 等级		祖父： 个体号 体重　（kg） 剪毛量　（kg） 等级	

Ⅲ. 历年配种产羔成绩

年度	与配公羊			产羔情况				用途（淘汰或留种）
	个体号	品种	等级	公母	初生重（kg）	断奶重（kg）	一岁龄鉴定结果等级	

表 3－11　藏羊鉴定记录

Ⅰ. 藏羊繁殖记录

品种　　群别　　年龄　　性别　　第　页

个体号	类型	油汗	体格大小	外貌	总评	体重	毛量	等级	备注

Ⅱ. 藏羊的羔羊断奶鉴定记录

品种　　群别　　年龄　　性别　　第　页

个体号	父号	母号	活重（kg）	等级	备注

表 3-12　藏羊繁殖记录

Ⅰ. 藏羊繁殖记录

品种　群别　　　年龄　　　性别　　　　第　页

个体号	母羊		与配公羊		配种日期				分娩		生产羔羊		
	耳号	等级	耳号	等级	第一次	第二次	第三次	第四次	预产期	实产期	耳号	单双羔	性别

Ⅱ. 产羔记录

品种　群别　　　年龄　　　性别　　　　第　页

序号（临时号）	母羊		羔羊		羔羊初生鉴定							备注
	耳号	等级	耳性	性别	单双羔	出生日期	初生重（kg）	毛色	毛质	类型	其他	

Ⅲ. 繁殖成绩统计

品种　群别　　　年龄　　　性别　　　　第　页

基础母羊总数	配种		妊娠		流产		分娩		产活羔		断奶成活率		每百只基础母羊断奶成活羔羊数	备注
	只数	%	只数	%	只数	%	只数	%	只数	%	只数	%		

表 3-13　藏羊选配计划记录

母羊				与配公羊				亲缘关系	选配目的
羊号	品种	等级	特点	羊号	品种	等级	特点		

二、品种利用

（一）藏羊遗传资源数据库的建立

1. 建立藏羊遗传资源数据库的意义　藏羊遗传资源的保存和利用，首先要求必须具备藏羊品种（类群）的各项资料，对其进行全面评价。也就是说，必须对通过品种资源调查所取得的基本资料和数据，进行整理、取舍、分析，然后建立系统的数据库。藏羊遗传资源数据库的建立不仅有助于人们随时了解有关藏羊品种（类群）的特征、特性和群体的数量、分布以及一定时间内数量的消长情况，对优良品种加以发展和利用，对濒危群体设法挽救，而且可为藏羊的选种选配和杂交改良研究提供必要的依据。可见数据库对藏羊遗传资源的保存和利用具有重大作用。

2. 建立藏羊遗传资源数据库的基础　藏羊遗传资源普查数据，日常生产资料，选育进度资料；生态、形态、遗传特性研究数据。

3. 建立藏羊遗传资源数据库的方法　传统的数据收集、贮存方法不仅不能保证完整性、规范化，且保存时间有限，不便更新、交流和使用。计算机的利用正好为遗传资源信息数据库的建立提供了灵活、高效的手段，从而可实现遗传资源数据库的科学存储、快速检索、社会共享和及时更新。因此，可将藏羊品种（类群）的资料和数据进行整理、取舍，然后将有价值的资料和数据（或文字）编入标准格式的记录内，存入电子计算机数据库中。另外，应与国际家畜遗传资源数据库联网，进行交流。

（二）藏羊保种和利用的关系

保种的目的是为了更好地利用藏羊遗传资源，有些是当前的需要，也有些是长远的需要。藏羊遗传资源的保存和利用，既矛盾又统一。保存，主要在保种区或保种群中进行，保种群对整个藏羊群来说是一小部分。利用，主要是对保种群以外的藏羊而言，这是大量的；对于这些藏羊，通过选育、品种间杂交、不同类型间杂交，充分利用杂种优势，提高其生产性能。在保种群中，一般不进行杂交。因此，要用矛盾与统一的观点来处理藏羊保种和利用的问题。

（三）藏羊遗传资源的利用

1. 作为新品种培育的素材　在动态发展的畜牧业生产中，人们需要不断育成适应现时环境和今后环境的藏羊新品种。因此，可利用现有藏羊资源，一方面通过本品种选育提高，育成生产性能较高的藏羊品种；另一方面随着生物技术和动物育种方法的发展，可通过现代育种方法，培育出适合高寒草地的新型羊种。

2. 直接利用藏羊来生产畜产品　建立育种群，制定育种计划，确定育种目标，通过选育逐代提高生产性能和产品品质，利用它们直接生产各种羊产品。

（四）作为杂种优势利用的素材

藏羊个体大，产肉量高，以肉用方向生产为主。陶赛特种公羊与欧拉母羊杂交试验表明，所产羔羊生长速度都比当地藏羊生长速度快。2 月龄时“陶×欧”公、母羊的体重比当地藏羊分别提高了 3.88 kg 和 2.90 kg。通过人工授精方式杂交配种母羊 842 只，受胎率达 71.7%；产羔 604 只，成活 580 只，成活率 96%；经舍饲暖棚育肥，6 月龄体重平均达 31.8 kg，饲料利用率高，特别是前期羔羊生长发育效果明显，易于育肥。“陶×欧”杂交羊是生产优质羔羊肉的理想杂交组合。因此，可以把藏羊作为经济杂交的亲本，充分利用杂种优势发展肥羔生产。

第四章　青藏高原牧区草场建设与牧草资源开发利用

第一节　青藏高原牧区主要牧草品种

一、一年生牧草

（一）一年生禾本科牧草

1. 燕麦　燕麦（*Avena sativa* L.），禾本科燕麦属一年生草本植物（图 4－1）。须根系，茎丛生，叶片宽而平展，圆锥花序，抗寒性强，耐贫瘠，早熟品种适宜在青藏高原寒冷地区种植。裸燕麦籽粒不带壳，皮燕麦籽粒带壳，籽粒都紧包在内、外稃之间。千粒重 20～55 g。春播早熟燕麦品种一般为 90 d 左右，中晚熟品种 100～140 d。燕麦籽粒产量 3 450～6 000 kg/hm²，秸秆与稃壳的营养价值高，叶片柔嫩多汁，适口性好，消化率高，主要用于调制青贮饲料、制作青干草和青饲。

目前，在青藏高原主推种植的皮燕麦品种有青引 1 号、青引 2 号、青海 444、青海甜燕麦、林纳（Lena）、青燕 1 号、加燕 2 号、白燕 7 号；裸燕麦品种有青引 3 号莜麦、青莜 2 号、白燕 2 号、白燕 11 号等。饲草田采用条播或人工撒播方式，条播行距为 15 cm，播量为每亩 13～16 kg，人工撒播量为每亩 15～18 kg，播种深度 3～4 cm，播后覆土、耙耱和镇压。

图 4－1　燕麦及种子

2. 青稞　青稞（*Hordeum vulgare* L. var. *nudum* Hook. f.），禾本科大麦属禾谷类作物（图 4－2）。须根系，秆直立，穗状花序，颖果成熟时易于脱出稃体，千粒重 35～45 g，具有耐旱、耐瘠薄、生育期短、适应性强、产量稳定、易栽培等优良性状，是高寒地区广泛种植的优势作物。青稞草质柔嫩，适口性好，易消化，是青藏高原冷季贮备青饲和青贮的主要饲草料。

目前，在青藏高原主推的青稞品种有藏青 2000、藏青 27、黑丰 1 号、北青 3 号、昆仑 10 号、藏青 320、喜马拉雅 19、康青 3 号、柴青 1 号等。青藏高原以春播为主，撒播每亩播量 15～17.5 kg，条播行距以 20～22 cm 为宜，种子覆土深度为 2～3 cm。

图 4-2　青稞及种子

3. 多花黑麦草　多花黑麦草（*Lolium multiflorum* Lamk.），既是禾本科黑麦草属一年生草本，也是越年生或短期多年生植物（图 4-3）。须根发达，茎秆呈疏丛型，穗状花序，芒细弱，千粒重 6～8 g。植株分蘖多，再生能力强，留茬以 6～8 cm 为宜，切忌低刈，营养丰富，富含蛋白质，纤维少。

目前，青藏高原地区主推的多花黑麦草品种为长江 2 号、川农 1 号、阿伯德、勒普、特高德、阿德纳、杰特、剑宝和杰威。春播，条播行距 15～30 cm，播量为每亩 1 kg，播深 1.5～2 cm；撒播，播量为每亩 1.5 kg。多花黑麦草可青饲、青贮或调制干草，作为冬春季藏羊的贮备饲草。

图 4-3　多花黑麦草及种子

4. 黑麦 黑麦（*Secale cereale* L.），禾本科黑麦属一年生或越年生草本植物（图 4-4）。须根系，茎秆丛生直立，叶片扁平，穗状花序顶生，千粒重 18～30 g，具有抗寒性强、耐旱和耐贫瘠等优良性状。高寒地区种植春性黑麦，秸秆营养丰富，适口性好，消化率较高。利用方式多样，可青饲、调制干草或做青贮。

目前，全国草品种审定委员会审定的黑麦品种有冬牧 70、中饲 507、奥克隆。青藏高原主要为春播，既可单播，也可与箭筈豌豆、苕子等一年生豆科饲用作物进行混播，混播的播量各为正常播量的 3/4。条播的播量为每亩 6～8 kg，行距 15～30 cm，播深 3～5 cm。

图 4-4　黑麦及麦穗

5. 小黑麦 小黑麦（*Triticosecale wittmack*），禾本科小黑麦属一年生草本（图 4-5）。须根系，秆丛生，麦穗比小麦大，芒较小麦长，千粒重 40～50 g，具有品质好、抗性强和苗壮等优良性状。饲用小黑麦秸秆营养丰富，叶片质地柔软，适口性好。

目前，国家草品种审定委员会审定的小黑麦品种有甘农 2 号、冀饲 3 号、石大 1 号、中饲 1048、中饲 1877、中饲 828 等。春播：条播或撒播，条播行距 15～30 cm，播深 3～5 cm，播量为每亩 6～8 kg；撒播播量比条播应提高 15%～20%。既可单播，也可与箭筈豌豆等豆科饲用作物混播。

图 4-5　小黑麦及种子

6. 高粱　高粱［*Sorghum bicolor*（L.）Moench］，禾本科高粱属一年生草本（图 4-6）。根系发达，茎直立，圆锥花序，千粒重 20～30 g。喜温暖湿润气候条件，不耐荫，饲用高粱在幼嫩期，粗蛋白含量高达 16%以上，适口性好，因其再生性差，适合青饲、一次刈割后青贮或生产干草。

目前，适宜推广利用的饲用高粱有原甜 1 号、沈农 2 号、辽饲杂 3 号、吉甜 3 号和大力士。饲用高粱适合春播，单播行距 15～30 cm，播深 1.5～3.0 cm，水肥充足时播种量为每亩 1.5～2.5 kg，普通地块播种量为每亩 1.5～2 kg。

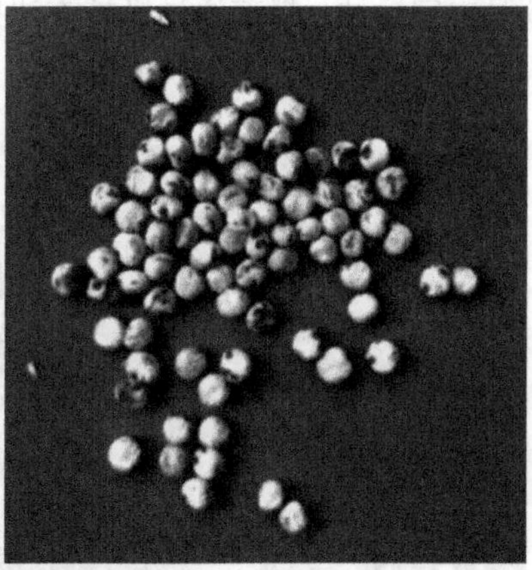

图 4-6　高粱及种子

7. 玉米　玉米（*Zea mays* L.），禾本科玉蜀黍属一年生高大草本（图 4-7）。须根系，秆直立，叶片扁平宽大，雌雄同株异花，千粒重 260～280 g。玉米是喜温、短日照植物，具有较强的光合能力，产量高，适应性强，籽粒、茎叶营养丰富，纤维素少，适口性好。玉米整个植株均可饲用，常用的利用方式是全株青贮。

青藏高原地区气候条件特殊，应该选择在气候条件、土壤状况较好的农区或半农半牧区进行种植。春播，播深 5～6 cm，播量为每亩 3～5 kg，播种方式主要为穴播和条播。

图 4-7　玉米及玉米穗

（二）一年生豆科牧草

1. 紫云英 紫云英（*Astragalus sinicus* L.），豆科黄芪属半匍匐性一年生或越年生草本植物（图 4-8）。直根系，茎直立或匍匐，总状花序呈伞形，千粒重 3.0～3.5 g。该物种茎、叶柔嫩多汁，富含营养物质，粗纤维少，适口性好，可调制干草或青贮料。

目前，国家草品种审定委员会、国家农作物品种审定委员会及各省区品种审定委员会审定登记的紫云英早熟品种有弋江籽、乐平、常德紫云英等，中熟品种有弋江籽 2 号、余江大叶、萍宁 3 号紫云英等，晚熟品种有宁波大桥、浙紫 5 号紫云英等。青藏高原一般 5～6 月中旬播种，播前通过机械方法擦破种皮来提高种子吸水能力和发芽率，播量为每亩 1.5～2 kg，播深 1～2 cm。

图 4-8 紫云英及花

2. 秣食豆 秣食豆［*Glycine max*（L.）Merr.］，豆科大豆属一年生草本植物（图 4-9）。直根系，茎直立，总状花序腋生，千粒重为 90～150 g，需水较多，短日照，耐阴性较强，喜肥耐瘠，自然杂交率较低，调制青干草或青贮料最好在荚果形成至籽粒饱满时刈割。

图 4-9 秣食豆

目前，全国草品种审定委员会审定登记的品种有 2 个，分别为牡丹江和松嫩秣食豆。秣食豆忌连作，忌与大豆重茬。当土壤温度达 10～12℃时即可播种，种子生产田播量为每亩 3～4 kg，行距 60 cm；牧草生产田单播播量为每亩 4～6 kg。

3. 草木樨　草木樨［*Melilotus officinalis*（L.）Pall.］，豆科草木樨属二年生草本植物（图 4-10）。主根发达，茎直立，总状花序，千粒重 1.9～2.5 g。草木樨开花时间较长，茎叶中含有香豆素、双香豆素及生物碱等，味苦涩，影响采食，未加工的草木樨直接饲喂对藏羊有毒害作用，晒制好的草木樨青干草可用于冷季羊的育肥和补饲。

截至目前，经全国草品种审定委员会审定的草木樨品种有斯列金 1 号和天水，其中斯列金 1 号为引入品种，天水为地方品种，适应性强。青藏高原适合春播，以条播为主，行距 30 cm，播深 2～3 cm，播量为每亩 1～1.5 kg。

4. 豌豆　豌豆（*Pisum sativa* L.），豆科豌豆属一年生或二年生攀援草本（图 4-11）。直根系，茎直立或蔓生，总状花序，百粒重 10～30 g，抗寒，不耐炎热、干燥，较耐贫瘠，是重要的粮饲兼用作物。

全国草品种审定委员会审定登记的品种有中豌 1、3、4 号等。春播，播种期为 3—4 月，播量为每亩 10～15 kg，覆土 3～5 cm，以穴播和条播为主，直立型品种行距 20～40 cm，蔓生型品种行距 50～70 cm，株距 10～20 cm。饲用豌豆也可与燕麦等禾草混播，饲用豌豆播量为每亩 8～10 kg，燕麦播量为每亩 4 kg。

图 4-10　草木樨

图 4-11　豌豆

5. 蚕豆　蚕豆（*Vicia faba* L.），豆科野豌豆属一年生草本植物（图 4-12）。圆锥根系，茎粗壮直立，总状花序腋生，百粒重 60～120 g。秸秆和籽粒均可饲喂藏羊，具有很高的营养价值，既可直接青饲，也可晒制干草和调制青贮饲料。

青藏高原地区适宜选用春蚕豆品种，地区内农作物审定委员会审定品种有“临蚕”系列品种、“青海”系列品种。采用春播，等行距播种时行距 20 cm，株距 15～20 cm；宽窄行播种时宽行 35 cm，窄行 18 cm，株距 15～20 cm。播种量为每亩 15～25 kg，播深 8～10 cm，每穴播种 1～2 粒。

图 4-12　蚕豆及豆荚

6. 箭筈豌豆　箭筈豌豆（*Vicia sativa* L.），豆科野豌豆属一年生草本植物（图 4-13）。主根肥大，茎秆具棱，微被柔毛，花腋生，千粒重 50～70 g。箭筈豌豆适应性广，喜凉爽，抗寒性较强，固氮能力强，在高原地区花期 6—7 月，果期 7—9 月，现已广为栽培。茎叶柔嫩，营养丰富，适口性强，粗蛋白含量高，粗纤维含量少，氨基酸含量丰富。

目前，国家草品种审定委员会、农作物审定委员会审定登记的品种有大荚箭筈豌豆、6625、苏箭 3 号、兰箭 1 号、兰箭 2 号、兰箭 3 号、川北箭筈豌豆等。在青藏高原地区，箭筈豌豆常被作为饲草来利用。单播时易倒伏，通常和燕麦、大麦、黑麦、苏丹草等混播，条播行距 15～20 cm，播深 3～4 cm，撒播单播播量为每亩 6～8 kg。箭筈豌豆种子中含有生物碱和皂苷，食用过量能使人畜中毒，在饲用、食用前应经过浸泡、淘洗、磨碎、炒熟、蒸煮等加工处理，建议与禾本科混合饲喂。

图 4-13　箭筈豌豆

7. 毛苕子　毛苕子（*Vicia villosa* Roth.），豆科野豌豆属一年生或越年生草本植物（图 4-14）。根系发达，茎细长，总状花序腋生，千粒重 20～30 g，耐寒、干旱能力强，既可青饲，也可调制青干草。

目前，全国草品种审定委员会审定登记的光叶苕子品种有凉山光叶紫花苕和江淮光叶紫花苕 2 个，其中凉山光叶紫花苕在青藏高原地区有推广种植。种子田宜单独条播或穴播，条播行距 40～50 cm，播量为每亩 2～2.5 kg；青饲刈割可单播或混播，行距 20～30 cm，条播或撒播，播量为每亩 3～4 kg，墒情好的地块播深 2～3 cm，墒情差的地块播深 3～5 cm。

图 4-14　毛苕子

二、多年生牧草

（一）多年生禾本科牧草

1. 无芒雀麦　无芒雀麦（*Bromus inermis* Leyss.），禾本科雀麦属多年生草本植物（图 4-15）。根茎型，茎直立，圆锥花序，千粒重 3.0～4.7 g，具有耐旱、耐寒、耐碱和耐湿等优点。无芒雀麦茎秆光滑，叶片无毛，草质柔软，营养价值高，适口性好，生长 3～4 年后往往结成草皮，具有较强的耐牧性，是建立人工打草场和放牧场的优良牧草。

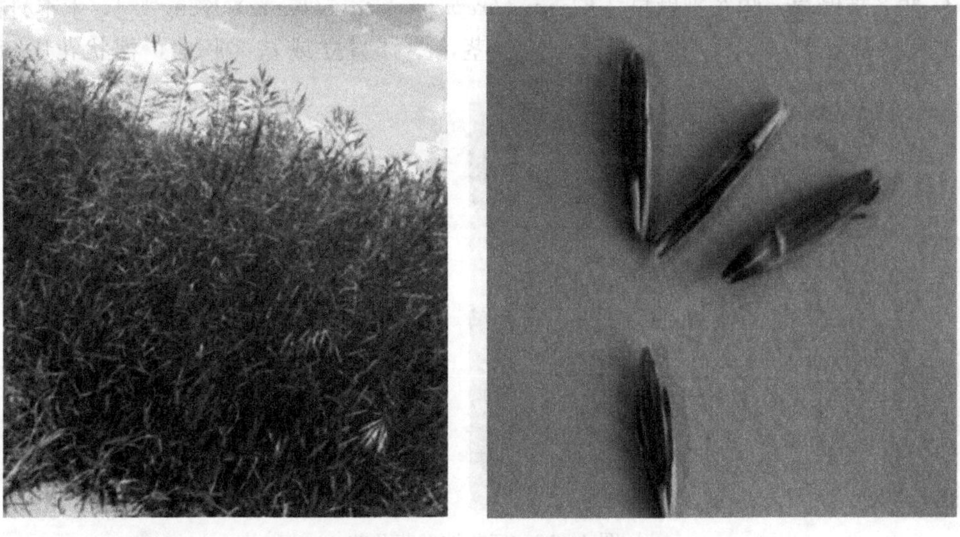

图 4-15　无芒雀麦及种子

截至目前，经全国草品种审定委员会审定的无芒雀麦品种有品卡尔顿、公农、林肯、奇台、锡林郭勒、新雀1号、乌苏1号、龙江。青藏高原牧区一般于4月中旬至6月上旬播种。多为机械条播，行距30～45 cm，也可撒播，播量为每亩1～1.5 kg，深度2～4 cm。

2. 鸭茅 鸭茅（*Dactylis glomerata* L.），禾本科鸭茅属多年生草本植物（图4-16）。疏丛型，须根系，秆直立或基部膝曲，圆锥花序，千粒重0.97～1.34 g。再生性强，放牧或刈割以后，可迅速恢复。草质软嫩，适口性好，产量高，营养成分好。刈割后就地摊晒，翻动，使其迅速干燥。与豆科牧草混播的草地，更要适期刈割，以便调制成植株完整、色泽鲜绿的干草。

目前，在青藏高原地区主推的鸭茅品种有宝兴鸭茅、滇北鸭茅。春播，条播播量为每亩0.75～1 kg，行距15～30 cm，播深2～3 cm，亦可撒播或点播。与白三叶、红三叶、紫花苜蓿等豆科和多年生黑麦草、苇状羊茅草等禾本科牧草混播。

图4-16 鸭茅及花

3. 短芒披碱草 短芒披碱草［*Elymus breviaristatus*（Keng）Keng f.］，禾本科披碱草属多年生疏丛性禾草（图4-17）。短根茎，茎秆直立或基部膝曲，穗状花序疏松，

图4-17 短芒披碱草及花

千粒重 2～3 g，是我国青藏高原地区特有物种，根系发达，抗旱，在高寒环境条件下生长发育良好。叶片质地柔软，营养价值较高，适口性好，主要刈割调制为干草，刈割的短芒披碱草也可与其他牧草切碎混合青贮。

目前，全国草品种审定委员会审定登记的品种仅有同德短芒披碱草。春播 4 月至 5 月初播种，夏播不超过 6 月。种子田条播，播量为每亩 1～1.5 kg，行距 30 cm，深度 3～4 cm；饲草田播量为每亩 1.5～2.5 kg，行距 15 cm，深度 3～4 cm。

4. 垂穗披碱草　垂穗披碱草（*Elymus nutans* Griseb.），禾本科披碱草属多年生禾草（图 4-18）。根茎疏丛型，茎秆直立，穗状花序排列较紧密，千粒重 2.0～3.5 g。适应性、抗寒和抗旱能力强，耐瘠薄，草质柔软，适口性好，主要刈割调制为干草、青贮料。

图 4-18　垂穗披碱草及种子

目前，全国草品种审定委员会审定的垂穗披碱草品种有 4 个，甘南、康巴、阿坝和康北垂穗披碱草。春播以 4 月下旬至 5 月中旬播种为宜，夏播不迟于 6 月中旬。可条播或撒播。种子田播量为每亩 1～1.5 kg，行距 25～30 cm；饲草田 1.5～2.5 kg/hm^2，行距 15～25 cm。

5. 无芒披碱草　无芒披碱草［*Elymus submuticus*（Keng）Keng f.］，禾本科披碱草属多年生草本，是我国青藏高原特有物种（图 4-19）。根须状，秆丛生，穗状花序较稀疏，千粒重 2.2～3.2 g。适应性强、耐寒、抗旱、耐瘠薄，是一种优良的高寒牧草资源。抽穗前其茎、叶鲜嫩柔软，营养价值较高，适口性好。

目前，全国草品种审定委员会审定登记的品种仅有同德无芒披碱草，且为青藏高原地区主推品种。在青藏高原旱作条件下，一般 4 月中下旬至 5 月初播种。条播，种子田播量为每亩 1～1.5 kg，行距 30 cm，深度 3～4 cm。饲草播量为每亩 1.5～2.5 kg，行距 15 cm，深度 3～4 cm。

6. 老芒麦　老芒麦（*Elymus sibiricus* L.），披碱草属多年生草本（图 4-20）。疏丛型，茎秆直立或基部稍倾斜，穗状花序较疏松而下垂，千粒重 3.5～4.9 g。老芒麦适应性较强，既可以建立单一的人工割草地和放牧地，也可以与早熟禾、羊茅等牧草混播，建立

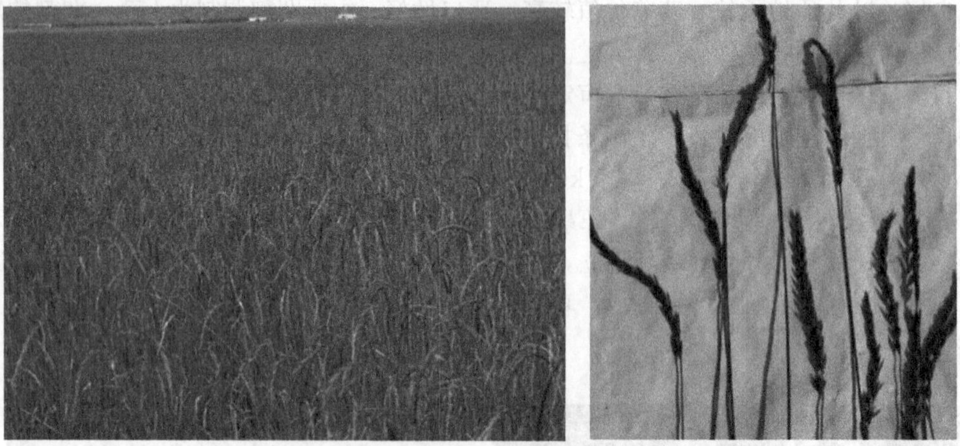

图 4-19　无芒披碱草

图 4-20　老芒麦及种子

优质高产的人工草地。草质柔软，叶量大，营养成分含量高，易消化，可以青贮、青饲或调制成干草。

目前，全国草品种审定委员会审定登记的品种有青牧 1 号、川草 1 号、川草 2 号和民大 1 号老芒麦、同德老芒麦、阿坝老芒麦等。高寒地区适宜于 5 月至 6 月中旬播种，机械播种前种子需脱芒处理，牧草生产可条播亦可撒播，行距以 30～35 cm 为宜，播量为每亩 1.5～2 kg，撒播播量为每亩 2～2.5 kg。

7. 苇状羊茅　苇状羊茅（*Festuca arundinacea* Schreb），禾本科羊茅属多年生草本植物（图 4-21）。根系发达而致密，秆成疏丛，圆锥花序疏松开展，千粒重约 2.5 g。苇状羊茅属于上繁草，适应性广，抗寒耐旱性强，具有一定的耐盐能力，草质较好，适口性好，适合刈割青饲或调制干草。

截至目前，经全国草品种审定委员会审定登记的苇状羊茅品种有 6 个。春播，当地温达 5～6℃时种子即可发芽，播量为每亩 1.5～2 kg，撒播或条播，条播行距 30 cm，播深 2～3 cm。

图 4-21　苇状羊茅及穗

8. 紫羊茅　紫羊茅（*Festuca rubra* L.），禾本科羊茅属多年生草本（图 4-22）。短根茎，茎秆直立或基部稍膝曲，圆锥花序狭窄，千粒重 0.7～1.0 g。耐瘠薄，再生力强，利用年限长，是建立人工放牧草地和混播草地的优良草种之一。紫羊茅叶片质地柔软，利用率高，适口性良好，主要用于放牧，亦可刈割用以调制干草。

目前，国内尚无紫羊茅审定登记品种，生产中应用的品种多为国外进口品种。春播，条播行距 15～30 cm，播深 1～2 cm，播量为每亩 1～1.5 kg；也可撒播，播量为每亩 1.5～3.0 kg。

图 4-22　紫羊茅及花

9. 中华羊茅　中华羊茅（*Festuca sinensis* Keng），禾本科羊茅属多年生草本（图 4-23）。须根，秆直立或基部倾斜，圆锥花序疏松开展，千粒重约 0.8 g。中华羊茅适应性强，根发达，有一定的抗旱和耐寒能力，营养价值高，适口性好，藏羊喜食，在青藏高原地区常被用于人工饲草地建植和天然草地补播。

目前，全国草品种审定委员会审定登记的品种有青海中华羊茅、柯鲁柯中华羊茅。一般在 5 月下旬至 6 月初进行播种，条播行距 25～30 cm，播量为每亩 1～2 kg，深度 3～4 cm，也可以进行撒播。

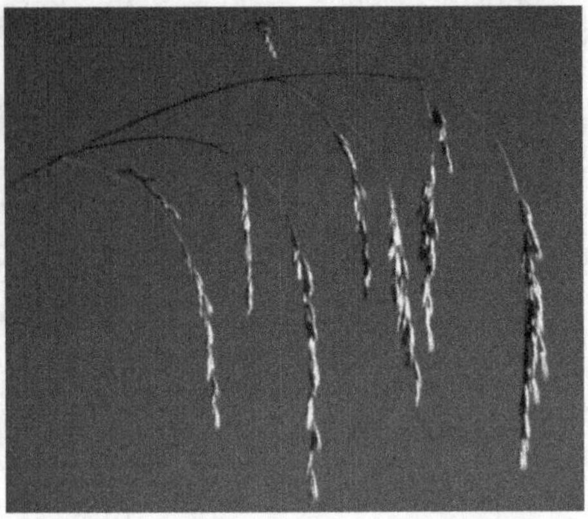

图 4-23　中华羊茅及穗

10. 变绿异燕麦　变绿异燕麦［*Helictotrichon virescens*（Nees ex Steud.）Henr］，禾本科异燕麦属多年生草本（图 4-24）。须根系，茎秆直立，圆锥花序疏展，千粒重 3.4～4 g。耐寒、耐旱，较耐瘠薄，抗病虫害能力较强，抗倒伏能力中等。适口性好，营养价值高，藏羊喜食。

图 4-24　变绿异燕麦及种子

目前，全国草品种审定委员会审定登记的品种仅有 2015 年审定的康巴变绿异燕麦。播种（特别是机播）前应对种子进行去芒。一般为春播，撒播、条播或机播均可，以条播为宜，行距 35～45 cm。草地建设播量为每亩 2 kg，种子生产田播量为每亩 1 kg。

11. 硬秆仲彬草　硬秆仲彬草［*Kengyilia rigidula*（Keng）J. L. Yang，Yen et Baum］，禾本科仲彬草属多年生草本植物（图 4-25）。须根有时被沙套，秆丛生，直立或基部稍膝曲，穗状花序粗阔，千粒重4.6～5.4 g。具有耐干旱、抗风蚀、抗寒冷、耐瘠薄、适应性广等优良性状，在青藏高原地区常作为退化、沙化草地植被恢复改良的重要草种，也可经过人工处理后用于青贮。

目前，全国草品种审定委员会审定登记的品种有阿坝硬秆仲彬草。条播行距 45～50 cm，播量为每亩 1～1.5 kg，深度 2～3 cm。

图 4-25　硬秆仲彬草及穗

12. 多年生黑麦草　多年生黑麦草（*Lolium perenne* L.），禾本科黑麦草属多年生草本植物（图 4-26）。须根系，秆疏丛型，穗状花序，千粒重 1.5～2.0 g。草质柔软，产量高，营养价值丰富，适口性好，藏羊喜食。再生性强，分蘖多，耐践踏，常与白三叶等混播建植高产人工草地（放牧用），也可用于青饲和调制干草。

图 4-26　多年生黑麦草及穗

目前，全国草品种审定委员会审定并推广的多年生黑麦草品种有凯蒂莎、顶峰、托亚和凯力等。春播，条播行距 15～30 cm，播深 1～2 cm，播量为每亩 1～1.5 kg；撒播播量为每亩 1.2～1.8 kg。

13. 虉草　虉草（*Phalaris arundinacea* L.），禾本科虉草属多年生草本植物（图 4-27）。根系强大，茎秆直立粗壮，圆锥花序紧密狭长成穗状，千粒重 1.4 g。该物种适应性广，抗逆性强，耐涝、抗寒、抗病，最佳利用时期是幼嫩期，可加工成青贮饲料。

目前，全国草品种审定委员会审定登记的品种有川草引 3 号虉草、通辽虉草。春播，单播或混播，条播播量为每亩 0.7～1 kg，行距 40 cm，撒播播量为每亩 1～1.5 kg。

图 4-27　虉草及穗

14. 草地早熟禾　草地早熟禾（*Poa pratensis* L.），禾本科早熟禾属多年生草本植物（图 4-28）。匍匐根状茎，秆直立，圆锥花序卵圆形或塔形，千粒重 0.2～0.3 g。耐践踏、不抗旱，营养丰富，粗蛋白、粗脂肪含量较高，灰分含量少，是重要的放牧型草。

图 4-28　草地早熟禾及穗

截至目前，经全国草品种审定委员会审定的草地早熟禾品种有康尼、大青山、菲尔金、肯塔基、午夜、青海和瓦巴斯，其中大多为草坪草品种，在青藏高原地区主推品种是青海草地早熟禾。春播，条播行距 30 cm，播深 2～3 cm，播量为每亩 0.5～0.8 kg。

15. 扁茎早熟禾　扁茎早熟禾（*Poa pratensis* L. var. *anceps* Gaud.），禾本科早熟禾属多年生草本植物（图 4-29）。须根系，茎秆扁平，圆锥花序卵圆形或金字塔形，千粒重 0.25～0.34 g。该物种具有广泛的抗逆性，耐瘠薄，耐碱性强，抗寒性强，耐践踏，叶量丰富，茎叶柔软，富含营养成分。

截至目前，经全国草品种审定委员会审定的品种只有青海扁茎早熟禾，是青藏高原地区主推品种。春播，条播行距 45 cm，播量为每亩 0.6～0.8 kg，播深 2 cm。

图 4-29 扁茎早熟禾

16. 冷地早熟禾 冷地早熟禾（*Poa crymophila* Keng），禾本科早熟禾属多年生草本植物（图 4-30）。根须状，秆丛生，圆锥花序长圆形，千粒重 0.36～0.5 g。抗旱、抗寒、耐瘠薄，分蘖能力强，茎叶茂盛、柔软，营养枝发达，略带甜味，适口性好，是暖季藏羊抓膘的优良牧草。青干草是冬春季良好的补充饲草。

截至目前，经全国草品种审定委员会审定的品种只有青海冷地早熟禾，适合在青藏高原地区推广种植。春播，播量为每亩 0.5～0.75 kg，条播行距 15～30 cm，播深 1～2 cm。

图 4-30 冷地早熟禾及穗

图 4-31　新麦草

17. 新麦草　新麦草 [*Psathyrostachys juncea* (Fisch.) Nevski]，禾本科新麦草属多年生草本（图 4-31）。根状茎较粗壮，茎秆直立，穗状花序顶生，千粒重 2.5～2.8 g。有较强的分蘖能力，再生性好，抗逆性强。

目前，全国草品种审定委员会审定登记的品种有山丹新麦草、紫泥泉新麦草、蒙农 4 号新麦草。条播，行距 25～35 cm，播量为每亩 1～3 kg，深度以 2 cm 为宜。

18. 猫尾草　猫尾草（*Phleum pratense* L.），禾本科猫尾草属多年生草本（图 4-32）。须根稠密，茎秆直立，圆锥花序呈圆柱状，千粒重 0.2～0.4 g。对干旱和过热气候条件抵抗力较弱，耐土壤酸性，草质细嫩，适口性好，藏羊喜食，具有较高的饲用价值。

我国目前审定登记的品种有岷山猫尾草、克力玛猫尾草、川西猫尾草。春播宜早不宜迟，要抢墒播种，以保证出苗，播量为每亩 0.8～1.2 kg，条播行距 15～30 cm，播深 2～5 cm。

图 4-32　猫尾草及穗

19. 星星草　星星草 [*Puccinellia tenuiflora* (Griseb.) Scribn. et Merr.]，禾本科碱茅属多年生草本植物（图 4-33）。须根系发达，茎直立，圆锥花序，耐涝，极耐盐碱，耐寒，蛋白质含量较高，适口性好，藏羊喜食。

截至 2018 年，经全国草品种审定委员会审定的品种有白城星星草和同德星星草，其中同德星星草是青藏高原地区的主推品种。播种期为5—6月，条播行距15～30 cm，播量为每亩0.6～1.0 kg，播深1～2 cm。

图4-33　星星草及种子

20. 贫花鹅观草　贫花鹅观草［*Roegneria pauciflora*（Schwein.）Hylander］，禾本科披碱草属多年生植物（图4-34）。纤维状须根，秆直立或基部稍倾斜，穗状花序细长，千粒重2.4～2.8 g。具有广泛的适应性，抗逆性强，分蘖多，再生性好，耐盐碱。

目前，在青藏高原地区的主推品种为同德贫花鹅观草。春播为宜，播量为每亩1～1.25 kg，播深3～4 cm，条播行距20～30 cm。

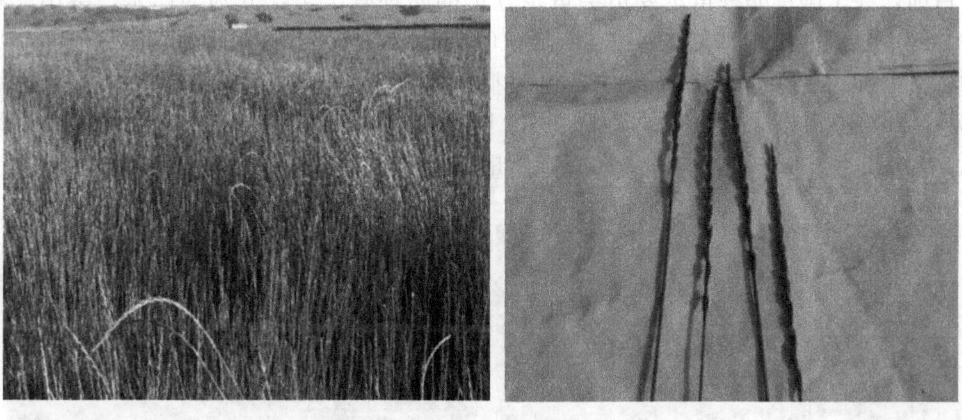

图4-34　贫花鹅观草及穗

（二）多年生豆科牧草

1. 紫花苜蓿　紫花苜蓿（*Medicago sativa* L.），豆科苜蓿属多年生植物（图4-35）。直根系，茎直立，花序总状或头状，千粒重1.4～2.3 g。适应性广，耐寒性强，有一定耐盐性，富含多种营养成分，适口性好，其干草产量居豆科牧草之冠。

目前，我国审定登记的紫花苜蓿品种共76个，在青藏高原地区主推的品种有敖汉、陇东、草原1号、驯鹿、牧歌401+Z、新牧2号、龙牧801、东苜1号紫花苜蓿等。种子田可单播，穴播或宽行条播，行距 60 cm，穴距 50 cm×50 cm，每穴留苗 1～2 株。收草地可条播也可撒播，可单播、混播或保护播种，撒播播量为每亩 2 kg，条播播量为每亩 1～1.5 kg，行距 30 cm。

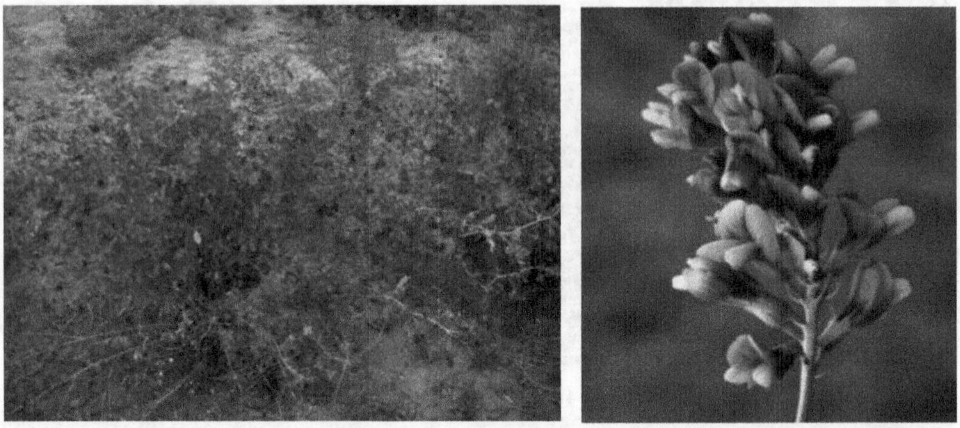

图 4-35　紫花苜蓿及花

2. 红三叶　红三叶（*Trifolium pratense* L.），豆科三叶草属多年生草本植物（图 4-36）。直根系，茎直立或斜生，花序腋生，千粒重约 1.5 g。不耐高温，比较耐旱，营养丰富，草质柔嫩，适口性好，干物质消化率达 61%～70%，为藏羊所喜食。可直接利用鲜草，也可晒制干草或制作青贮料。

目前，经全国草品种审定委员会审定登记的品种有 7 个，分别为巴东、岷山、希瑞斯、甘红 1 号、巫溪、自由和鄂牧 5 号红三叶，其中甘红 1 号和岷山红三叶是青藏高原地区的主推品种。春播，以条播为主，也可撒播和飞播。条播行距 30 cm，播量为每亩 0.75～1 kg，亦可以与披碱草、无芒雀麦、鸭茅等禾本科混播，播种量为单播的 60%～70%，播深 1～2 cm，行距 50～60 cm，播量为每亩 0.5 kg。

图 4-36　红三叶及花

3. 白三叶　白三叶（*Trifolium repens* L.），豆科三叶草属多年生草本植物。直根系，茎匍匐，花序呈头状，千粒重 0.5～0.7 g。适应性广，抗寒性较红三叶强，抗旱性较差，叶量丰富，适口性好，喜食，是一种优质的豆科牧草，既可用于放牧，也可刈割收获后制作成青干草或青贮料。

目前，全国草品种审定委员会审定登记的品种有川引拉丁诺、鄂牧 1 号、贵州、海法、胡依阿白三叶。播种方式有条播、穴播和撒播。条播行距以 30～50 cm 为宜，播量为每亩 0.25～0.5 kg，播深 1～1.5 cm。

4. 沙打旺　沙打旺（*Astragalus adsurgens* Pall.），豆科黄芪属多年生草本植物（图 4-37）。主根粗而长，茎中空，总状花序，千粒重 1.7～2.0 g。抗旱、耐寒、耐贫瘠，是防风、固沙、固土的优良水土保持和治沙植物。

截至 2018 年，经全国草品种审定委员会审定的沙打旺品种有黄河 2 号、龙牧 2 号、彭阳早熟、杂花、早熟、中沙 1 号、中沙 2 号和绿帝 1 号等。在夏季透雨后播种，多采用条播，行距 30～45 cm，播量为每亩 1 kg，撒播为每亩 2～2.5 kg，点播 10 粒/穴。

图 4-37　沙打旺

5. 扁蓿豆　扁蓿豆［*Medicago ruthenica*（L.）Trautv.］，豆科苜蓿属多年生植物（图 4-38）。直根系，茎由基部分枝，总状花序，千粒重 1.6～1.8 g。抗寒、耐旱、耐贫瘠，适应性强，春季返青晚，生长缓慢，夏季生长较快。

目前，我国审定登记的品种有直立型和土默特扁蓿豆，其中直立型扁蓿豆可在青藏高原地区推广种植。种子硬实，需在播种前运用物理或化学方法进行处理，以提高出苗率，播量为每亩 1 kg，播深 2～3 cm，条播行距 30 cm。

图 4-38　扁蓿豆

6. 红豆草 红豆草（*Onobrychis viciaefolia* Scop.），豆科驴食豆属多年生植物（图4-39）。直根系，茎直立，总状花序，千粒重13～16 g。适应性强，抗旱性强，抗寒性稍弱。青草和干草的适口性均好，藏羊喜食，可青饲、青贮、放牧、晒制青干草，加工草粉，制作配合饲料和多种草产品。

目前，全国草品种审定委员会审定登记的红豆草品种有甘肃、奇台、蒙农红豆草，其中甘肃红豆草是青藏高原地区的主推品种。带荚播种，播量为每亩1.5～2.0 kg，收草地播量为每亩2.5～3.0 kg，条播行距20～30 cm，播深2～4 cm。

图4-39 红豆草

第二节 人工饲草建植栽培技术

饲草栽培与利用是人类最早的农业生产活动之一。人工栽培草地的生产以收获植物茎、叶营养体为目的，可提供青饲、调制干草或放牧利用。天然草地生产力水平低，饲草供应量小，且存在季节性供应不平衡等问题，远不能满足现代畜牧业发展的需求。因此，人工种植饲草、建立人工栽培草地是解决家畜冬春饲草不足、减轻草原压力的重要途径，这既对维持畜牧业生产持续、稳定、健康发展，保护生态环境，提高畜牧业生产水平具有重要作用，也是实现草食畜牧业高质量发展的重要途径，特别在青藏高原牧区尤为重要。

人工饲草建植栽培的技术包括：生态适应性技术、营养体适时收获技术、种群密度调控技术、牧草间作技术、牧草混作技术、草田轮作技术、水肥利用最大效率期技术。牧草种类极其繁多，选择适应当地气候、土壤及栽培条件的牧草草种或品种显得尤为重要。刈割或收获时间是影响牧草产量和营养品质的关键因素之一。合理的种植密度是确保牧草获得高产的重要条件。间作模式下不同作物在时间和空间上合理搭配，可以使光能、水分、养分等资源得以高效利用。混作草地不仅在提高饲草产量、品质方面具有优势，而且在改善土壤肥力、实现系统可持续生产方面具有明显作用。草田轮作制是指在同一块土地上轮换种植牧草与大田农作物的种植方式，是农牧结合的纽带。合理施肥是牧草高产、稳产和优质的关键。

一、土壤耕作

土壤耕作又称犁地，是苗床准备的基本措施，为了改善植物生长条件，给牧草种子发芽、生长准备好适宜的土壤环境，而对土壤进行的机械操作。一般采用有壁犁耕翻地，使土层翻转、松碎和混合，遵循“熟土在上，生土在下，不乱土层”的原则，使耕层土壤结构发生根本性变化。耕作措施主要包括耕、耙、耱、压等。根据这些措施对土壤的作用范围和影响程度，可将其划分为基本耕作和表土耕作。

（一）基本耕作

基本耕作作用于整个土壤耕层，强度高，影响大。包括翻耕、深松耕和旋耕三种方式。

1. 翻耕　翻耕又称为翻地、犁地或耕地，是采用有壁犁将土壤翻转的作业，对土壤具有切、翻、松、碎和混等多种作用，并能一次完成疏松耕层、翻埋残茬、拌混肥料和控制病虫草害等多项任务。翻耕包括浅翻和深翻，浅翻深度 15～20 cm，深翻深度 20～25 cm。种植禾本科等浅根性牧草可以浅翻，而种植豆科等深根性牧草则以深翻为宜。

2. 深松耕　深松耕是采用无壁犁或松土铲对土壤较深部位进行松土的作业，与翻耕相比，深松耕的松土深度一般都比翻耕较深，达 30～40 cm。

3. 旋耕　旋耕是采用旋转犁对土壤进行切削、碎土的作业，其优点有破碎土壤、消灭残茬和杂草、拌混肥料的能力极强等，一次作业即可完成松碎、拌混和平整等多项工序，其缺点是耕作深度较浅，仅有 10～20 cm。

（二）表土耕作

表土耕作是基本耕作的辅助措施，作业深度仅限于土壤表层 10 cm 以内，包括耙地、耱地和镇压等。

1. 耙地　翻耕后的土地往往不够平整，而且土块较大，采用钉耙耙平地表、耙碎土块、耙出杂草根茎，具有平整地面、拌混肥料、疏松表土以及轻微压实土壤的作用，以便保墒，为播种创造良好的地面条件。耙地的农具主要有圆盘耙、钉齿耙和刀耙等。

2. 耱地　耱地也称耢地，具有平整地面、耱碎土块和耱实土壤等作用，从而利于土壤保墒和播种，为播种提供良好的条件。在质地疏松、杂草较少的土地上，有时可以在耕地后，以耱地代替耙地。另外，在镇压过的土地上进行耱地，以利保墒。一般情况下，潮湿的土壤不进行耱地，以免压实土壤，导致干后板结。耱地的农具包括用柳条、荆条等编制的耱或厚木板、铁板等。

3. 镇压　镇压是指采用镇压器使表层土壤由疏松变紧实的作业，其主要功能是使表土变紧、压碎大土块和平整土壤表面等，进而起到提墒、保持表土湿润的功效。在耕翻后的土地上，如要立即播种牧草，必须先进行镇压，以免播种过深而不能出苗，也可防止种子发芽生根后发生“吊根”现象。镇压必须在地表较为干燥、土壤含水量比适宜耕作的含水量稍低时进行作业，以免造成土壤板结。镇压的农具主要有石磙、V 型镇压器、机引平滑镇压器和铁制局部镇压器等。

二、种子处理

（一）优良牧草品种的选择

优良牧草品种的选择是人工饲草建植的重要环节，应选择适应性强、产草量高、饲用价值大的草种。既要注意牧草的季节平衡，还要兼顾草地的经济效益和生态效益，应以当地野生或驯化栽培的牧草为主。此外，干净、饱满的优质种子是保证出苗整齐的前提条件。优质种子应该满足下列条件：纯净度高、籽粒饱满、整齐一致、含水量适中、生命力强、无病虫害。

（二）种子预处理

种子预处理包括清选去杂、破除休眠、药物处理、种子施肥、根瘤菌接种和浸种催芽等措施。

1. 清选去杂 净度低、杂质多的种子，以及带有长芒、棉毛等附属物的种子，在使用播种机播种时，存在流动性差或流动不均匀，进而影响播种或播种质量的问题，在播种前应采取相应措施进行处理。分离杂质的常用设备有气流筛选机、比重筛选机等，也可采取清水或盐水漂浮法去除轻质杂质。

对于草种的长芒、棉毛等附属物，常用的处理设备为锤式去芒机，除去芒外，也可去除棉毛、稃片、颖壳和穗轴等。也可采取碾压法，将种子均匀铺于晒场上，厚度5～7 cm，用环形镇压器进行压切，或用石碾进行碾压，然后筛离。

2. 豆科牧草硬实种子休眠的破除方法

（1）机械损伤 可用石碾碾压、木棍敲打、用力揉搓、砂纸打磨等方式，使种子产生裂纹，从而擦破种皮，促使种子自然吸水膨胀、有效萌发，这是最常用、最简单的一种方法。

（2）变温浸种 把硬实种子放入温水中浸泡，浸泡一昼夜后捞出，白天放在强光下暴晒，夜间移至凉处，经常使种子始终处于湿润状态，反复2～3次，2～3 d后种皮开裂，即可播种。

（3）化学处理 用1%的浓硫酸或浓盐酸浸种数分钟（根据种子大小确定时间），直至种皮出现孔纹，然后用清水充分洗涤，阴干后播种，效果良好。

3. 禾本科牧草种子去芒处理 采用人工碾压摩擦或去芒机的方式去除种子表面的芒，使之成为无芒壳的种子，便于播种萌发。

4. 豆科牧草接种根瘤菌 豆科牧草能与根瘤菌共生固氮，因此在播种前对豆科牧草种子进行根瘤菌接菌，可以提高豆科牧草和饲料作物的产量和品质。

5. 种子包衣和丸衣化用 将黏合剂、干燥剂、接种剂和肥料（包含微量元素）以及杀菌、杀虫剂（灭菌粉剂）的一种或互不影响的几种物质均匀地包在种子上，可增加种子重量（如禾本科），增加肥力，同时防菌、杀虫，有利于提高播种质量和提高出苗率。

6. 浸种 用1%石灰水浸种，可有效防治豆科牧草的叶斑病及禾本科牧草的根瘤病、赤霉病、杆黑粉病和散黑穗病等。用50倍福尔马林液浸种，可防治紫花苜蓿的轮纹病。

三、播种

在青藏高原牧区进行人工饲草建植，既要考虑适宜地块的选择，又要考虑灌溉条件和交通是否便利。此外，人工饲草地建植只能建设在地盖度严重退化的草地上，不能破坏天然草原和可以改良恢复的轻度退化草地。

（一）土地选择

人工饲草地建设，首先要选择好建设地段，彻底清除地面杂草、杂物，为饲草生长发育提供良好条件。一般情况下，应考虑地势平坦、土层深厚、水源较丰富、无沙化危险、距离居民点及冬春营地要近、有保护措施等原则。选定地块后，进行土壤肥力检测，根据检测结果进行适量施肥，选用优质种子，确定播量，选择播种时间，开始播种。

（二）播种方式

人工饲草地的播种方式可分为许多类，包括单播、混播、间作和套作等。

1. 单播 单播是指在一块地或一行里播种一种牧草的播种形式，是目前人工草地建设普遍采用的种植结构。

（1）撒播 是指将种子均匀地撒在土壤表面，然后轻耙覆土。

（2）条播 是指每隔一定的距离把种子播种成行，并随播随覆土的播种方法。

（3）点播（穴播） 是指在行或垄上开穴播种，或在行中开沟，隔一定的距离点播种子。

（4）带肥播种 是指在播种时把肥料直接施在种子下面，使幼苗在生长发育中及时吸收足够的养分，施肥和播种同时进行。这种播种方式不仅能减少播种量，提高出苗率，加速幼苗生长发育，还能有效地防止杂草危害。

（5）犁沟播种 是指一种开宽沟、把种子条播进沟底湿润土层的抗旱播种方式。这种方法适合在干旱和半干旱地区进行，开底宽 5～10 cm、深 5～10 cm 的沟，躲过干土层，使种子落在湿土层中，便于萌发。

2. 混播 混播是指两种或两种以上的牧草在同一块地上同行或隔行播种的方式。混播一般采用豆科牧草与禾本科牧草混播。在选择混播牧草时，应选择适合当地自然条件的多年生豆科牧草与禾本科牧草品种进行混播，也可根据牧草种类、生物学特性、生境条件和草地建植目的不同组成多种形式。同时应考虑混播牧草播种量。

3. 间作 间作是指两种或两种以上的作物或牧草在同一块土地上按照一定的行距成行（或成带）相间种植。

4. 套作 套作是指在前作的生长后期，就把后作种植在前作的行间（或垄间），前作和后作的播种时间和收获时间均不相同，可以充分利用土地和空间。

（三）牧草种植

1. 一年生人工饲草地种植 在青藏高原牧区，一年生人工饲草地种植常用的禾本科牧草有燕麦、小黑麦、莜麦等，而豆科牧草种类较少，常见的有救荒野豌豆、蚕豆等。播种前需对田地进行翻耕、施肥、耙磨，播种后要进行覆土、镇压。

2. 多年生人工草地种植 建植多年生人工草地可以避免种植燕麦等一年生人工草地所面临的需要每年翻耕、土地裸露期长等弊端，是解决青藏高原牧区高效生产和持续发展矛盾的主要途径。常用的禾本科牧草有垂穗披碱草、冷地早熟禾、紫羊茅、寒生羊茅、老芒麦、五芒雀麦等。

（四）播种期的选择

一般情况下，当春季土壤墒情适宜，温度上升到种子发芽所需的最低温度时，即可播种。

（五）播种量的确定

牧草播种量因牧草生物学特性、种子质量以及土壤肥力、整地质量和利用方式而不同。

（六）播种深度

影响播种深度的主要因素有牧草种类、种子大小、土壤含水量、土壤类型等。一般情况下，豆科牧草播种深度比禾本科牧草浅些。

四、田间管理

我国受传统以粮为纲思想影响，对草地重视程度不够，草地耕作、播种、施肥和病虫害防治等栽培管理水平与农作物相比普遍较低，限制了人工栽培草地生产力的进一步提升。因此，发展人工饲草栽培草地是大幅提升我国饲草生产能力、实现草产品安全供应、保障牧草数量和质量的有效途径。

（一）破除土表板结

播种后出苗前，由于播种后遇雨、地势低洼、土壤潮湿、播后灌溉等原因，土壤表层时常形成板结层，妨碍种子顶土出苗，如不采取处理措施，严重时甚至可造成缺苗。破除板结的方法是用具有断齿的圆形镇压器轻度镇压，或用断齿钉齿耙轻度耙地。

（二）中耕与培土

对于生产种子的栽培草地，在牧草苗期及整个生育期间宜进行中耕与培土。中耕通常需进行 2 次，分别是苗期、拔节期。中耕深度 3～10 cm。具体作业措施为犁地和锄地。

（三）施肥

牧草生长的整个生育期可分为 3 个阶段：自养生长阶段、营养生长阶段、生殖生长阶段。不同牧草的需肥规律不同，同一牧草在不同生育阶段需肥规律也不相同。种肥至关重要，是提供给植物苗期重要的养料。由于肥料直接施于种子附近，因此应注意避免烧种，影响出苗。通常以有机肥和化肥结合施用。禾本科牧草在三叶期后，开始进入分蘖期。从分蘖至拔节这一阶段，是营养生长最旺盛阶段，此期茎叶和分蘖生长快，需肥量大。有条件的地区可追肥，其能显著促进牧草生长，肥效最高。孕穗期后，牧草生长重心由营养生长转入生殖生长，此时施肥只对开花结实的生殖过程起主导作用。这时应根据不同土壤、不同饲草的养分需求特点进行合理施肥，以达到高产、稳产、优质、高效及环境友好的目的。

（四）病虫害与杂草控制

病虫草害是草地建植与管理的大敌。对于采用多年生草种建植的草地来说，病虫草害控制更是建植初期管理的关键环节。在青藏高原地区，紫外线较强，病害较少；虫害时有发生（如地老虎等危害），特别是 4～5 年的多年生人工草地，应注意防控。

（五）越冬与返青期管护

对于多年生饲用植物，越冬前最后一次刈割应该在当地初霜来临前一个月左右，不可过迟，而且留茬宜高，通常 5～8 cm，否则牧草的根、茎基和根茎等营养物质贮藏器官来不及积累足够的营养物质，不利于安全越冬和第二年返青生长。有条件的地区，越冬前可施用草木灰和羊板粪等，有助于牧草的安全越冬。牧草返青期施行禁牧，推荐设置围栏，防止家畜或野生动物采食和踩踏破坏牧草。有条件时，在牧草拔节期灌水一次。

第三节　草产品加工调制与储藏

当草地生长不足时，就必须为放牧家畜提供某种类型的贮存饲料。用作家畜饲料的牧草种类主要包括天然牧草、栽培牧草、刈割利用的饲料作物及田间杂草等。优良的牧草营养价值高、适口性好、适合于多种畜禽特别是草食家畜饲用，是草食畜禽最主要的经济、安全型饲料。对天然草地或人工草地种植的牧草进行适时的收获和加工，可有效防止牧草营养成分流失，有利于延长牧草储存时间。另外，适当的加工处理也有利于家畜采食，防止家畜挑食，便于牧草的运输和储藏。

草产品加工在我国是一个既古老而又新兴的行业。古老是因为我国的饲草加工历史可以追溯到几千年前。新兴则是因为我国规模化、现代化、机械化饲草生产起步较晚，始于20世纪80年代，进入21世纪才呈现出蓬勃发展态势。狭义的草产品是指用于饲喂畜禽的饲草类产品，包括来源于天然草地和人工草地的牧草、用饲料作物及农副产物加工调制而成的产品。

一、牧草原料的收获

随牧草生育期的更替，其营养成分含量变化很大。牧草何时刈割，要综合考虑牧草的可利用营养物质含量和产量。

（一）牧草的适时收获

多年生豆科牧草在早春刈割对幼草生长不利，会大幅降低当年的产量，并降低翌年牧草的返青率。多年生人工草地最佳收获时期为8月，此时牧草处于乳熟期，牧草营养和产量均处于高峰期。

禾本科牧草抽穗前期粗蛋白质和碳水化合物的含量最高，初花期开始下降，成熟期最低，而粗纤维的含量从抽穗期至成熟期逐渐增加，因此，应在牧草停止生长前1个月刈割。一般收割时间在9月下旬至10月上旬。

（二）牧草的适宜留茬高度

留茬高度的确定对牧草的再生性至关重要。刈割时留茬高度过高会导致牧草基部大量茎叶损失，产量降低；留茬高度过低，虽然当茬草产量增加，但会影响牧草地上部分生长和根部碳水化合物的积累，导致牧草新枝条生长能力减弱，影响再生草的产量和成活率。

二、干草加工技术

（一）青干草加工调制

青干草是指利用天然草地或人工种植的饲用植物，在适宜的时期收割，经自然或人工干燥调制而成的能长期保存的草料。青干草具有营养好、易消化、成本低、调制方法简便易行、便于大量贮存等特点。晒制青干草是最简单的牧草调制方法，也是青藏高原牧区应用最为普遍的牧草贮存方式。

1. 青干草的优点　优质青干草质地柔软、营养丰富、适口性好、利用方便、调制技术简单、便于储藏、能满足大多数家畜的营养需求，可为草食家畜提供优质的蛋白质、能量、矿物质和维生素等营养物质，尤其是以舍饲为主的草食家畜，可为其提供高干物质含量的粗饲料，是保证草食家畜正常生长发育所必不可少的。影响青干草品质的因素包括品种、杂草、虫害、病害、施肥、收获时的天气、收获时的牧草成熟阶段及收获技术等。因此，青干草的调制技术显得尤为重要。

2. 调制方法 调制青干草的方法主要有牧草加速干燥法、地面干燥法、草架干燥法、常温鼓风干燥法、高温快速干燥法等。

（1）牧草加速干燥法 为了使割下的牧草摊晒均匀，干燥速度一致，在割草的同时或割草以后进行翻草，当牧草开始有些干燥后进行第二次翻草，能使干燥的速度大大加快。翻草以两次为宜，次数过多，叶片损失增加。豆科牧草最后一次翻草要在含水量不少于40%～45%时进行。牧草干燥时间的长短取决于茎秆干燥时间的长短，如豆科牧草和一些杂类草的叶片干燥到含水量15%～20%时，茎的含水量为35%～40%。因此，只有加快茎的干燥，才能缩短牧草的干燥时间。压裂茎秆可使牧草各部位的干燥速度趋于一致，从而缩短干燥时间。许多试验证明，茎秆压裂后，干燥时间可缩短1/3～1/2。可采用下列两种方法：①机械压扁。国内外常用的茎秆压扁机有圆筒型和波齿型两种。圆筒型压扁机装有捡拾装置，压扁机将草茎纵向压裂；而波齿型压扁机有一定间隔将草茎压裂。一般认为，用圆筒型压扁机压裂的牧草干燥速度快。②豆科牧草与秸秆分层压扁。将豆科牧草刈割后，把麦秸或稻草铺在场面上，厚约10厘米，中间铺鲜草10厘米，上面再加一层麦秸或稻草，然后用轻型拖拉机或其他镇压器进行碾压，到鲜草绝大部分水分被麦秸或稻草吸收为止。最后，晾晒风干、堆垛，垛顶抹泥防雨即可。

（2）地面干燥法 地面干燥法随地区气候条件的不同，干燥过程及干燥时间也不一样。在湿润地区，牧草刈割后就地干燥6～7 h，到含水量为40%～50%时（茎开始凋萎，叶子还柔软，不易脱落），用搂草机搂成松散的草垄，一般草垄间距25～35 cm，每一搂草耙的干草10～12 kg，草垄高30～35 cm，宽40～45 cm。晒制4～5 h，当含水量为35%～40%时（叶子开始脱落以前），用集草器集成小草堆，牧草在草堆中干燥1.5～2 d就可调制成干草（含水量15%～18%）。在干旱地区，气温较高，空气干燥，降雨稀少。同时，牧草在开花期的含水量仅为50%～60%。这类地区牧草干燥的任务是，防止光照破坏胡萝卜素，避免机械作用引起叶片、细嫩部分的损失。因此，在干旱地区牧草的刈割与搂成草垄两项作业可同时进行（或在刈割后就地干燥2～3 h再搂成草垄），牧草干燥到含水量为35%～40%时，用集草器集成草堆，干燥到含水量为15%～18%时就调制成干草。

（3）草架干燥法 在湿润地区常采用草架干燥法调制干草。方法是把割下的草在地面干燥0.5 d或1 d，使其含水量降至45%～50%，再将草上架，自下而上逐层堆放，或打成直径15 cm左右的小捆，草顶端朝里，最低层牧草应高出地面，以便于通风，防止与地表接触吸湿。草架干燥法可大大提高牧草的干燥速度，可保证干草品质，减少各种营养物质的损失。

（4）常温鼓风干燥法 常温鼓风干燥法是把割下的牧草晾干到含水量为50%左右时，放在有通风道的干草棚内，用鼓风机或电风扇进行常温吹风干燥。

（5）高温快速干燥法　高温快速干燥法主要适用于生产干草粉。该法是将切碎的青草（长约 25 mm）快速通过高温干燥机，再用粉碎机粉碎成粉状或直接调制成干草块。

（二）草捆加工

打捆是指将散干草打成干草捆的过程，其他干草产品基本上都是在这一基础上进一步加工而成的。为了保证干草的质量，一般在牧草含水量 16%以下时进行打捆作业。草捆按照密度分为低密度草捆和高密度草捆。

1. 加工方法　草刈割（人工或机械刈割）后，在田间自然状态下晾晒至含水量为20%～25%，用捡拾打捆机将其打成低密度草捆（20～25 kg/捆，体积约为 30 cm×40 cm×50 cm），或把饲草运回，用固定式打捆机打捆。干草打捆的前进方向也应与刈割和摊晒的方向一致。打捆的前进速度要足够慢，以使干草被干净、整齐地送进打捆机。同时，应该使草捆的密度、大小和形状尽量一致，以便于储存和搬运。在准备打捆前，应通过搂草作业将草条收窄，两行草垄并成一行，以保证打捆速度。此外，搂草作业也可将底部牧草翻到草条上部，可以进一步提高整个草条的干燥速度和干燥均匀度。在打捆过程中，应该特别注意的是不能将田间的土块、杂草和霉变草打进草捆中。

2. 二次加压　将草捆作为商品出售，需远距离运输时，可在牧草干燥至含水量 17%以下时将低密度草捆打成高密度草捆（45～50 kg/捆）。

（三）干草贮藏

1. 堆放地址的选择　选地势较高，即使遇骤雨也不致有积水的地方，如果四周的树木或墙壁可以防风则更为有利。为了防止火灾，应与各种建筑物隔开一定距离。场地选好后，应设置堆积台，防水浸渍。堆积台四周应挖排水沟。堆积台的大小、形状应根据草垛的堆积量而定。长形的堆垛应该使其窄面与主要风向垂直，长边与主风方向平行。为了保证干草不受潮霉烂，在堆积台上还要放底垫。根据各地条件不同，底垫可以用多种原料制成。可以用枯枝、炉渣、石块等，堆砌均匀、密实，保持一定的厚度即可。

2. 堆垛（图 4－40）**存放**　大型的草垛，以长方形为宜（如长 20 m、宽 5～6 m、高 20～25 m），顶部保持一个倾斜的脊形，便于雨水流下，不致大量渗入草垛内部。如果干草不十分干燥，堆成大垛时应该留出通风孔道。通风孔道有纵道与横道。一个长 20 m 的草垛，留两个横道即可。为了防止挤压变形，通风道内应用支架支撑。草垛可露天堆放，最好放入草棚。露天贮藏时要在垛顶部用篷布或塑料布覆盖，以防雨水浸入。

长方形草垛堆积时，如干草量多，可从两头开始，一层一层堆积，每层踏紧，并使中间隆起，一边往高处堆，一边向中间发展，最后两端在中间会合。堆积过程中，中间部分始终要比两端低，直到肩部以上收顶时，才使全部草堆取平。收顶工作最后在草堆中间完成。收顶时，为使侧面整齐紧密，可用模架。

当干草来源不够集中时，可以先从一头开始，使保持一定斜坡向上堆积，待到高达肩部时，再转到另一端以同样方式堆积。

草垛堆好以后，经过 5～7 d，待其垛形陷缩，可以上附泥顶防雨。若当地风力大，可顺顶部脊背以绳索系缚，以加保护。堆积后 15～20 d，应检查草垛中部温度，温度过高应打开风晾，以免发霉。

图 4-40　堆垛

三、青贮加工技术

青贮饲料加工的目的是将切碎的新鲜贮料通过微生物厌氧发酵和化学作用，在密闭无氧条件下制成一种适口性好、消化率高和营养丰富的饲料，可以在保持牧草较高营养成分的基础上延长牧草保存时间，且受收获季节雨水天气影响较小。青贮是青藏高原牧区适宜的优良牧草加工保存方式。实施优质牧草青贮，可有效保存优质牧草的营养品质，为家畜冷季健康补饲提供优质饲草保障。

（一）贮前准备

根据饲养规模和青贮设施选择青贮容量和青贮方式。青贮前，清理青贮设施内的杂物，检查青贮设施的质量，如有损坏及时修复，使设施运转良好。同时，应准备青贮加工时必需的材料。

（二）普通青贮

青贮料最适宜的水分含量是 70%。含水量高时，可加入干秸秆；含水量低的可通过添加新鲜嫩绿秸秆或者加水的方式，以调节水分含量。青贮料切碎既有利于压实，又有利于汁液的渗出（汁液有利于加快乳酸菌的繁殖）。最适宜的切碎长度为 0.5～2 cm。青贮料要随切、随装，最重要的是层层压实。压得越紧实，空气排除的就越彻底，青贮质量就越好。青贮料装完压实后，应立即密封。一般原料装满、压实后用塑料膜盖严，上面压上土，确保不漏气、不漏水。在青贮窖周围设置围栏或围墙，防止人或牲畜践踏。在青贮料密封后 40～60 d 即可开窖取用。为保持饲料新鲜，应随喂随取，并以当天喂完为准，切勿取一次喂数日。青贮料可长期保存，也可以留待缺草季节开窖取用。取过料后，应立即盖严塑料膜，防止空气进入。

（三）半干青贮

原料刈割后，就地进行晾晒；或集成 1～1.6 m 宽的小草垄，晾晒，使牧草迅速散失水分，一般经 24～36 h，当含水量达 45%～55%时即可进行青贮。其操作方法同普通青贮法。

（四）捆裹青贮

将刈割后的新鲜牧草的水分降低到50%左右时切短，再采用圆捆捆草机将饲草压实，捆成圆形草捆，用绳捆紧，然后利用裹包机，以专用塑料拉伸膜，将草捆紧紧包裹起来，使其处于密封状态，从而造成一个最佳的发酵环境。在厌氧条件下，经3～6周完成自然发酵过程。圆形草捆分为大型圆捆和小型圆捆两种类型。大型圆捆直径为120 cm，高120 cm，草重约500 kg/捆。小型圆捆直径为55 cm，高52 cm，草重40 kg/捆，更适合养羊农户应用。

（五）袋装青贮

青贮袋有2种装贮方式。一种是将切碎的青贮原料装入用塑料膜制成的青贮袋，装满后用真空泵抽空密封，放在干燥的野外或室内；第二种是用打捆机将青绿牧草打成草捆，装入塑料袋内密封，置于野外发酵。青贮袋由双层塑料制成，外层为白色，内层为黑色，白色可反射阳光，黑色可抵抗紫外线对饲料的破坏作用（图4-41）。

图4-41　袋装青贮

（六）饲草型TMR

饲草型TMR是以饲草组合效应为基础理论，以粗饲料为主要原料，根据反刍动物（牛、羊）营养需要辅以粗蛋白质、能量、矿物质和维生素饲料等，把粗饲料、精饲料和各种添加剂进行充分混合而得到的营养平衡的日粮（图4-42）。

图4-42　饲草型TMR

（七）青贮料品质的鉴定

青贮原料经40～60 d的发酵后，即可以应用。在用青贮料饲喂前，需要先对其进行品质鉴定。生产中我们常采用感官鉴定方法，主要根据青贮料的颜色、含叶量、草质、气味进行感观鉴定。

四、青贮技术要求

（一）水分调节

青贮原料的水分含量是决定青贮饲料发酵品质的主要原因之一。如果收获的原料含水量较高，达到75%～80%或80%以上，即使原料的可溶性碳水化合物含量高，也不能保证调制成优质青贮饲料。青贮时如果水分含量过高，会产生羧酸发酵，导致青贮饲料酸味刺鼻，无酸香味，营养物质损失较大；水分含量过低，青贮原料不容易压实，青贮发酵程度低，易导致发霉变质。水分过多的原料，可通过晾晒凋萎的方法，降低其水分含量，达到要求后再进行青贮；水分过少的原料，可以适当加水将青贮原料预先处理，然后进行青贮调制。青贮原料含水量以65%～75%为宜。

（二）切碎、装填和压实

青贮原料要切得短、踩踏实、密封好才能造成厌氧状态，使乳酸菌迅速繁殖，抑制好氧霉菌及其他有害菌的滋生。原料的切短和压实是促进青贮发酵的重要措施。切碎的程度取决于原料的粗细、软硬程度、含水量、饲喂家畜的种类和铡切的工具等。在青贮设施中填装和压实切碎的原料时，装填速度越快，压实程度越好，其营养损失越小，青贮饲料的品质越好。铡长以2～5 cm为宜，分层装窖，边装窖边压实。在青贮容器靠近壁和角的地方不能留有空隙，压不到的边角可人力踩压，以减少空气残留，促进乳酸菌的繁殖并抑制好氧性微生物的活力。

（三）糖分含量

青贮原料含糖量不少于1%，方可满足形成乳酸的需要。禾本科饲草或秸秆含糖量符合青贮要求，可单一青贮；豆科饲草含糖量少，应添加3%～5%的面粉、麸皮增加糖量，或同禾本科饲草混合青贮，其比例为2∶1。

（四）密封与管理

原料装填、压实后，应立即密封和覆盖，其目的是隔绝空气，防止空气与原料接触，并防止雨水进入。

（五）青贮料的利用

禾本科青贮料的开窖时间为密封后30～40 d，豆科青贮料的开窖时间为密封后2～3个月。开窖前应清理窖上面的压盖物，清除霉变部分，分段开窖。取料时由上层至下层切取，横切面应垂直于窖壁，并从一头取料，禁止掏洞或全面打开取料。取后及时盖好，防止风吹日晒和雨水流入。决不能用霉烂变质的青贮料饲喂家畜；冰冻的青贮料应融化后再饲喂家畜，否则，易引起母畜流产。

五、成型草产品加工技术

成型草产品是用干粉、草段、秸秆、秕壳等原料或粉状的配合饲料、混合饲料加工成的颗粒状、块状及片状等固型化的饲料。成型草产品加工技术包括草颗粒加工技术和草块（饼）加工技术。

（一）草颗粒加工技术

（1）调节原料的含水量是加工草颗粒的关键技术。首先要测出原料的含水量，之后拌水至加工要求的含水量，比如说用于制作草颗粒的豆科饲草最佳含水量为14%～16%、禾本科饲草含水量为13%～15%。

(2) 草颗粒加工一般选用颗粒饲料轧粒机。

(3) 制作草颗粒时，可根据不同年龄、用途羊的营养要求，制成不同营养成分的草颗粒。

(二) 草块（饼）加工技术

草块（饼）是将牧草切短或揉碎，而后经特定机械压制而成的高密度块状饲料。与颗粒饲料相比，草块（饼）的外形尺寸要大，通常为截面 30 mm×30 mm 的方形断面草块或直径 8～32 mm 的圆柱形草饼。因此，草块（饼）能更多地保留牧草的自然形态，符合羊的生理特点。

(1) 原料机械处理　在进行成型加工之前，为了便于压块成型和提高压块效率，原料必须先经过适当的机械处理，切成适宜的长度。根据羊的消化生理特点，其所采食饲草的适宜纤维长度为 20～30 mm。因此，一般要求压块机所压制的粗饲料块截面尺寸为 30 mm 左右。一般压块粗饲料长度与草块截面尺寸之比以（1.5～3）∶1为宜。切碎处理的机械一般选用铡草机或揉碎机，揉碎机处理可将秸秆等粗饲料原料沿纵向揉搓、剪切成长 8～10 cm 的细丝状秸秆碎片，有利于后续的压块处理。

(2) 原料化学预处理　为了进一步提高草块（饼）的适口性和消化率，改善其营养品质，在压制草块之前，有必要对原料进行适当的化学预处理，特别是对秸秆等低质粗饲料，化学预处理显得尤为重要，不仅能提高秸秆饲料的营养品质和利用率，而且能改善秸秆的压块性能。

(3) 添加营养补充料　草块（饼）通常由单一饲草压制而成，但是单一饲草往往营养不平衡，如秸秆饲料养分含量低，特别是含氮量严重不足。因此，为了提高草块（饼）的营养价值，需要将禾本科牧草或秸秆饲料与豆科牧草按一定比例混合压制成草块（饼），这样能明显改善草块（饼）的营养品质和压块性能。若压制草块（饼）的基础原料是秸秆饲料，则需要补充一定的氮源，可添加适当比例的蛋白质补充料和过瘤胃蛋白质，以利于不同饲料间产生正的组合效应。此外，科学合理地进行秸秆草块的配方设计，补充适宜比例的青绿饲料、能量饲料、矿物质饲料、微量元素和维生素添加剂等均是必要的措施，甚至还可以添加某些起代谢调节作用的非营养性添加剂和糖蜜等黏结剂，以便调制出营养均衡的秸秆草块饲料，还可以改善秸秆压块的成型效果和压制效率。

(4) 调质　调质过程通常包括加水、搅拌和导入蒸汽熟化等工艺。调质工艺通常在调质器中进行，在调质过程中，必须添加一定比例的水，使饲草含水量达到适宜的水平。研究表明，饲草适宜压制草块的含水量范围为：豆科牧草 12%～18%、禾本科牧草 18%～25%、秸秆 20%～24%。值得注意的是，即便饲草原料本身的含水量已达到上述要求，也必须加入少量的水，以改善物料的压块性能。

压块前对饲草的充分搅拌是十分重要的工艺环节，它关系到草块质量的稳定性和均匀性。在调质器中，高压蒸汽的作用有助于液体向固相饲草的渗透，可使饲草充分软化和熟化，黏结力增强，有效降低压制过程中的能量损耗，并减少压模磨损，从而改善秸秆饲料的压块性能，提高秸秆的成型率和压块效率。

（5）成型冷却　调质好的饲草必须采用特制的压块机压制成型。成型草块（饼）一般为截面 30 mm×30 mm 的长方块或直径 8～32 mm 的圆柱形草饼。目前，国内外用于秸秆草块生产的压块机种类很多，根据其工作原理和结构的不同，可分为柱塞式、环模式、平模式和缠绕式等，其中以环模式压块机摄取物料的性能较好，是目前生产上使用较多的一类压块机。

刚压制出机的草块（饼），其湿度略高于压制前的物料，温度达 45～60℃，因此，需要做冷却和干燥处理，以确保草块（饼）具有良好的贮存特性。若长期贮存，则草块（饼）的含水量还应进一步降低至 12%以下。

第四节　青藏高原牧区草场管理与利用

一、人工草地管理

在传统草地畜牧业模式下，天然草原是放牧家畜的唯一饲草和营养来源。在高寒地区传统放牧模式下，天然草原牧草供给与家畜生长需求间的供需矛盾，造成放牧家畜体重随着年龄增长呈现明显的锯齿状波动上升的现象，常年处于“夏壮、秋肥、冬瘦、春乏”的恶性循环，导致放牧家畜饲养周期长、周转慢、商品率低，严重影响草地畜牧业的经济效益。因此，应该在牧区适宜区域大力建设人工草地，解决牧区冬季饲草短缺的问题。

人工草地（图 4-43）是在人为农业措施干预下，选择适宜草种而建立的特殊人工植物群落，不仅为牧区畜牧业的稳定发展提供所需的优质牧草，实现草畜平衡，而且也有助于保护和恢复人工草地，已成为缓解青藏高原牧区天然草原放牧压力和提升草地生产力的有效途径。一年生人工草地主要以燕麦为主，而多年生人工草地则以垂穗披碱草、早熟禾等为主，豆科牧草缺乏。

图 4-43　人工草地

（一）施肥

土壤肥力是保证牧草生产的物质基础。因地制宜、适时适量地追施各种肥料，不但可以大幅度提高人工草地产草量，而且还能显著改善牧草品质，延长草地寿命。施肥的种类、数量、时间视牧草品种、生育期、土壤肥力、播种方式、生产需要等不同而异。合理施肥既能满足牧草生长发育期对养分的要求，又能避免过量或流失。肥料一般可分为有机肥和无机肥料两大类，但是近年来新型缓/控释肥料在减少肥料用量及提高肥料利用效率等方面表现出明显的优势。人工草地的施肥分为 2 种：一种是播种前的基肥，结合整地将腐熟的农家肥施入；另一种是牧草生长期的追肥，主要以速效性化肥为主。

（二）灌溉

合理灌溉是提高牧草和饲料作物高产优质和水肥高效利用的重要措施。因此，在牧草生长过程中，有条件的地方应尽可能对人工草地进行灌溉。人工草地灌溉的时间因牧草种类、生育期和利用目的不同而异。一般放牧或刈割用的多年生牧草，灌溉的时期是在全部牧草返青之后，可以浇 1 次返青水。禾草从拔节至开花甚至到乳熟期，豆科牧草以分枝后期至现蕾期，可浇水 1～2 次。每次刈割之后，也应灌溉 1 次。此外，牧草的灌溉次数因牧草种类、利用方式及灌溉条件的不同而异，灌溉量的多少，根据牧草生育期所需水分而定。

（三）杂草防除

杂草不仅影响牧草的生长，而且还影响饲草的品质，尤其是多年生牧草，早期生长缓慢，更易受杂草的危害，因此人工草地播种第 1 年须及时消除杂草。

主要采取选择合适的播种时间、轮作或刈割、化学药剂防除等措施。

（四）病虫害防治

人工草地栽培的牧草种类繁多，其病虫害也是各种各样，应贯彻“以防为主，综合防治”的方针。首先加强植物检疫，使用无病的种子，播种前进行药剂处理，杀死病菌或虫卵。其次，要使用正确的耕作技术，消灭杂草，预防病虫害的发生。最终，人工草地主要通过采取化学防治、农业技术防治、生物防治，以及抗病虫害牧草品种的应用等方式进行病虫害防治。

二、天然草地利用

青藏高原地区天然草地面积占青藏高原总面积的 60%以上，约为我国草地面积的 1/3，是全球最大的高寒草地分布区，为放牧家畜提供了良好的饲草资源。青藏高原独特的高海拔地形地貌特征、寒冷的气候条件和严苛的植物生长环境，致使高寒草地生态系统具有先天的脆弱性，环境承载力极为有限。当前，青藏高原草地畜牧业仍以传统放牧为主，对放牧家畜管理粗放，基本无补饲，或仅在冷季雪灾时进行少量补饲，惜宰惜售现象及老龄家畜仍广泛存在，导致放牧家畜饲养周期长、出栏率低。

在放牧等人类活动和全球气候变化等多重因素影响下，青藏高原草地已经发生了大面积的退化和沙化，家畜品种退化、生产效率低和效益差等问题也随之发生。因此，在确定草地畜牧业发展基本途径的基础上，应积极探索以草定畜、草地合理放牧，发展人工牧草种植和草产品加工，开展放牧家畜异地补饲等方面的新模式、新技术研究，为区域草地农业发展提供科技支撑。

放牧是草地利用的主要方式（图 4 - 44）。草地的适度放牧利用有利于草地植物多样性的维持和草地生态功能的提升，但不合理的放牧方式和草地过度利用往往会导致草地退化，严重影响草地的生态服务功能。因此，对青藏高原草地进行适应性管理，保障草地生态安全和促进草牧业发展是当务之急。放牧管理是草地管理的重要环节，可以分为集约化的放牧管理和粗放的放牧管理。放牧管理涉及科学技术和管理艺术的有机结合，需要考虑放牧的基本理论和放牧技术，还需要考虑不同区域的放牧管理实践。在充分认识不同区域放牧系统的基础上，实施有效的放牧管理措施，可实现草地的可持续利用。草地的放牧利用需要保持适度利用和环境友好的协调与平衡。放牧利用涉及草地生态系统多功能性的可持续管理。

图 4-44　天然草地放牧

（一）牧草生长季草场合理利用

对于未退化草地而言，一般认为合理利用率为地上生物量的 50%，即遵循“取半留半”的放牧利用原则。鉴于青藏高原牧草生长期短，自然条件恶劣，未退化草地放牧利用率应控制在地上生物量的 45%。

（二）天然草原季节性配置

由于实施草地家庭联产承包制，草场使用权被分配给一家一户。在当前青藏高原牧区放牧模式下，一般分为三季草场（夏草场、秋草场和冬春草场）或两季草场（夏秋草场和冬春草场）。在农牧交错区，牧民还会选择于秋末冬初在收获干草后的人工草地进行放牧。一般情况下，牦牛、藏羊于农历 5 月中旬转场到夏秋草场，10 月至翌年 5 月中旬在冬春草场放牧。基于天然草场适度放牧利用原则，应根据牛羊数量、草场面积和健康状况，充分利用天然草原的季节性配置。在农牧交错区，利用天然草原开展草场季节性配置和放牧家畜的繁育，因地制宜地进行人工草地的规模化种植和加工，充分利用当地及周边地区的草畜资源，开展放牧家畜半舍饲均衡生产。

（三）返青期休牧

返青期是牧草开始萌发再生的时间，也是高寒地区草地生态系统最脆弱的时期。在此时间段进行放牧，牧草被家畜采食，会导致牧草光合能力下降，抑制牧草的返青和生长。此时牧草无论在数量和质量上均无法满足放牧家畜的需求，家畜在放牧过程中逐草“跑青”现象严重，破坏草地且消耗能量，导致家畜出现“春乏”。实施返青期休牧对提升青藏高原高寒草地生产力和实现草地可持续利用具有重要的意义。实施休牧期间，天然草原应禁止放牧活动，以促进天然草原的生态、生产功能自我恢复。休牧期间，对放牧家畜（牦牛和藏羊）进行舍饲圈养。休牧期结束后，家畜方可进入草地进行放牧。

（四）合理放牧

放牧管理是草地管理的核心，在牧草生长季，青藏高原草地的放牧利用应遵循“取半留半”的原则。合理放牧就是在整个放牧季节内，既满足家畜营养的需要，促进家畜健康和安全生产，又不影响草地牧草的生长，维持草地正常的生长能力，避免草地因家畜过度放牧或放牧不足，造成草地退化或牧草浪费。合理放牧的标准是，家畜在草地上放牧，草地在正确的管理下，能长期保持稳定的生产力、相对稳定的草地群落结构，土壤不出现沙化、碱化或水土流失，家畜的各项生产指标（生长、泌乳、繁殖、产毛）处于良好状态。适宜的家畜放牧管理是可持续的农业生产形式，与草地的其他可持续利用方式相一致。在广大青藏高原牧区，家畜放牧在经济和文化方面具有同等重要性。通过家畜放牧调节草地生态系统的植物、家畜、土壤及其他要素，可持续获得必要的物质、精神产品并带给人类福祉。

（五）草地改良技术

1. 天然草地施肥　天然草地施肥需要考虑生产力提升的同时，还要避免不合理施肥对生态环境造成的危害，如多余的氮素会通过氨挥发、硝态氮的淋洗等方式对环境产生影响。因此，了解土壤基础肥力对于因地制宜制定肥料的管理措施具有指导意义。对氮肥的管理，应根据植物生长发育的不同阶段与草地其他管理措施（如刈割和放牧）相配合进行调控。对磷、钾肥可以在养分平衡的前提下采用长期监控的方式进行管理。

2. 划破草皮技术　划破草皮是改良退化草地的有效方法之一，是一种在不破坏天然草原植被的情况下，进行草地改良的机械化措施。草皮划破后，草地土壤的通气条件与透水性得以改善，进而增加土壤肥力，植被根系呼吸能力及土壤吸收养分的能力均显著提高，从而恢复牧草生长发育条件，使草地生产能力逐步恢复和提高。

3. 深松和浅耕翻技术　草地退化会使土壤变得紧实，透气和透水性变差，影响土壤微生物活动及其生物化学过程，进而影响土壤的养分供应，降低草地生产力。为了改善这种土壤状态，有时需要对草地进行松土改良。常见的方法有深松和浅耕翻。深松能够破坏土壤板结，增大土壤孔隙度，起到通气、蓄水保墒的作用，促进植物根系生长。浅耕翻一方面将一部分植物活体和枯落物翻入土中，促进土壤微生物的活动和有机质的分解；另一方面将表层土壤疏松，提高土壤透气性，加快根系对水分和养分的吸收，同时可改变土壤种子库密度和结构。

4. 草地免耕补播技术　草地免耕补播是在不破坏或少破坏天然草原的情况下，在草层中播种一些适应性强、高品质的优良牧草，以便增加草层植物种类成分、草地覆盖度，从而提高草地产量和品质。草地免耕补播是更新、复壮草群的有效措施之一。用乡土草种作为补播物种更容易成功，补播后不仅可以恢复草地植被，缩短草地生态系统自然恢复进程，而且有益于改善群落结构，提高草地生产力，增加植被覆盖度和群落稳定性。在补播后实行围栏封育保护，对有苗面积率达不到标准的地块，应及时进行补播。每次放牧或刈割利用后应予以追肥，追肥的种类和数量根据土壤情况和牧草生长发育情况等确定。

三、免耕种草

免耕种草是指大面积采用免耕播种机，根据不同的植被覆盖度采用不同的播种量进行草地栽培。免耕栽培草地当年应在周围设置围栏，禁止牲畜进入草场内采食牧草和践踏草地。在播种当年初冬季节，在免耕草地适度放牧牛羊群，以采食地面枯草，并以其粪尿作为有机肥施用。放牧时间一般为 7 天左右。放牧结束后进行一次检查，对没有粪便或粪便少的地方适当补施牛羊粪。第二年 5 月禾本科到达分蘖期后，追施尿素为每亩 10 kg 左右。

四、圈窝子种草

圈窝子种草是指在畜群转移到夏季牧场时，将冬季牧场的畜圈进行简单的地面整理，而后撒播牧草，留在冬季收草和利用。圈窝子种草是利用夏季闲置的圈窝子种植牧草增加饲草来源的一种人工种草方式，是牧区劳动人民所创造的独特方法。

五、粮草轮作

粮草轮作是一种充分利用土地的时间和空间资源，在同一地块上有顺序地轮换种植不同粮食作物和牧草的一种耕作制度。粮草轮作是提高土地产值、增加土地肥力和饲草供给的重要措施。

第五章　肉羊营养需要与饲养管理技术

第一节　肉羊营养需要

一、肉羊的营养需要

营养需要（也称营养需要量）是指动物在最适宜环境条件下，正常、健康生长或达到理想生产成绩对各种营养物质种类和数量的最低要求，简称“需要”。肉羊的营养需要包括维持需要和生产需要。羊的维持需要是指羊为了维持其正常生命活动，体重既不增加，也不减少，又不生产，其基本生理活动所需要的营养物质。生产需要包括生长繁殖、泌乳和产毛等营养需要。

肉羊需要的营养物质，主要从食入的饲料中消化吸收获取。不同肉羊品种、生长环境、年龄、生长发育阶段等所需的营养也是不同的。主要营养物质有水、碳水化合物、蛋白质、脂肪、矿物质及维生素等六类。水对维持羊的生命活动极其重要，是组成体液的主要成分，也是构成羊机体成分中比例最大的成分；碳水化合物和脂肪主要为羊提供生存和生产所必需的能量；蛋白质是羊体生长和组织修复的主要原料，也提供部分能量；矿物质、维生素和水在调节羊的生理机能、保障营养物质和代谢产物的传输方面具有重要作用，其中钙、磷是组成牙齿和骨骼的主要成分。

（一）肉羊对水的需求

肉羊对水的需要比对其他营养物质的需要更重要。水是羊机体的主要组成成分，是一切化学反应的介质，具有调节体温、润滑、对神经系统（如脑脊髓液）的保护性缓冲作用。羊失掉体重1%～2%的水，即出现干渴感，食欲减退；继续失水达体重8%～10%，引起代谢紊乱；失水达体重20%，则羊死亡。

肉羊的需水量（表5-1）受到多种因素的影响，包括动物因素（品种或品系、年龄、生理状态和生产力）和采食量、饲料因素（饲料含水量、化学成分和饲料类型）、气候等环境因素等。Daneshi等用环境温度、干草含水量及降水量测定绵羊需水量的线性回归模型为$Y=6.837+0.337X-0.097X'+0.072X''$（$r=0.874$，$p<0.01$，$X$为环境温度，$X'$为干草含水量，$X''$为伊朗戈勒斯坦省北部牧场降水量）。

表5-1　在适宜环境条件下不同年龄阶段肉羊的每日需水量

年龄阶段	需水量（L/d）
羔羊（体重27～50 kg）	3.6～5.2

（续）

年龄阶段	需水量（L/d）
妊娠肉羊、公羊（体重 80 kg）	4.0～6.5
泌乳肉羊+未断奶羔羊（体重 80 kg）	9.0～10.5

在放牧饲养条件下，夏秋季节饮水量增大，冬春季节饮水量较少。舍饲养殖必须供给足够的饮水，且应保持饮水清洁。在正常情况下，肉羊的需水量与干物质采食量之比接近（2.5～3）：1。

（二）对碳水化合物的需要

碳水化合物（carbohydrates）是指多基的醛、酮或其简单衍生物以及能水解产生上述产物的化合物的总称。

在常规动物营养成分分析中，碳水化合物通常被分为无氮浸出物（nitrogen free extract，NFE）和粗纤维（crude fiber，CF）两大类。无氮浸出物包括单糖及其衍生物、寡糖和多糖。粗纤维是植物细胞壁的主要组成成分，包括纤维素（cellulose）、半纤维素（hemicellulose）、木质素（lignin）及角质等。

碳水化合物是组成肉羊日粮的主体，粗纤维又是羊不可缺少的营养物质，是其能量的主要来源。羊对碳水化合物的消化和吸收是以形成挥发性脂肪酸（VFA）（包括乙酸、丙酸和丁酸）为主，形成葡萄糖为辅，消化的部位以瘤胃为主，以小肠、盲肠、结肠为辅。每克碳水化合物在体内氧化平均产生 16.74 kJ 的能量。葡萄糖是大脑神经系统、肌肉、脂肪组织、胎儿生长发育、乳腺等代谢的主要能源。葡萄糖供给不足时，妊娠母羊易发生妊娠毒血症，严重时会致死亡。

无氮浸出物大部分进入瘤胃中迅速发酵生成挥发性脂肪酸（包括乙酸、丙酸和丁酸）、酮酸和乳酸。多数情况下，乳酸的产量较低。然而，当大量饲喂的精料等易发酵为碳水化合物的饲料被快速消化时，产生大量的乳酸，瘤胃中的 pH 下降，导致发生瘤胃酸中毒。给羊饲喂未经加工的谷物可以显著降低发酵速度，因为整粒谷物的淀粉不像加工过的谷物淀粉那样立刻被微生物降解，消化需要更长的时间，可以防止发生瘤胃酸中毒。

粗纤维（半纤维素、纤维素和木质素）进入瘤胃后依靠瘤胃微生物的发酵，将其转化为挥发性脂肪酸；瘤胃中未分解发酵的粗纤维和瘤胃微生物共同进入结肠及盲肠，被肠道细菌发酵分解，变成挥发性脂肪酸被吸收，参与代谢。粗纤维在维持反刍动物瘤胃健康和正常发酵、刺激咀嚼和反刍、维持乳脂稳定、促进肠道发育等方面具有重要作用。

（三）对蛋白质的需要

蛋白质主要由碳、氢、氧、氮、硫组成，用于维持正常生命活动，是机体组织、器官的主要成分，包括羊皮、羊毛、肌肉、羊角、内脏器官、血液、神经、腺体、精液等。蛋白质参与动物代谢的大部分与生命攸关的化学反应，如在体内代谢活动中起催化作用的酶类、起调节作用的激素，以及在免疫功能中起到防御作用的抗体等。当日粮提供的能量和营养物质不足以满足肉羊的需要时，蛋白质还可以分解供能；当日粮中的蛋白质过量时，它还可以转化为糖和脂肪，或者分解产热。

饲料中的蛋白质是由 20 种氨基酸组成的。羊对蛋白质的需要，实质上就是对各种氨基酸的需要。饲料中的蛋白质进入羊瘤胃后，大多数被微生物利用，合成菌体蛋白，然后与未被消化的蛋白一同进入真胃，由消化酶分解成各种必需氨基酸和非必需氨基酸，被消化道吸收利用。羊可借助瘤胃中的微生物将尿素等非蛋白氮（NPN）转化为体内蛋白质，因此，为了提高羊日粮的粗蛋白水平可以添加一定量的非蛋白氮。

（四）对脂肪的需要

脂肪是一类不溶于水而溶于多种有机溶剂的物质，可分为真脂肪与类脂肪两大类。真脂肪由脂肪酸与甘油结合而成，类脂肪由脂肪酸、甘油及其他物质结合而成。

脂肪是羊体组织的重要成分，各种器官组织都含有脂肪，肉中含脂率高达16%～29%。机体组织细胞中含1%～2%的类脂物质，如神经、肌肉、骨骼等组织中及血液中均含卵磷脂、脑磷脂、胆固醇等类脂化合物。

脂肪不仅是构成羊体的重要成分，也是热能的重要来源。脂肪在体内氧化释放的热能等于或高于同等重量糖和蛋白质的两倍。脂肪体积小而含能量水平高，是潜在化学能的储存库。羊生命活动所需的能量，约30%是由脂肪氧化供应的。

脂肪还可作为维生素和激素的原料，类脂物质中的固醇类可转化为维生素、肾上腺素和性激素等具有重要生理功能的类固醇化合物。

另外，脂肪也是脂溶性维生素的溶剂，饲料中维生素A、维生素D、维生素E维生素K及胡萝卜素只有被饲料中的脂肪溶解后，才能被机体吸收利用。羊体内的脂肪主要由饲料中的碳水化合物转化为脂肪酸后再合成体脂肪，但羊体不能直接合成十八碳二烯酸、十八碳三烯酸和二十碳四烯酸3种不饱和脂肪酸，必须从饲料中获得。若日粮中缺乏这些必需脂肪酸，将导致羔羊生长发育缓慢、烂尾、皮肤干燥、被毛粗直、脱毛、皮肤坏死、性成熟延迟等，甚至死亡。

豆科作物籽实、玉米糠及稻糠等均含有较多脂肪，是羊日粮中脂肪的重要来源，一般羊日粮中不必添加脂肪。羊日粮中脂肪含量超过10%，会影响羊的瘤胃微生物发酵，阻碍羊体对其他营养物质的吸收和利用。

（五）对矿物质的需要

矿物质是动物营养中的一大类无机营养素。现已确认动物体组织中含有约45种矿物质，但是并非动物体内的所有矿物质都在体内起营养代谢作用。已被证明有营养生理功能的矿物质有15种：钙、磷、钾、钠、氯、镁、硫、铁、锌、铜、锰、钴、钼、碘、硒。含量占体重0.01%以上者为常量元素，包括钙、磷、钠、钾、氯、镁、硫等7种；含量占体重0.01%以下者为微量元素，包括铁、锌、铜、锰、硒、碘、钴、钼等8种。

1. 常量元素

（1）钙和磷　钙和磷是山羊体内含量最多的矿物质元素，占体重的1%～2%，占体内矿物质总量的65%～70%，其中约99%的钙和80%的磷都分布于骨骼和牙齿中，其余的分布于软组织和体液中。钙参与支持结构物质的组成，起到支持和保护的作用；参与血液凝固，维持血液酸碱平衡；促进肌肉和神经功能，调节神经兴奋性；改变细胞膜通透性；激发多种酶活性；促进多种激素分泌，如胰岛素、肾上腺素皮质醇。磷主要以磷酸的形式参与多种物质代谢。钙和磷的缺乏症一般表现为生长缓慢、生产力下降、食欲下降、饲料利用率低、异食癖、骨骼发育异常等。羔羊缺乏症还表现为生长停滞、佝偻病及骨软化症。在母羊上还表现为难产、胎衣不下和子宫脱出，发情无规律、乏情，卵巢萎缩、卵巢囊肿等。高钙可导致磷、镁、铁、碘、锌、锰等元素缺乏而出现缺乏症，如高钙低锌可导致缺锌，引起皮肤不完全角化症。高磷使血钙降低，继而刺激副甲状腺分泌增加，引起副甲状腺功能亢进。绵羊饲粮中钙的耐受量为2.0%，磷的耐受量0.6%。

（2）钠、钾和氯　钠、钾和氯三种元素主要分布在体液和软组织中。钠主要分布在细胞外，大量存在于体液中，少存在于骨中；钾主要分布在肌肉和神经细胞内；氯在细胞内外均有，氯在肾脏中的含量最高。钠、钾、氯的主要作用是作为电解质维持渗透压，调节酸碱平衡，控制水的代谢。钠是制造胆汁的重要原料，还对传导神经冲动和营养物质吸收起重要作用，细胞内钾与很多代谢有关。氯促进形成胃液中的盐酸，参与蛋白质消化。

植物中钾含量一般都很高，如青草的钾含量通常在每千克干物质25 g以上。因此，正常情况下动物不会缺钾。饲料中钠和氯的含量较低，在生产中需要添加食盐来满足羊对钠和氯的需要。

钠、钾和氯的缺乏症一般表现为食欲不振、消化不良、异食癖、生长缓慢、发育受阻、精神萎靡、被毛粗糙、繁殖力降低、饲料利用率降低及生产力下降等。

（3）镁　动物体约含0.05%的镁，其中60%～70%存在于骨骼中，30%～40%存在于软组织中，细胞外液中镁的含量很少，约占动物体总体镁的1%。血中75%的镁在红细胞内。镁参与骨骼和牙齿组成；作为酶的活化因子或直接参与酶组成，如磷酸酶、氧化酶、激酶、肽酶和精氨酸酶等；参与DNA、RNA和蛋白质合成；镁离子能调节神经肌肉的活动，通过与磷脂结合维持细胞膜的完整性。

羊对镁的需求量低，约占饲粮0.05%就能满足需要。干酵母、棉籽饼、亚麻饼等都是镁的良好来源。豆科植物的镁含量一般比禾本科植物高。饲草作物的镁含量变化范围较大，但三叶草中的镁含量通常比禾本科牧草高。酒糟中缺少可溶性矿物质，如果在日粮中所占比例高，则需添加适量硫酸镁或氧化镁。

缺镁主要表现为厌食、生长受阻、过度兴奋、痉挛和肌肉抽搐，严重的导致昏迷死亡。也可能出现肾钙沉积和肝中氧化磷酸化强度下降，外周血管扩张和血压、体温下降等症状。血液学检查表明血镁降低。镁过量可使动物中毒，主要表现昏迷、运动失调、腹泻、采食量下降、生产力降低，甚至死亡。实际生产中使用含镁添加剂混合不均时可能导致中毒。

（4）硫　羊体内约含硫0.15%，羊毛中含硫3%～5%。大部分硫以有机硫形式存在于肌肉组织、骨骼、牙齿、毛、角、蹄中；少量以硫酸盐的形式存在于血液中。硫的营养功能主要通过体内的含硫有机物实现。如含硫氨基酸合成体蛋白质、被毛以及许多种激素；硫胺素参与糖类代谢；硫作为黏多糖的成分，参与胶原和结缔组织的代谢等。

由于羊瘤胃中的微生物能将一切外源硫转变成有机硫，因此羊可以吸收利用无机硫、有机硫。一般情况下，大部分能满足蛋白质需要的日粮均能给动物提供足够的硫。仅在饲喂大量玉米青贮（硫占其干物质的0.05%～0.10%）及利用非蛋白氮源时，最可能导致硫的不足，需要硫的补饲。瘤胃微生物利用硫可合成蛋氨酸、胱氨酸等，故日粮中添加硫元素，有利于蛋氨酸和胱氨酸的合成，适宜的硫氮比例为1∶（10～12）。

幼龄羊缺硫表现为消瘦，角、蹄、爪、毛、羽生长缓慢。成年绵羊、山羊的硫缺乏症主要表现为食毛症，利用纤维素的能力降低，采食量下降，瘤胃、血液及尿中的乳酸浓度升高。如果利用非蛋白氮作为氮源，当饲粮氮硫比过大时可能引起硫缺乏。自然条件下硫过量的情况少见。用无机硫作为添加剂，用量超过0.3%～0.5%时，可能使动物产生厌食、失重、便秘、腹泻、精神沉郁等毒性反应，严重时可导致死亡。

2. 微量元素

（1）铁 绵羊体内含铁量为80 mg/kg。铁在动物体内分布广泛，几乎所有组织中都含有铁。体内55%～70%的铁存在于血红蛋白，2%～20%分布于肌红蛋白，8%左右存在于肌肉组织，5%存在于骨髓组织，2%左右存在于其他组织器官。肝、脾是主要的储铁器官，含铁量约占体内总铁量的20%。铁在体内参与细胞色素氧化酶、过氧化物酶、过氧化氢酶、黄嘌呤氧化酶等的组成；协助机体组织氧的运输；与细胞内生物氧化密切相关；提高机体免疫力，预防机体感染疾病等。

羊饲粮中的铁含量对饲粮的吸收影响特别大，饲粮铁含量越低，吸收率越高，当饲粮含铁30 mg/kg时，吸收率可达60%，但当饲粮含铁60 mg/kg时吸收率降低到30%。

铁的缺乏症状主要表现为小红细胞性贫血、生长缓慢、嗜睡、呼吸加快等。铁中毒不常见，绵羊对饲粮中铁的耐受量为500 mg/kg。铁过量时，急性中毒症状为厌食、尿少、腹泻、体温低、代谢性酸中毒、休克，严重时会导致死亡；慢性中毒表现为食欲不振、生长缓慢、饲料转化率低。

（2）锌 绵羊以无脂体重计算，体内锌含量为20～30 mg/kg。机体各组织中都含锌，其分布和与锌有关的酶系统分布一致，其中骨骼和骨骼肌中的含量最多，达到体内总锌的80%。

锌在体内参与体内酶组成；参与维持上皮细胞和皮毛的正常形态、生长和健康，其生化基础与锌参与胱氨酸和黏多糖代谢有关；维持激素的正常作用；维持生物膜的正常结构和功能，防止生物膜遭受氧化损害和结构变形，锌对生物膜中正常受体的功能有保护作用。

羔羊缺锌症状一般表现为羊角的正常环状结构消失，脱落后留下海绵状物，严重缺锌可导致蹄壳开裂及脱落。成年公羊的缺乏症状主要表现为睾丸萎缩、畸形精子增多，母羊则繁殖力下降。成年羊还会出现鼻黏膜和口腔黏膜发炎、出血，皮肤变厚，被毛粗糙，关节僵硬，肢端肿大。绵羊缺锌时伴有不同程度的脱毛。妊娠和哺乳母羊缺锌时，血清及被毛中的锌含量降低，血清中碱性磷酸酶活性下降。

绵羊对锌的耐受力较强，耐受量为300 mg/kg以下。锌过量引起的中毒反应包括食欲不振、贫血、呕吐、腹泻等。

（3）铜 羊体内平均含铜2～3 mg/kg。肝是体内铜的主要储存器官。以干物质基础计算，羊肝中铜含量为100～400 mg/kg。成年绵羊体内含铜量分布为：肝72%～79%，肌肉8%～12%，皮肤和羊毛9%，骨骼2%。

铜的生理功能包括：促进血红蛋白的合成和红细胞成熟；作为金属酶的组成部分，参与有色毛纤维色素形成；参与骨细胞、胶原和弹性蛋白形成；维持骨组织健康；对胆固醇代谢、葡萄糖代谢、心脏功能、免疫功能、激素分泌等也有影响。

铜在饲料中分布广泛，谷物籽实及其副产品中富含铜，正常情况下日粮中的铜含量基本能满足羊的需求。植物中铜的含量在一定程度上取决于土壤中铜的水平。秸秆类饲料铜含量很低，如果动物长期采食低铜饲料，在生产中可通过补饲铜盐来满足动物对铜的需要。

铜的缺乏症状一般表现为羔羊贫血、共济失调，骨骼疏松、关节肿大、易骨折，毛纤维强度、弹性、染色亲和性下降。日粮中铜过量引发的中毒症状表现为黄疸、溶血、血红蛋白尿、肝和肾呈现黑色。

正常情况下，绵羊对铜的耐受力较低，耐受量为 25 mg/kg，超过此水平，可产生毒性反应，如产生严重溶血等。

（4）锰　锰在动物体内含量低，并不集中于动物的特定器官，但在骨、肝、肾中浓度较高，达 1～3 mg/kg（鲜组织）。骨骼肌中含锰量较低，为 0.1～0.2 mg/kg。骨中锰占总锰量的 25%，主要沉积在骨的无机物中，有机基质中含有少量锰。

锰参与骨骼形成，维持骨骼的健康和正常发育；作为酶活化因子或组成部分参与碳水化合物、脂类、蛋白质和胆固醇代谢；参与机体的造血过程；维持神经健康；还与羊的生长繁殖相关。

锰广泛分布于各种饲料中，大多数牧草锰含量为每千克干物质 40～200 mg，玉米中锰含量低，米糠和小麦中含量丰富。我国北方缺锰土壤分布广，尤其是质地较轻的土壤，在给羊补饲时，应考虑地区的差异。硫酸锰为日粮中常用的锰添加物。

羊急性锰缺乏症主要表现为生长迟缓、骨骼畸形、繁殖障碍和新生动物共济失调。

羊对锰的耐受力一般，耐受量为 1 000 mg/kg。锰过量可引起动物生长受阻、贫血和胃肠道损害，有时出现神经症状。

（5）硒　硒遍布于动物体内的所有组织和体液中。羊体内含硒含量为 0.05～0.2 mg/kg，肌肉中总硒含量最多，体内硒一般与蛋白质结合存在。

硒的最主要作用是参与谷胱甘肽过氧化物酶的组成，对体内过氧化氢或过氧化物有较强的还原作用，保护细胞膜结构完整和功能正常，具有抗氧化作用；同时参与甲状腺素的形成，提高基础代谢率、促进生长、控制胎儿发育，参与调节免疫应答、消化和季节性繁殖；促进脂类及其脂溶性物质消化吸收；拮抗和降低汞、砷等元素的毒性。

绵羊对硒的需要量为 0.1～0.3 mg/g。饲料中硒的主要形式是蛋氨酸硒，在生产中可添加富硒酵母或亚硒酸钠来给动物补硒。

羊缺硒易引起白肌病，3～6 周龄羔羊易发生。母羊在发生白肌病的同时，通常出现一种季节性不育症，发病率达 30%左右。实际生产中缺硒有明显地区性，一般是缺硒的土壤引起动物缺硒。

植物性饲料中的硒含量与其生长的土壤中的硒含量呈正相关，在高硒地区生长的一些植物中硒含量非常高。牧草中硒含量一般为每千克干物质 100～300 μg。硒是剧毒元素，日粮中的含量达 5 mg/kg，乳或饮水中含量达 500 μg/kg，就会引起中毒风险。硒中毒症表现为反应迟钝、关节肿胀、鬃毛或尾毛脱落及蹄畸形。如果意外摄入高剂量的硒，可引起急性硒中毒，导致呼吸衰竭而死亡。

（6）碘　动物体内碘的含量很低，其平均含量为 0.2～0.3 mg/kg。在机体各组织和分泌物中广泛存在，70%～80%存在于甲状腺内，是单个微量元素在单一组织器官中浓度最高的元素。血中碘以甲状腺素形式存在，主要与蛋白质结合，少量游离于血浆中。

碘主要参与甲状腺素组成，促进蛋白质合成，调节机体的能量代谢过程；促进动物的生长发育；调控繁殖、红细胞生成和血液循环等；参与体内一些特殊蛋白质（如皮毛角质蛋白质）的代谢。

大多数饲料中含碘量低，海产饲料是最丰富的碘来源，陆地植物的碘含量与其生长土壤的碘含量有关，同种植物在不同地区碘含量差异较大。对于缺碘的羊，可采用碘化食盐（含 0.1%～0.2%碘化钾）补饲。

碘的缺乏症状主要表现为甲状腺肿大，羔羊发育缓慢，严重时出现无毛症或者死亡。成年羊缺碘会造成新陈代谢减弱、皮肤干燥、消瘦、剪毛量和泌乳量降低。妊娠母羊缺碘会导致胎儿死亡、产死胎，或者新生胎儿无毛、体弱、生长缓慢和存活率低。

羊对碘的耐受力较强，耐受量为 50 mg/kg。日粮中含碘量过高会降低饲料适口性、采食量，羊会表现出碘中毒的症状，包括皮肤角质化、呕吐、流涎、腹泻、抽搐、昏迷、死亡。

（7）钴　钴在动物体内分布比较均匀，不存在组织器官集中分布情况。钴是一个比较特殊的必需微量元素。动物不需要无机态的钴，只需要体内不能合成而存在于 B 族维生素中的有机钴。

钴是维生素 B_{12} 的重要组成成分，参与机体造血过程；通过激活体内许多酶活性，增强瘤胃微生物分解纤维素的能力，参与蛋白质、碳水化合物的代谢；通过维生素 B_{12} 组成酶，参与肝中蛋氨酸循环和叶酸代谢，否则体内蛋氨酸减少，内源氨排泄增加。

大多数饲料中钴的含量较低，一般牧草中含量为每千克干物质 100～250 μg。在反动物日粮中添加硫酸钴可防止钴缺乏。另外，土壤中施用少量硫酸钴可使牧草富含钴。

钴的缺乏症表现为食欲不振、生长缓慢、异食癖、被毛粗糙、消瘦、贫血、精神不振、泌乳量和产毛量下降。母羊表现为发情次数减少，易流产。生化检查表明，肝、肾中维生素 B_{12} 浓度下降，瘤胃中钴和维生素 B_{12} 低于正常水平，血清维生素 B_{12} 含量显著下降。

羊对钴的耐受性较强，达 10 mg/kg。钴在体组织中不蓄积，可快速排出。因此，一般不会出现钴中毒。饲粮中钴含量超过需要 300 倍可引起羊的中毒反应，会造成厌食、体重下降和贫血等症状。

（8）钼　动物体内钼含量约为 15 mg/kg，广泛分布于体细胞和体液中，骨骼中钼占体内总钼量的比例为 60%～65%。

钼作为黄嘌呤氧化酶或脱氢酶、醛氧化酶和亚硫酸盐氧化酶等的组成成分，参加体内氧化还原反应。钼对刺激羔羊瘤胃微生物活动、提高粗纤维消化率起着重要作用。

植物中钼的含量受土壤类型的影响很大，生长在缺钼土壤地区的牧草干物质中钼含量只有 0.1 mg/kg，而在高钼草地上生长的牧草干物质中钼含量高达 100 mg/kg。一般不在饲料额外添加钼。

在实际生产中，很少出现钼缺乏症。我国西部地区有大面积的低钼和缺钼土壤。缺钼症状一般表现为生长受阻、繁殖力下降、流产等。

羊对钼的耐受性较强。中毒的特征症状是毛纤维直、粪便松软、尿黄、脱毛、贫血、骨骼异常等，严重时会导致死亡。

（六）对维生素的需要

维生素是一类动物代谢所必需而需要量极少的低分子有机化合物，体内一般不能合成，必须由饲粮提供，或者提供其先体物。维生素主要以辅酶和催化剂的形式广泛参与体内代谢的多种化学反应，从而保证机体组织器官的细胞结构和功能正常；同时作为抗氧化剂，并在免疫系统中起保护作用，以维持动物的健康和各种生产活动。

目前已确定的维生素有 14 种，按其溶解性可分为脂溶性维生素和水溶性维生素两大类。脂溶性维生素包括：维生素 A、维生素 D、维生素 E 和维生素 K。水溶性维生素包括：B 族维生素和维生素 C。B 族维生素主要有：维生素 B_1（硫铵素）、维生素 B_2（核黄素）、烟酸、泛酸、维生素 B_6（吡哆醇）、生物素、叶酸、维生素 B_{12}（钴胺素）和胆碱。

在生产实践中，维生素在饲料加工和储存过程中的损失、动物不同的机体状况和生产水平、集约化饲养、品种改良、环境变化等都会导致动物维生素需要量的变化。

由于多数哺乳动物都能合成维生素 C，动物皮肤中的维生素 D 的前体经阳光照射可转化成维生素 D，羊瘤胃微生物可以合成 B 族维生素和维生素 K，因此一般认为草食动物重点考虑维生素 A、维生素 E 的需求即可。尽管反刍动物瘤胃微生物可以合成 B 族维生素，但在羔羊阶段仍建议日粮中添加 B 族维生素。为保证畜产品的质量和延长贮藏时间，增强机体免疫力和抗应激能力，有时会适当增加维生素在饲粮中的添加量。

1. 脂溶性维生素 脂溶性维生素包括维生素 A、维生素 D、维生素 E 和维生素 K，可从食物及饲料的脂溶物中提取。除维生素 K 可由消化道微生物合成所需的量外，其他脂溶性维生素都必须由饲粮提供。

（1）维生素 A 维生素 A 是一种环状不饱和一元醇，有视黄醇、视黄醛、视黄酸三种衍生物，在肝脏中含量丰富。维生素 A 只存在于动物性饲料中，植物饲料不含维生素 A，含有类胡萝卜素，在羊的肠壁细胞和肝脏内可将类胡萝卜素转变为维生素 A。

维生素 A 的生理功能包括维持正常视力，维持上皮组织的正常，促进骨骼的生长发育，增强机体免疫力、繁殖力。维生素 A 缺乏症包括夜盲症、上皮组织细胞发生鳞状角质化、腹泻、眼角膜软化、角膜浑浊干眼、流泪和分泌脓性物、生长迟缓、骨骼畸形、繁殖器官退化，母羊难产、流产，公羊精子数减少、活力下降等多种症状。

一般，羊对维生素 A 的耐受能力较强。NRC 给出的饲料维生素 A 安全添加上限为 45 000 IU/kg（营养需求 1500 IU/kg），是其维生素 A 营养需求量的 30 倍。维生素 A 中毒的一般症状为食欲下降、皮肤增厚；妊娠母羊中毒时会导致胚胎先天畸形。给羔羊饲喂维生素 A 过量的代乳品 24～48 h 即出现烦躁、羊毛油腻潮湿症状，2～7 d 皮肤出现红斑，7～14 d 出现口和眼周围脱毛和骨骼畸形症状。

（2）维生素 D 维生素 D 为类醇类衍生物，最重要的两种形式是存在于植物中的麦角钙化醇（维生素 D_2）和存于动物组织中的胆钙化醇（维生素 D_3）。维生素 D 在动物体内可由其前体 7-脱氢胆固醇经紫外线照射转化而来。

维生素 D 的主要作用是促进肠道中钙和磷的吸收，提高血液的钙磷水平，促进骨骼的正常钙化。维生素 D 不足会引发钙和磷的吸收障碍，从而导致羔羊的佝偻病，以及成年羊的骨组织疏松。其他缺乏症状还包括免疫力降低、食欲不振、发育缓慢等。

阳光照射是获得维生素 D 最简便的方式。牧草在收获季节经阳光照射，能大大增加维生素 D 的含量。羊对维生素 D 的需要量一般为每千克饲粮 1 000～2 000 IU。连续饲喂超过需要量 4～10 倍的维生素 D 可出现中毒症状，短期饲喂可耐受 100 倍的剂量。维生素 D 中毒羊表现为蹄、骨硬化和软组织钙沉积。

（3）维生素 E　维生素 E（又叫生育酚）是一组化学结构近似的酚类化合物，是动物生长繁殖、预防多种疾病和保护组织完整性所必需的脂溶性物质，自然界中存在 α、β 和 γ 型，均是抗氧化剂。动物组织中主要存在的是 α 维生素 E，也是活性最强的维生素 E。体内超过 90%的维生素 E 储存于肝脏、骨骼肌和脂肪组织中。

维生素 E 是最重要的脂溶性抗氧化剂，保护细胞膜的完整性，使其免受过氧化物的损害。维生素 E 的其他作用：促进性腺发育、调节性功能；抗应激，增强机体免疫功能；维持正常的繁殖机能，一定程度上改善冻精品质；提高羊肉储藏期限，延缓颜色变化。

维生素 E 广泛分布于家畜的饲料中，青绿饲料、所有谷类饲粮中都含有丰富的维生素 E。

维生素 E 的营养状况一般可通过血浆或血清中生育酚的浓度来判定，当血浆中生育酚的浓度低于 0.5 μg/mL 时，表明维生素 E 缺乏。羔羊出生时体内维生素 E 储量低，极易导致骨骼肌、心肌病变和坏死，称为白肌病和羔羊僵腿病。维生素 E 的缺乏症状与硒的缺乏症状相似，包括贫血、繁殖机能下降、肝坏死，羔羊白肌病，母羊流产，公羊精子减少、品质降低等，严重时还会出现神经和肌肉代谢失调。维生素 E 几乎是无毒的，大多数动物能耐受 100 倍需要量的剂量。

（4）维生素 K　维生素 K 是萘醌类化合物的总称，又叫凝血维生素，具有叶绿醌生物活性。有 K_1、K_2、K_3、K_4 等几种形式，其中 K_1 在植物中形成、K_2 由胃肠道微生物合成，是天然存在的，属于脂溶性维生素；而 K_3、K_4 是通过人工合成的，是水溶性的维生素。

维生素 K 的生理功能主要是催化肝脏中凝血酶原和凝血质的合成，促进凝血酶原和凝血因子的作用使血液凝固。维生素 K 缺乏时，血液凝固的速度下降，从而可能引发出血。

正常情况下，羊瘤胃微生物可合成其所需的维生素 K，因此日粮中无须添加。但维生素 K 需要量受诸多因素影响，如胃肠道细菌合成数量不足、肠道吸收紊乱、肝脏利用能力下降、服用磺胺类药物、日粮中含有双香豆素、球虫病、动物选育使增重速度提高等。饲料中维生素 K 的添加量为 0.51 mg/kg。维生素 K 几乎无毒，但大剂量维生素 K_1 可引起溶血、正铁血红蛋白尿和卟啉尿症。

2. 水溶性维生素　水溶性维生素包括 B 族维生素和维生素 C。相对于脂溶性维生素而言，水溶性维生素一般无毒性。

（1）B 族维生素　B 族维生素主要有维生素 B_1（硫铵素）、维生素 B_2（核黄素）、烟酸、泛酸、维生素 B_6（吡哆醇）、生物素、叶酸、维生素 B_{12}（钴胺素）、胆碱。

B 族维生素在羊体内的生理功能：主要作为细胞内酶的辅酶，参与糖类、脂肪和蛋白质的代谢。羊的瘤胃微生物在正常情况下能合成足够的 B 族维生素以满足需求，但羔羊的饲粮中仍需添加适量 B 族维生素。

（2）维生素 C　维生素 C 是一种酸性多基化合物，因能防治坏血病（维生素 C 缺乏病）而又称为抗坏血酸。

维生素 C 最主要的功能是参与胶原蛋白质合成，促进骨质和牙质的生成；是细胞质中重要的抗氧化剂；参与某些氨基酸的氧化反应；促进肠道铁离子的吸收和在体内的转运；减轻体内转运金属离子的毒性作用；促进抗体的形成；是致癌物质——亚硝基的天然抑制剂；参与肾上腺皮质类固醇的合成。

维生素 C 缺乏时可见全身性的出血点。维生素 C 的毒性很低，羊一般可耐受需要量的数百倍，甚至上千倍的剂量。

二、肉羊的饲养标准

（一）饲养标准的概念

饲养标准是根据大量饲养试验的结果和动物生产实践的经验，对各种特定动物所需要的各种营养物质的定额做出的规定，这种系统的营养定额及有关资料统称为饲养标准。简言之，即特定动物系统成套的营养定额就是饲养标准。现行饲养标准则更为确切和系统地表述了经试验研究确定的特定动物（不同种类、性别、年龄、体重、生理状态、生产性能、不同环境条件等）能量和各种营养物质的定额数值。

美国国家科学研究委员会（NRC）和英国农业科学研究委员会（ARC）规定的肉用羊养分需要量被广泛采纳为肉用羊饲料配制的指南。我国研究制定的饲养标准由农业农村部颁布。

1953 年，NRC 首次推出绵羊营养需要量。1965 年，NRC 进一步完善了绵羊饲养标准。瑞士（1979）、芬兰（1980）和挪威（1980）等国也都相继制定了本国绵羊的饲养标准。1980 年，ARC 出版了《反刍家畜养分需要》，对绵羊各个生理阶段的营养需要都有细致的说明。1981 年，NRC 的家畜养分委员会山羊养分分会，在汇总了很多国家对各种山羊养分需要探讨结果的基础上，整理出版了《山羊的养分需要》一书，其中包括肉用山羊在不同气候带、不同生理阶段、不同放牧和管理条件、不同生产水平下对能量、蛋白质、钙、和维生素 A、维生素 D 的需要量。1985 年，NRC 修订了绵羊饲养标准，详细规定了各类绵羊不同体重条件下对干物质、总消化养分、消化能、代谢能、粗蛋白质、钙、磷、有效维生素 A、维生素 E 的需要量。1993 年，ARC 出版《反刍动物能量和蛋白养分需要》，对绵羊养分需要量进行了修订和完善。2007 年，NRC 对早熟和晚熟品种绵羊的养分需要提出了新的推荐量。1990 年，澳大利亚 CSIRO 也公布了反刍动物的营养需要，2007 年进行了修订。

1981—1985 年，我国杨诗兴等主持制定了湖羊饲养标准。2004 年王加启等起草了肉羊饲养标准 NY/T 816—2004，规定了肉用绵羊和山羊日粮干物质采食量、消化能、代谢能、粗蛋白质、维生素、矿物质元素每日需要量值。2018 年金海等起草了巴美肉羊育肥羊营养需要量地方标准 DB15/T 1439—2018，规定了巴美肉羊育肥羊对日粮干物质采食量、净能、代谢能、粗蛋白质、可消化粗蛋白质、钙、磷的需要量值。2021 年刁其玉等起草了肉羊营养需要量行业标准 NY/T 816—2021，规定了肉用绵羊和肉用山羊的营养需要量。

肉羊的饲养标准又叫营养需要量，是指肉羊维持生命活动和从事生产对能量和各种营养物质的需要量。饲养标准反映出肉羊在不同发育阶段、不同生理状况、不同生产目标和水平下对能量、蛋白质、矿物质和维生素等的适宜需要量。

（二）饲养标准的指标

1. 干物质采食量　干物质采食量（DMI）是指动物在一定时间内（如 24 h）采食饲料中干物质的总量。它是科学配制反刍动物饲粮的基础，决定了维持动物健康和生产所需养分的数量。干物质采食量会直接影响动物的生长速度、繁殖效率以及整体的生产性能。养分供应不足会限制动物的生产性能，而供应过剩则会导致饲料成本的增加和资源的浪费。

2. 能量　由于不同饲料在畜禽体内的消化利用率存在差异，因此将畜禽对能量的需求分为总能（GE）、消化能（DE）、代谢能（ME）和净能（NE）。反刍动物对能量的需要多用 NE 表示。

饲料的总能（GE）指饲料完全燃烧所释放的热量；

消化能（DE）指饲料的总能（GE）减去粪能（FE），即消化能＝总能－粪能；

代谢能（ME）＝总能－粪能－尿能－甲烷能；

净能（NE）指饲料代谢能减去热增耗（HI）后剩余的能量。热增耗主要源自饲料的消化过程，以及动物从饲料中获取养分的代谢过程。例如，动物的咀嚼、吞咽和唾液的分泌都需要肌肉活动，肌肉活动所需的能量则由养分的氧化来提供。净能除一部分用于维持生命活动、适度随意运动和维持体温外，大部分用于生长、育肥、泌乳、产蛋或产毛，贮存在机体内。

国际营养科学协会及国际生理科学协会以焦耳（J）作为统一使用的能量单位，动物营养中常采用千焦耳（kJ）和兆焦耳（MJ）。

3. 蛋白质　一般用粗蛋白质（CP）表示羊对蛋白质的需求量，有的国家用代谢蛋白质（MP）、小肠可消化粗蛋白、瘤胃降解蛋白质（RDP）、瘤胃非降解蛋白质（UDP）和净蛋白质（NP）表示对蛋白质的需要量。

4. 氨基酸　饲养标准中有时还列出必需氨基酸（EAA）的需要量，其表达方式有用每天每头（只）需要量表示，有用单位营养物质浓度表示等。

5. 维生素　一般脂溶性维生素需要量用国际单位 IU 表示，而水溶性维生素需要量一般用 mg/kg 或 μg/kg 表示。

6. 矿物质　常量矿物质元素主要列出了钙、磷、钠、氯的需要量。微量矿物质元素主要列出了铁、锌、铜、锰、碘、硒、钴需要量。

（三）肉羊的饲养标准

肉羊包括以产肉为生产用途的肉用绵羊和以产肉为生产用途的肉用山羊。本文列出的饲养标准参考了肉羊营养需要量行业标准 NY/T 816—2021。

1. 绵羊的饲养标准　哺乳羔羊营养需要量应符合表 5－2 和表 5－8 的要求。

生长育肥公羊和母羊营养需要量应符合表 5－3、表 5－4 和表 5－8 的要求。

妊娠和泌乳母羊营养需要量应符合表 5－5、表 5－6 和表 5－8 的要求。

种用公羊营养需要量应符合表 5－7 和表 5－8 的要求。

表 5-2 肉用绵羊哺乳羔羊干物质、能量、蛋白质、钙和磷需要量

体重 (BW) (kg)	日增重 (ADG) (g/d)	干物质采食量 (DMI) (kg/d)	代谢能 (ME) (MJ/d)	净能 (NE) (MJ/d)	粗蛋白质 (CP) (g/d)	代谢蛋白质 (MP) (g/d)	净蛋白质 (NP) (g/d)	钙 (Ca) (g/d)	磷 (P) (g/d)
6	100	0.16	2.0	0.8	33	26	20	1.5	0.8
	200	0.19	2.3	1.0	38	31	23	1.7	1.0
8	100	0.27	3.2	1.4	54	43	32	2.4	1.3
	200	0.32	3.8	1.6	64	51	38	2.9	1.6
	300	0.35	4.2	1.8	71	56	42	3.2	1.8
10	100	0.39	4.7	2.0	79	63	47	3.5	2.0
	200	0.46	5.5	2.3	92	74	55	4.2	2.3
	300	0.51	6.2	2.6	103	82	62	4.6	2.6
12	100	0.53	6.2	2.6	103	83	62	4.6	2.6
	200	0.63	7.3	3.1	121	97	73	5.5	3.0
	300	0.69	8.1	3.4	135	108	81	6.1	3.4
14	100	0.52	6.4	2.7	106	85	64	4.8	2.7
	200	0.61	7.5	3.2	127	102	76	5.6	3.1
	300	0.67	8.4	3.5	139	111	83	6.3	3.5
16	100	0.64	7.5	3.3	129	103	77	5.8	3.2
	200	0.75	9.0	3.8	151	121	91	6.8	3.8
	300	0.84	9.8	4.3	167	134	101	7.5	4.2
18	100	0.75	3.4	3.8	152	122	92	6.7	3.7
	200	0.88	10.2	4.1	176	141	106	7.9	4.4
	300	0.98	11.6	4.9	195	155	8	8.8	4.9

表 5-3 肉用绵羊生长育肥公羊干物质、能量、蛋白质、中性洗涤纤维、钙和磷需要量

体重 (BW) (kg)	日增重 (ADG) (g/d)	干物质采食量 (DMI) (kg/d)	代谢能 (ME) (MJ/d)	净能 (NE) (MJ/d)	粗蛋白质 (CP) (g/d)	代谢蛋白质 (MP) (g/d)	净蛋白质 (NP) (g/d)	中性洗涤纤维 (NDF) (kg/d)	钙 (Ca) (g/d)	磷 (P) (g/d)
20	100	0.71	5.6	3.3	99	43	29	0.21	6.4	3.6
	200	0.85	8.1	4.1	119	61	41	0.26	7.7	4.3
	300	0.95	10.5	5.5	133	79	53	0.29	8.6	4.8
	350	1.06	11.7	6.0	148	88	60	0.32	9.5	5.3

（续）

体重 (BW) (kg)	日增重 (ADG) (g/d)	干物质采食量 (DMI) (kg/d)	代谢能 (ME) (MJ/d)	净能 (NE) (MJ/d)	粗蛋白质 (CP) (g/d)	代谢蛋白质 (MP) (g/d)	净蛋白质 (NP) (g/d)	中性洗涤纤维 (NDF) (kg/d)	钙 (Ca) (g/d)	磷 (P) (g/d)
25	100	0.8	6.5	3.8	112	47	31	0.24	7.2	4.0
	200	0.94	9.2	5.0	132	65	44	0.28	8.5	4.7
	300	1.03	11.9	6.2	144	83	56	0.31	9.3	5.2
	350	1.17	13.3	6.9	157	92	62	0.35	10.5	5.9
30	100	1.02	7.4	4.3	143	51	34	0.31	9.2	5.1
	200	1.21	10.3	5.6	169	69	46	0.36	10.9	6.1
	300	1.29	13.3	7.0	181	87	59	0.39	11.6	6.5
	350	1.48	14.7	7.6	207	96	65	0.44	13.3	7.4
35	100	1.12	8.1	4.9	157	55	37	0.34	10.1	5.6
	200	1.3	10.9	6.0	183	73	49	0.39	11.8	6.6
	300	1.38	13.7	7.2	193	90	81	0.41	12.4	6.9
	350	1.5	15.1	8.1	224	99	67	0.48	13.6	8.0
40	100	1.22	8.7	5.0	59	78	39	0.43	11.0	6.1
	200	1.41	11.0	6.6	83	97	54	0.49	12.7	7.1
	300	1.48	13.9	7.0	192	117	68	0.52	13.3	7.4
	350	1.62	15.2	8.5	224	136	73	0.60	14.5	8.6
45	100	1.33	9.4	5.8	173	83	41	0.47	12.0	6.7
	200	1.51	12.1	7.1	196	103	56	0.53	13.6	7.6
	300	1.57	14.9	8.4	204	122	70	0.55	14.1	7.9
	350	1.7	16.3	9.0	221	141	77	0.65	15.4	9.3
50	100	1.43	10.0	6.3	186	88	44	0.50	12.9	7.2
	200	1.61	12.9	7.6	209	107	58	0.56	14.5	8.1
	300	1.66	15.8	8.9	216	131	72	0.58	14.9	8.3
	350	1.76	17.3	9.6	230	146	80	0.69	16.0	9.9
55	100	1.53	10.9	6.8	199	95	47	0.54	13.8	7.7
	200	1.72	13.9	8.1	225	110	62	0.68	15.4	8.7
	300	1.8	17.0	9.3	233	131	75	0.73	16.2	9.0
	350	1.95	18.5	10.0	255	150	84	0.85	17.7	10.1
60	100	1.63	11.8	7.5	212	101	50	0.57	14.7	8.2
	200	1.82	15.0	8.9	238	110	65	0.72	16.5	9.3
	300	1.91	18.2	10.3	248	139	78	0.77	17.2	10.0
	350	2.05	19.8	11.0	265	155	88	0.91	18.6	11.2

表 5-4　肉用绵羊生长育肥母羊干物质、能量、蛋白质、中性洗涤纤维、钙和磷需要量

体重 (BW) (kg)	日增重 (ADG) (g/d)	干物质采食量 (DMI) (kg/d)	代谢能 (ME) (MJ/d)	净能 (NE) (MJ/d)	粗蛋白质 (CP) (g/d)	代谢蛋白质 (MP) (g/d)	净蛋白质 (NP) (g/d)	中性洗涤纤维 (NDF) (kg/d)	钙 (Ca) (g/d)	磷 (P) (g/d)
20	100	0.62	6.0	3.3	86	40	28	0.19	6.1	3.4
	200	0.74	8.7	4.5	104	57	40	0.22	7.3	4.0
	300	0.85	11.4	5.7	121	76	52	0.25	8.4	4.6
	350	0.92	12.7	6.3	129	84	58	0.28	9.1	5.0
25	100	0.7	6.9	3.8	97	44	30	0.21	6.9	3.8
	200	0.82	9.8	5.1	114	61	42	0.25	8.1	4.5
	300	0.93	12.7	6.4	131	80	54	0.27	9.2	5.1
	350	0.99	14.2	7.1	140	88	59	0.31	9.8	5.4
30	100	0.8	7.6	4.3	108	48	33	0.27	7.9	4.4
	200	0.92	10.8	5.7	126	65	44	0.32	9.1	5.0
	300	1.03	14.0	7.1	144	84	55	0.34	10.2	5.6
	350	1.09	15.5	7.8	152	92	61	0.39	10.8	5.9
35	100	0.91	8.5	5.1	120	52	35	0.29	9.0	5.0
	200	1.04	11.6	6.4	137	69	46	0.34	10.3	5.7
	300	1.17	14.7	7.8	155	87	57	0.36	11.6	6.4
	350	1.24	16.0	8.5	165	95	62	0.42	12.3	6.8
40	100	1.01	9.5	6.0	133	75	39	0.37	10.0	5.5
	200	1.13	12.5	7.4	150	93	50	0.43	11.2	6.2
	300	1.26	15.4	8.8	167	114	60	0.45	12.5	6.9
	350	1.34	16.9	9.4	176	122	65	0.52	13.3	7.3
45	100	1.12	10.5	6.5	145	80	41	0.40	11.1	6.1
	200	1.24	13.4	7.9	161	99	53	0.46	12.3	6.8
	300	1.35	16.3	9.3	178	119	65	0.48	13.4	7.4
	350	1.42	17.8	9.9	188	127	69	0.56	14.1	7.7
50	100	1.24	11.6	6.9	158	85	44	0.44	12.3	6.8
	200	1.36	14.5	8.4	174	103	56	0.49	13.5	7.4
	300	1.48	17.6	9.9	190	123	68	0.51	14.7	8.1
	350	1.55	19.0	10.6	197	131	73	0.60	15.3	8.4
55	100	1.35	12.5	7.4	173	92	48	0.47	13.4	7.4
	200	1.47	15.4	9.0	190	110	61	0.59	14.6	8.0
	300	1.59	18.4	10.5	206	129	73	0.64	15.7	8.7
	350	1.66	20.0	11.3	215	136	79	0.74	16.4	9.0

（续）

体重（BW）（kg）	日增重（ADG）（g/d）	干物质采食量（DMI）（kg/d）	代谢能（ME）（MJ/d）	净能（NE）（MJ/d）	粗蛋白质（CP）（g/d）	代谢蛋白质（MP）（g/d）	净蛋白质（NP）（g/d）	中性洗涤纤维（NDF）（kg/d）	钙（Ca）（g/d）	磷（P）（g/d）
60	100	1.48	13.4	8.0	184	98	52	0.50	14.7	8.1
	200	1.61	16.5	9.5	200	116	64	0.62	15.9	8.8
	300	1.73	19.4	11.0	217	136	76	0.67	17.1	9.4
	350	1.8	20.9	11.8	228	144	81	0.79	17.8	9.8

表 5－5　肉用绵羊妊娠母羊干物质、能量、蛋白质、钙和磷需要量

妊娠阶段	体重（BW）（kg）	干物质采食量（DMI）（kg/d）			代谢能（ME）（MJ/d）			粗蛋白质（CP）（g/d）			代谢蛋白质（MP）（g/d）			钙（Ca）（g/d）			磷（P）（g/d）		
		单羔	双羔	三羔	单羔	双羔	三羔	单羔	双羔	三羔	单羔	双羔	三羔	单羔	双羔	三羔	单羔	双羔	三羔
前期	40	1.16	1.31	1.46	9.3	10.5	11.7	151	170	190	106	119	133	10.4	11.8	13.1	7.0	7.9	8.8
	50	1.31	1.51	1.65	10.5	12.1	13.2	170	196	215	119	137	150	11.8	13.6	14.9	7.9	9.1	9.9
	60	1.46	1.69	1.82	11.7	13.5	14.6	190	220	237	133	154	166	13.1	15.2	16.4	8.8	10.1	10.9
	70	1.61	1.84	2.00	12.9	14.7	16.0	200	239	260	147	167	182	14.5	16.6	18.0	9.7	11.0	12.0
	80	1.75	2.00	2.17	14.0	16.0	17.4	228	260	282	159	182	197	15.8	18.0	19.5	10.5	12.0	13.0
	90	1.91	2.18	2.37	15.3	7.4	19.0	248	283	308	174	198	216	17.2	19.6	21.3	11.5	13.1	14.2
后期	40	1.45	1.82	2.11	11.6	14.6	16.9	189	237	274	132	166	192	13.0	16.4	19.0	8.7	10.9	12.7
	50	1.63	2.06	2.36	13.0	16.5	18.9	212	268	307	148	187	215	14.7	18.5	21.2	9.8	12.4	14.2
	60	1.80	2.29	2.59	4.4	18.3	20.7	234	298	337	164	208	236	16.2	20.6	23.3	10.8	13.7	15.5
	70	1.98	2.49	2.83	15.8	19.9	22.6	257	324	368	180	227	258	17.8	22.4	25.5	11.9	14.9	17.0
	80	2.15	2.68	3.05	17.2	21.4	24.4	280	348	397	196	224	278	19.4	24.1	27.5	12.9	16.1	18.3
	90	2.34	2.92	3.32	18.7	23.4	26.6	304	380	432	213	266	302	21.1	26.3	29.9	14.0	17.5	19.9

注：妊娠第 1～90 天为前期，第 91～150 天为后期。

表 5－6　肉用绵羊泌乳母羊干物质、能量、蛋白质、钙和磷需要量

泌乳阶段	体重（BW）（kg）	干物质采食量（DMI）（kg/d）			代谢能（ME）（MJ/d）			粗蛋白质（CP）（g/d）			代谢蛋白质（MP）（g/d）			钙（Ca）（g/d）			磷（P）（g/d）		
		单羔	双羔	三羔	单羔	双羔	三羔	单羔	双羔	三羔	单羔	双羔	三羔	单羔	双羔	三羔	单羔	双羔	三羔
前期	40	1.30	1.75	2.04	10.9	14.0	16.4	177	228	265	124	159	186	12.3	15.8	18.4	8.2	10.5	12.2
	50	1.58	2.01	2.35	12.5	16.1	18.8	205	262	306	143	183	214	14.2	18.1	21.2	9.5	12.1	14.1
	60	1.77	2.25	2.61	14.2	18.0	20.9	230	293	340	161	205	238	15.9	20.3	23.5	10.6	13.5	15.7
	70	1.96	2.48	2.86	15.7	19.8	22.9	255	322	372	178	225	260	17.6	22.3	25.8	1.8	14.9	17.2
	80	2.13	2.69	3.11	17.1	21.5	24.8	277	349	404	194	245	283	19.2	24.2	28.0	12.8	16.1	18.7

（续）

泌乳阶段	体重（BW）（kg）	干物质采食量（DMI）（kg/d）			代谢能（ME）（MJ/d）			粗蛋白质（CP）（g/d）			代谢蛋白质（MP）（g/d）			钙（Ca）（g/d）			磷（P）（g/d）		
		单羔	双羔	三羔	单羔	双羔	三羔	单羔	双羔	三羔	单羔	双羔	三羔	单羔	双羔	三羔	单羔	双羔	三羔
中期	40	1.20	1.50	1.71	9.6	12.0	13.7	156	195	223	109	137	156	10.8	13.5	15.4	7.2	9.0	10.3
	50	1.40	1.72	1.97	11.2	13.8	15.7	182	224	256	127	157	179	12.6	15.5	17.7	8.4	10.3	11.8
	60	1.58	1.94	2.20	12.6	15.5	17.6	205	252	286	144	177	200	14.2	17.5	19.8	9.5	11.6	13.2
	70	1.75	2.14	2.12	14.0	17.1	19.4	228	278	315	159	195	220	15.8	19.3	21.8	10.5	12.8	14.5
	80	1.91	2.33	2.63	15.3	18.6	21.0	248	303	342	174	212	239	17.2	21.0	23.7	11.5	14.0	15.8
后期	40	1.09	1.38	1.62	8.7	11.0	13.0	142	179	211	99	126	148	9.8	12.4	14.6	6.5	8.3	9.7
	50	1.26	1.60	1.83	10.0	12.8	14.7	164	208	238	115	146	167	11.3	14.4	16.5	7.6	9.6	11.0
	60	1.43	1.80	2.06	11.4	14.4	16.5	186	234	268	130	164	187	12.9	16.2	18.5	8.6	10.8	12.4
	70	1.61	2.00	2.29	12.8	16.0	18.3	209	260	298	147	182	208	14.5	18.0	20.6	9.7	12.0	13.7
	80	1.76	2.19	2.50	14.1	17.5	20.0	229	285	325	160	199	228	15.8	19.7	22.5	10.6	13.1	15.0

注：泌乳第1～30天为前期，第31～60天为中期，第61～90天为后期。

表5-7　肉用绵羊种用公羊干物质、能量、蛋白质、中性洗涤纤维、钙和磷需要量

体重（BW）（kg）	干物质采食量（DMI）（kg/d）		代谢能（ME）（MJ/d）		粗蛋白质（CP）（g/d）		代谢蛋白质（MP）（g/d）		中性洗涤纤维（NDF）（kg/d）		钙（Ca）（g/d）		磷（P）（g/d）	
	非配种期	配种期	非配种期	配种期	非配种期	配种期	非配种期	配种期	非配种期	配种期	非配种期	配种期	非配种期	配种期
75	1.48	1.64	11.9	13.0	207	246	145	172	0.52	0.57	13.3	14.8	8.9	9.8
100	1.77	1.95	14.2	15.6	248	293	173	205	0.62	0.68	15.9	17.6	10.6	11.7
125	2.09	2.30	16.7	18.4	293	345	205	242	0.73	0.81	18.8	20.7	12.5	13.8
150	2.40	2.64	19.2	21.1	336	396	235	277	0.84	0.92	21.6	23.8	14.4	15.8
175	2.71	2.95	21.7	23.6	379	443	266	310	0.95	1.03	24.4	26.6	16.3	17.7
200	2.98	3.27	23.8	26.2	417	491	292	343	1.04	1.14	26.8	29.4	17.9	19.6

表5-8　肉用绵羊矿物质和维生素需要量

矿物质和维生素需要量	生理阶段				
	6～18 kg 哺乳羔羊	20～60 kg 生长育肥羊	40～90 kg 妊娠母羊	40～80 kg 泌乳母羊	75～200 kg 种用公羊
钠（Na）（g/d）	0.1～0.4	0.4～1.5	0.7～1.6	0.8～1.2	0.7～1.9
钾（K）（g/d）	0.8～3.6	4.0～10.1	6.3～11.5	7.0～12.5	7.0～14.1
氯（Cl）（g/d）	0.2～0.5	0.5～1.6	0.6～1.8	0.8～1.4	0.8～1.5
硫（S）（g/d）	0.3～0.9	2.1～4.3	2.6～4.2	2.5～4.6	2.8～5.0
镁（Mg）（g/d）	0.3～0.8	0.6～2.3	1.0～2.5	1.4～3.5	1.8～3.7

（续）

矿物质和维生素需要量	生理阶段				
	6～18 kg 哺乳羔羊	20～60 kg 生长育肥羊	40～90 kg 妊娠母羊	40～80 kg 泌乳母羊	75～200 kg 种用公羊
铜（Cu）（mg/d）	0.9～3.0	6.0～33.0	9.0～35.0	9.0～36.0	12.0～38.0
铁（Fe）（mg/d）	10.0～29.0	30.0～88.0	38.0～88.0	44.0～97.0	45.0～120.0
锰（Mn）（mg/d）	4.0～12.0	22.0～53.0	30.0～58.0	16.0～69.0	18.0～75.0
锌（Zn）（mg/d）	5.0～20.0	33.0～81.0	36.0～88.0	40.0～93.0	55.0～100.0
碘（I）（mg/d）	0.1～0.4	0.3～1.7	0.9～1.8	1.0～1.9	1.0～2.0
钴（Co）（mg/d）	0.1～0.3	0.3～0.7	0.3～0.9	0.4～1.0	0.4～1.0
硒（Se）（mg/d）	0.1～0.3	0.4～0.9	0.5～1.0	0.5～1.0	0.6～1.5
维生素 A（IU/d）	2 000～6 000	6 600～14 500	6 600～12 000	6 800～12 500	6 200～22 500
维生素 D（IU/d）	50～1 200	1 200～2 600	900～2 000	1 200～2 400	1 100～4 500
维生素 E（IU/d）	30～60	60～160	90～210	120～210	160～270

2. 山羊的饲养标准　哺乳羔羊营养需要量应符合表 5－9 和表 5－14 的要求。生长育肥公羊和母羊营养需要量应符合表 5－10 和表 5－14 的要求。妊娠和泌乳母羊营养需要量应符合表 5－11、表 5－12 和表 5－14 的要求。种用公羊营养需要量应符合表 5－13 和表 5－14 的要求。

表 5－9　肉用山羊哺乳羔羊干物质、能量、蛋白质、钙和磷需要量

体重（BW）（kg）	日增重（ADG）（g/d）	干物质采食量（DMI）（kg/d）	代谢能（ME）（MJ/d）	净能（NE）（MJ/d）	粗蛋白质（CP）（g/d）	代谢蛋白质（MP）（g/d）	净蛋白质（NP）（g/d）	钙（Ca）（g/d）	磷（P）（g/d）
2	50	0.08	1.0	0.4	16	13	10	0.7	0.4
4	50	0.14	1.7	0.7	29	23	17	1.3	0.7
	100	0.16	1.9	0.8	32	26	19	1.4	0.8
6	50	0.17	2.1	0.9	35	28	21	1.6	0.9
	100	0.19	2.3	1.0	38	31	23	1.7	1.0
8	50	0.23	2.8	1.2	46	37	28	2.1	1.2
	100	0.25	2.9	1.2	49	39	29	2.2	1.2
	150	0.26	3.1	1.3	52	41	31	2.3	1.3
	200	0.27	3.3	1.4	55	44	33	2.5	1.4
10	50	0.35	4.2	1.8	70	56	42	3.2	1.8
	100	0.37	4.5	1.9	74	60	45	3.3	1.9
	150	0.39	4.7	2.0	79	63	47	3.5	2.0
	200	0.41	5.0	2.1	83	66	50	3.7	2.1

（续）

体重(BW)(kg)	日增重(ADG)(g/d)	干物质采食量(DMI)(kg/d)	代谢能(ME)(MJ/d)	净能(NE)(MJ/d)	粗蛋白质(CP)(g/d)	代谢蛋白质(MP)(g/d)	净蛋白质(NP)(g/d)	钙(Ca)(g/d)	磷(P)(g/d)
12	50	0.47	5.6	2.4	95	77	57	4.2	2.4
	100	0.5	6.0	2.6	100	81	59	4.5	2.5
	150	0.53	6.4	2.8	104	83	62	4.7	2.6
	200	0.55	6.7	2.9	111	89	66	5.0	2.8
14	50	0.59	6.9	3.1	119	95	72	5.3	3.0
	100	0.63	7.4	3.3	128	102	76	5.6	3.1
	150	0.66	7.9	3.4	132	106	79	5.9	3.3
	200	0.69	8.4	3.6	138	110	83	6.3	3.5

表 5-10　肉用山羊生长育肥公羊干物质、能量、蛋白质、中性洗涤纤维、钙和磷需要量

体重(BW)(kg)	日增重(ADG)(g/d)	干物质采食量(DMI)(kg/d)	代谢能(ME)(MJ/d)	净能(NE)(MJ/d)	粗蛋白质(CP)(g/d)	代谢蛋白质(MP)(g/d)	净蛋白质(NP)(g/d)	中性洗涤纤维(NDF)(kg/d)	钙(Ca)(g/d)	磷(P)(g/d)
15	50	0.61	4.9	2.0	85	44	33	0.2	5.5	3.1
	100	0.75	6.0	2.5	105	55	41	0.2	6.8	3.8
	150	0.76	6.1	2.6	106	55	41	0.2	6.8	3.8
	200	0.76	6.1	2.6	106	55	44	0.2	6.8	3.8
	250	0.79	6.3	2.7	111	58	43	0.2	7.1	4.0
20	50	0.72	5.8	2.4	101	52	39	0.2	6.5	3.6
	100	0.82	6.6	2.8	115	60	45	0.3	7.4	4.1
	150	0.9	7.2	3.0	126	66	49	0.3	8.1	4.5
	200	0.92	7.4	3.1	129	67	50	0.3	8.3	4.6
	250	0.95	7.6	3.2	133	69	52	0.3	8.6	4.8
25	50	0.83	6.6	2.8	116	60	45	0.3	7.5	4.2
	100	0.97	7.8	3.3	136	71	53	0.3	8.7	4.9
	150	0.9	7.9	3.3	139	72	54	0.3	8.9	5.0
	200	1.01	8.1	3.4	141	74	55	0.3	9.1	5.1
	250	1.12	9.0	3.8	157	82	61	0.3	10.1	5.6
30	50	0.93	7.4	3.1	130	68	51	0.3	8.4	4.7
	100	1.07	8.6	3.6	50	78	58	0.3	9.6	5.4
	150	1.22	9.8	4.1	171	89	67	0.4	11.0	6.1
	200	1.28	10.2	4.3	179	93	70	0.4	11.5	6.4
	250	1.34	10.7	4.5	188	98	73	0.4	12.1	6.7

（续）

体重（BW）（kg）	日增重（ADG）（g/d）	干物质采食量（DMI）（kg/d）	代谢能（ME）（MJ/d）	净能（NE）（MJ/d）	粗蛋白质（CP）（g/d）	代谢蛋白质（MP）（g/d）	净蛋白质（NP）（g/d）	中性洗涤纤维（NDF）（kg/d）	钙（Ca）（g/d）	磷（P）（g/d）
35	50	1.02	8.2	3.4	143	74	56	0.3	9.2	5.1
	100	1.17	9.4	3.9	164	85	64	0.4	10.5	5.9
	150	1.31	10.5	4.4	183	95	72	0.4	11.8	6.6
	200	1.37	11.0	4.6	192	100	75	0.4	12.3	6.9
	250	1.42	11.4	4.8	199	103	78	0.4	12.8	7.1
40	50	1.19	9.5	4.0	155	80	60	0.4	10.7	6.0
	100	1.26	10.1	4.2	164	85	64	0.4	11.3	6.3
	150	1.41	11.3	4.7	183	95	71	0.5	12.7	7.1
	200	1.55	12.4	5.2	202	105	79	0.5	14.0	7.8
	250	1.59	12.7	5.3	207	107	81	0.6	14.3	8.0
45	50	1.29	10.3	4.3	168	87	65	0.5	11.6	6.5
	100	1.35	10.8	4.5	176	91	68	0.5	12.2	6.8
	150	1.5	12.0	5.0	195	101	76	0.5	13.5	7.5
	200	1.64	13.1	5.5	213	111	83	0.6	14.8	8.2
	250	1.78	14.2	6.0	231	120	90	0.6	16.0	8.9
50	50	1.38	11.0	4.6	179	93	70	0.5	12.4	6.9
	100	1.53	12.2	5.1	199	103	78	0.5	13.8	7.7
	150	1.58	12.6	5.3	205	107	80	0.6	14.2	7.9
	200	1.73	13.8	5.8	225	117	88	0.6	15.6	8.7
	250	1.87	15.0	6.3	243	126	95	0.7	16.8	9.4

表 5-11　肉用山羊妊娠母羊干物质、能量、蛋白质、钙和磷需要量

妊娠阶段	体重（BW）（kg）	干物质采食量（DMI）（kg/d）			代谢能（ME）（MJ/d）			粗蛋白质（CP）（g/d）			代谢蛋白质（MP）（g/d）			钙（Ca）（g/d）			磷（P）（g/d）		
		单羔	双羔	三羔	单羔	双羔	三羔	单羔	双羔	三羔	单羔	双羔	三羔	单羔	双羔	三羔	单羔	双羔	三羔
前期	30	0.81	0.88	0.92	6.5	7.0	7.3	105	114	120	74	80	84	7.3	7.9	8.3	4.9	5.3	5.5
	40	0.99	1.07	1.12	8.0	8.6	9.0	129	139	146	90	97	102	8.9	9.6	10.1	5.9	6.4	6.7
	50	1.16	1.25	1.31	9.3	10.0	10.5	151	163	170	106	114	119	10.4	11.3	11.8	7.0	7.5	7.9
	60	1.33	1.43	1.48	10.6	11.4	11.9	173	186	192	121	130	135	12.0	12.9	13.3	8.0	8.6	8.9
	70	1.48	1.59	1.65	11.9	12.7	13.2	192	207	215	135	145	150	13.3	14.3	14.9	8.9	9.5	9.9
	80	1.63	1.75	1.82	13.1	14.0	14.6	212	228	237	148	159	166	14.7	15.8	16.4	9.8	10.5	10.9

（续）

妊娠阶段	体重 (BW) (kg)	干物质采食量 (DMI) (kg/d)			代谢能 (ME) (MJ/d)			粗蛋白质 (CP) (g/d)			代谢蛋白质 (MP) (g/d)			钙 (Ca) (g/d)			磷 (P) (g/d)		
		单羔	双羔	三羔	单羔	双羔	三羔	单羔	双羔	三羔	单羔	双羔	三羔	单羔	双羔	三羔	单羔	双羔	三羔
后期	30	1.06	1.20	1.29	8.5	9.7	10.3	138	156	168	97	109	117	9.6	10.8	11.6	6.4	7.2	7.7
	40	1.29	1.45	1.56	10.3	11.6	12.5	167	189	203	117	132	142	11.6	13.1	14.0	7.7	8.7	9.4
	50	1.49	1.68	1.79	11.9	13.4	14.3	194	218	232	136	152	162	13.4	15.1	16.1	8.9	10.1	10.7
	60	1.68	1.90	2.01	13.4	15.2	16.2	218	247	262	153	173	183	15.1	17.1	18.1	10.1	11.4	12.1
	70	1.87	2.10	2.24	15.0	16.8	17.9	243	273	291	170	191	204	16.8	18.9	20.1	11.2	12.6	13.4
	80	2.04	2.32	2.45	16.4	18.5	19.6	265	302	319	186	211	223	18.4	20.9	22.1	12.2	13.9	14.7

注：妊娠第1～90天为前期，第91～150天为后期。

表5-12　肉用山羊泌乳母羊干物质、能量、蛋白质、钙和磷需要量

泌乳阶段	体重 (BW) (kg)	干物质采食量 (DMI) (kg/d)			代谢能 (ME) (MJ/d)			粗蛋白质 (CP) (g/d)			代谢蛋白质 (MP) (g/d)			钙 (Ca) (g/d)			磷 (P) (g/d)		
		单羔	双羔	三羔	单羔	双羔	三羔	单羔	双羔	三羔	单羔	双羔	三羔	单羔	双羔	三羔	单羔	双羔	三羔
前期	30	0.95	1.09	1.14	7.6	8.7	9.1	124	142	148	86	99	104	8.6	9.8	10.3	5.7	6.5	6.8
	40	1.17	1.32	1.39	9.4	10.6	11.1	152	172	181	106	120	126	10.5	11.9	12.5	7.0	7.9	8.3
	50	1.36	1.54	1.61	10.9	12.3	12.9	177	200	209	124	140	147	12.2	13.9	14.5	8.2	9.2	9.7
	60	1.55	1.75	1.83	12.4	14.0	14.6	202	228	238	141	159	167	14.0	15.8	16.5	9.3	10.5	11.0
	70	1.73	1.93	2.03	13.8	15.4	16.2	225	251	264	157	176	185	15.6	17.4	18.3	10.4	11.6	12.2
中期	30	0.92	1.17	1.32	7.4	9.4	10.6	120	152	172	84	106	120	8.3	10.5	11.9	5.5	7.0	7.9
	40	1.19	1.42	1.60	9.5	11.4	12.8	155	185	208	108	129	146	10.7	12.8	14.4	7.1	8.5	9.6
	50	1.39	1.65	1.85	11.1	13.2	14.8	181	215	241	126	150	168	12.5	14.9	16.7	8.3	9.9	11.1
	60	1.58	1.87	2.09	12.6	15.0	16.7	205	243	272	144	170	190	14.2	16.8	18.8	9.5	11.2	12.5
	70	1.76	2.08	2.31	14.1	16.6	18.5	229	270	300	160	189	210	15.8	18.7	20.8	10.6	12.5	13.9
后期	30	0.89	1.05	1.18	7.1	8.4	9.4	116	137	153	81	96	107	8.0	9.5	10.6	5.3	6.3	7.1
	40	1.08	1.27	1.42	8.7	10.1	11.4	140	165	185	98	116	129	7.0	11.4	12.8	6.5	7.6	8.5
	50	1.27	1.48	1.66	10.2	11.8	13.3	165	192	216	116	135	151	11.4	13.3	14.9	7.6	8.9	10.0
	60	1.44	1.67	1.87	11.5	13.4	14.9	187	217	243	131	152	170	13.0	15.0	16.8	8.6	10.0	11.2
	70	1.61	1.86	2.08	12.9	14.9	16.6	209	242	270	147	169	189	14.5	16.7	18.7	9.7	11.2	12.5

注：泌乳第1～30天为前期，第31～60天为中期，第61～90天为后期。

表 5-13　肉用山羊种用公羊干物质、能量、蛋白质、中性洗涤纤维、钙和磷需要量

体重(BW)(kg)	干物质采食量(DMI)(kg/d)		代谢能(ME)(MJ/d)		粗蛋白质(CP)(g/d)		代谢蛋白质(MP)(g/d)		中性洗涤纤维(NDF)(kg/d)		钙(Ca)(g/d)		磷(P)(g/d)	
	非配种期	配种期	非配种期	配种期	非配种期	配种期	非配种期	配种期	非配种期	配种期	非配种期	配种期	非配种期	配种期
50	1.14	1.26	9.1	10.0	160	189	112	132	0.40	0.44	10.3	11.3	6.8	7.6
75	1.55	1.70	12.4	13.6	217	255	152	179	0.54	0.60	14.0	15.3	9.3	10.2
100	1.92	2.11	15.4	16.9	269	317	188	222	0.57	0.74	17.3	19.0	11.5	12.7
125	2.27	2.50	18.2	20.0	318	375	222	263	0.79	0.88	20.4	22.5	13.6	15.0
150	2.60	2.86	20.8	22.9	364	429	255	300	0.91	1.00	23.4	25.7	15.6	17.2

表 5-14　肉用山羊矿物质和维生素需要量

矿物质和维生素需要量	生理阶段				
	2～14 kg 哺乳羔羊	15～50 kg 生长育肥羊	30～80 kg 妊娠母羊	30～70 kg 泌乳母羊	50～150 kg 种用公羊
钠（Na）(g/d)	0.3～0.5	0.6～1.6	0.7～1.8	1.0～1.9	1.0～1.8
钾（K）(g/d)	1.0～3.5	3.5～10.0	4.5～10.5	7.0～11.0	8.0～12.0
氯（Cl）(g/d)	0.2～0.4	0.4～1.2	0.8～1.5	0.9～1.5	0.9～1.6
硫（S）(g/d)	0.6～1.3	1.0～4.2	3.0～4.5	3.5～5.8	3.5～5.2
镁（Mg）(g/d)	0.3～0.8	0.6～2.3	1.0～2.5	1.5～3.5	1.8～3.7
铜（Cu）(mg/d)	0.9～3.0	6.0～34.0	9.0～36.0	9.0～38.0	12.0～38.0
铁（Fe）(mg/d)	0.2～18.0	19.0～70.0	30.0～88.8	40.0～100.0	50.0～110.0
锰（Mn）(mg/d)	0.6～13.0	10.0～33.3	11.0～57.0	14.0～58.0	14.4～67.0
锌（Zn）(mg/d)	0.4～15.0	12.0～56.0	14.0～78.0	38.0～81.0	36.4～90.0
碘（I）(mg/d)	0.1～0.4	0.3～1.6	0.9～1.8	1.0～1.9	1.0～2.0
钴（Co）(mg/d)	0.1～0.3	0.3～0.7	0.3～0.9	0.4～1.0	0.4～1.0
硒（Se）(mg/d)	0.1～0.3	0.4～0.9	0.5～1.0	0.5～1.0	0.6～1.5
维生素 A（IU/d）	700～4 600	5 000～10 300	5 100～9 000	5 300～10 600	5 700～11 300
维生素 D（IU/d）	60～1 200	1200～2 700	1 100～2 800	1 100～3 000	1 400～3 500
维生素 E（IU/d）	20～60	60～120	90～200	90～240	150～300

第二节　肉羊日粮配合

肉羊日粮是指每只羊一昼夜采食的各种饲料总量。肉羊配合日粮是根据不同生理时期羊的营养需要标准、原料的营养价值、饲料资源的数量及价格，按照科学的饲料配方生产出来的由多种饲料原料组成的混合饲料。日粮配合得是否合理直接影响肉羊的肥育效果、饲料报酬和养殖效益。

一、配合日粮分类

配合日粮可分为：全价配合饲料、精料补充料、添加剂预混料、浓缩饲料和代乳饲料。

全价配合饲料是指除水分外能完全满足动物营养需要的配合饲料，饲料所含的各营养成分均衡全面，能够完全满足动物的营养需要，不需添加任何成分就可以直接饲喂。它是由蛋白质饲料、能量饲料、粗饲料和添加剂四部分组成的配合料。

精料补充料指为了补充以粗饲料、青饲料、青贮饲料为基础的草食动物的营养而用多种饲料原料按一定比例配制的饲料，也称混合精料。主要由能量饲料、蛋白质饲料、矿物质维生素添加剂组成，主要适合饲喂牛、羊、兔等草食动物。这种饲料营养不全价，用以补充采食饲草不足的那一部分营养，饲喂时必须与粗饲料、青饲料或青贮饲料搭配在一起。

添加剂预混料是由一种或多种营养与非营养性添加剂原料，与载体或稀释剂按一定比例配制成的均匀混合物。含有矿物质、维生素、氨基酸、抗氧化剂、防霉剂、着色剂等，可供生产全价配合饲料及浓缩饲料使用，但不能直接饲喂动物。用量很少（在配合饲料中添加量一般为0.5%～5%），但作用很大，具有补充营养、促进动物生长、防治疾病、改善动物产品质量等作用。

浓缩饲料是由蛋白质饲料、添加剂预混料按一定比例配制成的均匀混合物。按一定比例将浓缩饲料与能量饲料、粗饲料混合均匀，就可以配制成全价配合饲料，浓缩饲料占全价配合饲料的比例通常为20%～40%。

代乳饲料是由脱脂乳、乳清和植物性蛋白质饲料、油脂、易溶性碳水化合物、维生素、无机盐类及幼畜正常生长发育所需的其他物质所组成的，是专为哺乳期幼畜配制，以代替自然乳的全价配合饲料。其营养成分及营养价值接近常乳。

二、日粮配合的原则

根据羊不同体重、用途、生产性能、性别等条件下对能量、蛋白质、矿物质和维生素等营养物质的需要，选择相应的饲养标准和饲料营养成分表来进行日粮配合，做到日粮营养水平符合肉羊生长与育肥等的需要。要充分理地利用当地的牧草、农作物和农副业加工产品等饲料资源，尽量选择当地产量较大、价格比较低廉的饲料原料，少用或不用价格昂贵的饲料。羊是反刍动物，粗饲料占日粮干物质的比例不低于30%。

三、日粮配合的方法

日粮配合的方法有电脑配方设计和手工计算法。电脑配方设计是日粮配方设计最常用的方法，具有速度快、准确等优点。现在，可以通过配方软件，利用线性规划原理，在短时间内，求出营养全价并且成本最低的最优日粮配方。手工计算法包括试差法、对角线法等，其中试差法是手工计算法中最常用的方法。

四、日粮配合的步骤

步骤1：查饲养标准

根据羊的性别、体重、年龄阶段和生产水平，选择相应的饲养标准。

步骤2：查中国饲料成分及营养价值表

根据当地的饲料资源确定参配饲料原料种类并查出饲料的营养成分。

步骤3：确定粗饲料的摄入量

根据羊的生长及生产阶段，确定粗饲料的摄入量。根据粗饲料成分及营养价值表计算出粗饲料提供的能量、蛋白质等营养量。

步骤4：初步拟定各种精料用量并计算出其养分含量

从总营养需要量中扣除粗饲料提供的部分，得出需要精饲料提供的营养量。根据能量和蛋白质要求，初步拟定能量饲料和蛋白质饲料在日粮中的配比，并计算能量和蛋白质实际含量，与饲养标准比较。通过调整，使之符合动物营养需要。

步骤5：确定矿物元素和维生素等添加剂的量

计算日粮中钙磷含量与差额，确定钙磷饲料的用量，确定食盐用量，确定其他矿物元素和维生素添加剂用量，确定必需氨基酸用量。最后确定配方。

五、青藏高原牧区肉羊精料补充料

青藏高原牧区肉羊精料补充料是以玉米、豆粕、棉粕、DDGS为主要原料，适量添加石粉、氯化钠、磷酸氢钙、碳酸氢钠、多种微量元素和维生素，经粉碎、混合、调质、制粒加工而成，主要用于青藏高原牧区半放牧半舍饲、舍饲育肥期、冷季枯草期、妊娠期、哺乳期、羔羊育成期，用以补充采食牧草不足的那一部分营养。

肉羊精料补充料分为羔羊精料补充料、育成期精料补充料、育肥期精料补充料、母羊精料补充料、公羊精料补充料等。

羔羊精料补充料，用于7～60日龄羔羊，饲料中粗蛋白含量为17%～20%，粗纤维12%以下，粗灰分13%以下，总钙0.5%～1.8%，总磷0.4%左右，食盐0.3%～1.8%，赖氨酸不低于0.8%。

育成期精料补充料，用于肉羊育成期，饲料中粗蛋白含量为15%～17%，粗纤维12%～17%，粗灰分12%以下，总钙0.5%～2.0%，总磷0.4%～0.6%，食盐0.3%～2.0%，赖氨酸不低于0.6%。

育肥期精料补充料，用于肉羊育肥期，饲料中粗蛋白含量为13%～16%，粗纤维13%～16%，粗灰分14%以下，总钙0.5%～1.8%，总磷0.4%左右，食盐0.3%～1.8%，赖氨酸不低于0.4%。

母羊精料补充料，用于成年母羊，饲料中粗蛋白含量为16%，粗纤维13%，粗灰分13%以下，总钙0.5%～1.8%，总磷0.4%左右，食盐0.3%～1.8%，赖氨酸不低于0.4%。

公羊精料补充料，用于成年公羊，饲料中粗蛋白含量为18%，粗纤维13%，粗灰分13%以下，总钙0.5%～1.8%，总磷0.4%左右，食盐0.3%～1.8%，赖氨酸不低于0.5%。

第三节　青藏高原牧区肉羊饲养管理技术

青藏高原牧区包括西藏、青海、甘肃南部、四川西北部、云南北部等部分地区。西藏、青海牧区属于高寒牧区，具有海拔高、气温低、冷季时间长等特点。青藏高原牧区肉羊饲养方式，由于各地自然条件的不同，分为放牧饲养、半放牧半舍饲饲养和全舍饲饲养。

青藏高原牧区海拔普遍在 3 000 m 以上，气候干燥，年降水量少，有广阔的天然草原，饲养方式以全年放牧为主，仅在大雪时期补饲草料。靠近农区的区域，海拔较低，能够出产青稞、玉米等农作物，秸秆等粗饲料较多，饲养方式多采用半放牧半舍饲饲养和全舍饲饲养相结合的方式。

一、青藏高原牧区肉羊放牧饲养技术

羊具有合群性、下切齿锋利且稍向外倾斜、牧食能力强等特点，故适合放牧饲养。放牧效果的好坏主要取决于两个条件：一是草场的质量和利用的合理性；二是放牧方法和技术是否得当。

根据放牧方式的不同，大体可分为游牧、定居轮牧。

游牧是一种传统的生产方式，即在一定的地区范围内，牧民按“春洼、夏岗、秋平、冬暖”的原则选择好四季牧场，使羊群随寒暑追逐水草，以帐篷为室，居无常处，四季飘移不定，完全靠天养羊。这种游牧方式在少部分地区还保留。

定居轮牧，即人员实行定居，草场实行承包制，修建网围栏，划定两季或四季草场进行轮牧，把羊群限制在一定范围内采食，减少羊群的运动，比自由放牧提高牧草利用率15%，提高羊只增重10%～30%；同时修建饮水设施、补料设施和敞棚等。这是目前广大牧区较普遍推行的一种方式，放牧的路线和范围比纯游牧时缩小很多。

放牧羊群多以户为单位，由不同生长阶段的羊混合组成，规模数百乃至上千只不等，棚圈简单，设备不足，草料贮备能力差，抗灾和防疫力量单薄，生产水平不高。

由于季节间牧草的质和量极不平衡，因此全年放牧条件下的羊群在膘情上出现“夏壮、秋肥、冬瘦、春乏”的恶性循环。全年基本是冷季 6 个月掉膘，暖季 6 个月增膘，掉膘与增膘的体重相差 10～20 kg。

放牧的关键是要立足“膘”字，着眼“草”字，防范“病”字，狠抓“放”字。放牧时，除应了解和熟悉草场的地形、牧草生长情况和气候特点外，还要做到两季慢（秋冬两季放牧要慢）、三坚持（坚持跟群放牧、坚持早出晚归、坚持每日饮水）、三防（防雷雨、防蚊蝇、防兽害）。同时，要根据不同季节的气候特点，合理调整放牧时间和距离，以保证羊能吃饱、吃好。冬季寒冷、多冰霜，应推迟早上出牧时间，提前晚上收牧时间；夏季日照时间长，可延长羊的早、晚放牧时间。

二、青藏高原牧区肉羊放牧饲养补饲技术

在靠近农区的区域，即半农半牧区，冷季为 10 月至次年 3 月，为保证羊群正常生长

发育、繁殖和安全越冬，可采取定时放牧，出牧前或归牧回到暖棚后再补饲草料的饲养方式，也可以称为半放牧半舍饲饲养。在冷季，由于牧草产量下降、营养成分减少，气候寒冷，自然放牧和敞篷饲养已经远远不能满足肉羊生长需求，导致羊在冬春两季掉膘和死亡情况严重。

在高寒牧区，设计建设适合本地区的节能性暖棚可以为羊的生长发育、繁殖等生理活动提供适宜的环境条件。

羊群的补饲时间要因地制宜，青干草可分早、晚两次补给，精料在晚上一次性补给。给绵羊补充饲料可采取每日定额制，成年羊每日补充粗饲料 0.5～1.0 kg，精饲料 0.5～1.0 kg，羔羊每日补充粗饲料 0.25～0.5 kg，精饲料 0.25～0.5 kg。

为了使羊安全过冬，应通过收储或购买等方式，贮备足够的草料。贮备数量应按当地越冬期的长短、羊的生产性能及饲草料的质量而定。每年有计划地保留一部分草场用于收储草。在牧草初花到抽穗期，牧草内蛋白质含量高且可消化率高，粗纤维含量低，是打草的最适宜时期，可将打来的草制成干草。

三、青藏高原牧区肉羊育肥技术

育肥的主要方式有：

（1）放牧育肥　利用天然草场、人工草场或秋茬地放牧，是藏羊抓膘的一种育肥方式。育肥大羊包括淘汰的种公羊、种母羊，两年未孕不宜繁殖的空怀母羊，以及有乳腺炎的母羊。因其活重的增加主要取决于脂肪组织的增加，故适于在禾本科牧草较多的草场放牧。育肥羔羊主要指断奶后的非后备公羔羊。因其增重主要靠蛋白质的增加，故适宜在以豆科牧草为主的草场放牧。成年羊放牧育肥时，日采食量可达 7～8 kg，平均日增重 150～280 g。

育肥期羯羊群可在夏场结束育肥；淘汰母羊群在秋场结束；中下等膘情羊群和当年羔在放牧后，适当抓膘补饲达到上市标准后结束。

（2）舍饲育肥　指按饲养标准配制日粮进行育肥，是肥育期较短的一种育肥方式。舍饲肥育效果好、肥育期短，能提前上市，适于饲草料资源丰富的农区或半农半牧区。羔羊，包括各个时期的羔羊，是舍饲育肥羊的主体。大羊主要来源于放牧育肥的羊群，一般是认定能尽快达到上市体重的羊。舍饲肥育的精料可以占到日粮的 45%～60%，随着精料比例的增大，羊只育肥强度加大，故要注意预防过食精料引起的肠毒血症和钙磷比例失调引起的尿结石症等。料型以颗粒料的饲喂效果较好，圈舍要保持干燥、通风、安静和卫生，育肥期不宜过长，达到上市要求即可出售。

（3）混合育肥　指放牧与舍饲相结合的育肥方式。它既能充分利用生长季节的牧草，又可取得一定的强度育肥效果。放牧羊只是否转入舍饲肥育主要视其膘情和屠宰重而定。根据牧草生长状况和羊采食情况，采取分批舍饲与上市的方法，效果较好。

第六章　肉羊高效繁育技术

第一节　繁殖季节与配种

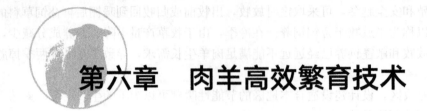

在自然环境下，母羊的繁殖行为是一种复杂而精细的生理过程，涉及卵泡的发育、排卵、发情、妊娠等一系列活动。这些活动呈现出周期性，构成了母羊交配受孕的生理基础。

一、肉羊的繁殖

肉羊的繁殖可以通过自然交配或人工授精实现。

自然交配是将种公羊和发情的母羊放在同一栏舍内进行交配。在自然交配过程中，种公羊会发现发情的母羊并进行交配。自然交配的优点是简单直接，符合自然的生理行为，但需要做好羊群管理和监控，确保交配的成功和避免不必要的损伤。

人工授精则是使用收集的种公羊精液，在适当的时间将其注入母羊的子宫。人工授精的优点是可以更精确地控制繁殖计划和遗传品质，以及避免垂直传播疾病的风险。

成功的肉羊繁殖需要饲养者对羊只的健康状况、繁殖周期和选种等方面有一定的了解，并具备相应的管理技巧。

二、繁殖季节

我国肉羊有明显的繁殖季节，在每个繁殖季节出现多个连续的发情周期，发情周期一般集中发生在短日照季节，即秋季。每年发情的开始时间及次数因品种及地区不同而有差异。

(一) 春季

春季是肉羊繁殖的高峰期，对于养殖户来说，这是一个非常重要的时期。养殖户需要做好各项准备工作，以确保繁殖工作的顺利进行。

1. 春季繁殖季节的特点　春季气温回暖、阳光充足、植物复苏，这些都有利于为肉羊提供丰富的饲草料。同时，春季也是肉羊发情的高峰期，公羊和母羊都会在这个时期开始发情。因此，春季有利于羊的受孕和生产。

2. 春季繁殖准备工作

(1) 调整饲养管理措施　养殖户需要在春季来临之前调整肉羊的饲养管理措施，增加饲料供应，提高肉羊的营养水平，同时，还需要注意保持圈舍的干燥和通风，以减少疾病的发生。

（2）选种选配　在春季繁殖之前，养殖户需要根据品种特点和遗传规律，选种选配。在选配时，需要选择体型健壮、性状优良的公羊和母羊进行配种，以提高后代的品质。

（3）做好繁殖记录　在繁殖季节，养殖户需要做好繁殖记录，包括配种时间、配种数量、母羊产羔情况等。这有助于了解繁殖效果和母羊的生产性能，为今后的繁殖工作提供参考。

3. 春季繁殖注意事项

（1）保持圈舍卫生　在繁殖季节，养殖户需要保持圈舍的清洁和卫生。及时清理羊粪和杂物，减少病原体的滋生。同时，还需要定期消毒圈舍，提高环境卫生水平。

（2）合理配种　在配种时，需要根据母羊的发情情况和公羊的性欲状况进行合理配种。避免出现过度交配或交配不足的情况，以保证繁殖效果。

（3）加强饲养管理　在繁殖季节，养殖户需要加强饲养管理，保证肉羊的营养需求。同时，还需要注意观察肉羊的食欲、排泄和行为等情况，及时发现并处理问题。

（二）夏季

在羊肉生产中，夏季繁殖具有显著的优势，同时也面临着一些不可避免的挑战。夏季饲草丰富，正是肉羊放牧长膘的大好时机。但夏季天气炎热，极易造成肉羊中暑或引起其他疾病。对这些因素的深入理解和有效应对，对于提高肉羊的繁殖效率，保证经济效益具有决定性的意义。

1. 夏季繁殖的优势

（1）高温环境有利于繁殖效率的提高　在青藏高原牧区夏季高温环境下，肉羊的繁殖效率得以提高。主要原因在于，这个时期的气温适宜*，光照充足，使得肉羊的生理机能处于较好的状态，更有利于交配和受孕。

（2）提供丰富的食物资源　夏季是各种植物生长最旺盛的季节，为肉羊提供了丰富的食物资源。夏季青草、牧草和其他植物性食物非常丰富，使羊的营养摄入得到保障，体质和繁殖能力得以增强。

2. 夏季繁殖的管理策略

（1）提供阴凉、通风的环境　在夏季高温天气下，肉羊需要避免长时间暴露在直射的阳光下。提供阴凉、通风的环境可以帮助肉羊保持凉爽和舒适。

（2）保持充足的饮水和营养　在高温环境下，肉羊需要更多的水分来维持正常的生理机能。同时，为了保持身体健康和提高繁殖效率，提供充足且营养均衡的食物也是至关重要的。

（3）定期进行寄生虫防治　尽管夏季寄生虫感染的风险较低，但仍然需要定期进行寄生虫防治。通过定期驱虫、保持圈舍卫生等方式，可以有效降低寄生虫感染的风险。

（三）秋季

1. 繁殖季节与繁殖特性　秋季被公认为是肉羊繁殖的黄金季节。主要是因为秋季气温适宜，食物资源丰富，羊只的生理机能处于最佳状态，这些因素共同为母羊交配和受孕

* 青藏高原牧区夏季平均气温12～19℃，最高气温为19～25℃，极端最高气温为27～32℃，温度较为适宜肉羊生长繁殖。

创造了良好的条件。秋季繁殖的特性主要体现在较高的繁殖率和良好的胚胎发育。在秋季，母羊的发情期较长，排卵数多，这使得繁殖的成功率得以显著提高。同时，胚胎在秋季的稳定性较高，这对胚胎的发育和羊只的健康都有着积极的影响。

2. 配种前准备 在秋季繁殖前，需要进行一系列的准备工作以确保繁殖的成功。首先，对羊群进行调整和选种选配，选择健康、遗传性能良好的公母羊进行配种，以保证后代的优良品质。其次，调整饲料的种类和数量，提供充足的营养，保证母羊的健康和胎儿的发育。最后，对环境进行调控并准备场地，保持圈舍的清洁、干燥和通风，为母羊提供一个舒适的生活环境，以利于其繁殖。

3. 人工辅助配种与配种记录 在秋季繁殖期间，为了提高繁殖效率和保证羊只的健康，通常采用人工辅助配种技术。这些技术包括人工授精、同期发情等，可以有效提高繁殖的成功率。同时，建立配种记录和档案，详细记录每只母羊的配种情况、产羔情况等，以便进行繁殖性能评估和疾病防治，这对于提高繁殖效率和保证羊只健康至关重要。

4. 繁殖周期与繁殖性能评估 秋季繁殖期间，需要对母羊的繁殖周期进行观察和记录。通过观察母羊的发情周期、排卵情况等，可以准确确定繁殖周期。同时，对母羊的繁殖性能进行评估，包括产羔率、羔羊成活率等。通过这些评估，可以了解母羊的繁殖能力和健康状况，及时发现问题并采取相应的措施，以确保繁殖的成功。

(四) 冬季

肉羊的冬季繁殖在肉羊养殖中具有重要意义。合理利用和管理冬季繁殖资源，可以提高肉羊的出栏率和经济效益，同时也有助于维持肉羊的生长平衡。

1. 肉羊冬季繁殖的重要性

(1) 提高出栏率 冬季繁殖是肉羊养殖的关键环节。通过科学的繁殖管理，可以显著提高肉羊的出生率和成活率，进而提高出栏率，从而提升养殖效益。

(2) 提高经济效益 冬季繁殖可以有效缩短肉羊的养殖周期，提高养殖效率，增加养殖收益。同时，也可以为冬季市场提供更多的羊肉产品，满足消费者的需求，进一步推动肉羊产业的发展。

(3) 维持肉羊生长平衡 冬季繁殖有助于维持肉羊的生长平衡，保证肉羊的生长质量和健康状况。

2. 肉羊冬季繁殖的营养管理

(1) 增加能量饲料 冬季气温低，肉羊需要更多的能量来维持体温。因此，需要调整饲料配方，增加能量饲料（如玉米、小麦等），以满足肉羊的能量需求。

(2) 增加适量脂肪和蛋白质 在饲料中增加适量的脂肪和蛋白质等营养物质，可以提高肉羊的抗寒能力和繁殖性能，保证肉羊在冬季的生存和繁殖。

(3) 补充维生素和矿物质 冬季肉羊容易缺乏维生素和矿物质，因此需要在饲料中添加适量的维生素和矿物质补充剂，以保证肉羊的健康和繁殖性能。

3. 肉羊冬季繁殖的繁殖技术

(1) 自然交配法 在冬季繁殖中，自然交配法是一种常用的繁殖技术。通过观察母羊的发情期和公羊的配种能力，合理安排交配时间，促进自然受孕，提高繁殖效率。

(2) 人工授精法 人工授精法是一种通过人工方式将公羊的精液输送到母羊子宫内的

繁殖技术。在冬季繁殖中，人工授精可以提高受孕率和产羔率，提高繁殖效率。

三、配种

青藏高原牧区纬度较高，四季分明，夏秋季短，冬春漫长，气候干旱，天然牧草稀疏低矮，草种较单纯，枯草期长，四季供应极不平衡。因此，肉羊表现为季节性发情。据观察，肉羊习惯冬季产羔，一般在7—9月配种，12月至翌年2月产羔，产羔母羊占母羊总数的70%～80%。

(一) 配种方法

肉羊配种方式主要有两种：一种是自然交配；另一种是人工授精。自然交配又分为自由交配和人工辅助交配。自由交配是指在配种季节内，按一定公、母比例[一般公、母比为1：(30～50)，最多1：60]，将公羊和母羊同群放牧饲养或同圈喂养。母羊发情时与同群的公羊进行交配。这种方法又叫群体本交。为了避免3月青黄不接期间产羔对母羊不利，到9月以后就停止配种，隔1个多月后的11月再继续配种，直到12月底结束。但自然交配有许多缺点。为了克服自然交配的缺点，但又不能开展人工授精时，可采用人工辅助交配法。采用这种方法，公、母羊在繁殖季节互相不干扰影响抓膘。同时，可以准确登记公、母羊的耳号及配种日期，这样可以预测产羔日期，减少公羊体力消耗，提高受配母羊数，使母羊集中产羔，缩短产羔期配种。另外，还可知道后代血缘关系，以便进行有效的选种选配工作。

人工授精是指通过人为的方法，用器械采集公羊精液，经过精液品质检查和稀释处理后输入到母羊的子宫内，使卵子受精以繁衍后代。这是最先进的配种方式。根据藏羊产区的饲草料、气候情况，在8—9月及11月配种是适当的，因为这时期母羊膘肥体壮，发情整齐，公羊精力充沛，性欲旺盛，这时进行配种，母羊可于翌年1—2月及4月期间产羔。生产实践证明，一般冬羔越冬期的发育和裘皮品质比春羔好，故应多产冬羔，少产春羔。当放牧和饲料条件好时，产冬羔数多些；反之，若遇春季干旱，牧草生长不良，到翌年产春羔的比例就自然增大。冬羔平均成活率为90%左右，春羔平均为80%左右。

(二) 配种时期的选择

羊的配种时期及配种方法的选择，对羊的成活率及成长来说，都有非常重要的影响。由于羊的品种不同，在不同季节的影响下，配种成功率也大不相同。

绵羊和山羊都属于短日照季节性多次发情的动物，一般情况下，在夏末及秋季发情最为常见。对于绵羊和山羊而言，最佳配种月份应当根据产羔月份来进行匹配，这与羔羊的成活率及健康情况有直接联系。产羔月份应以羔羊出生后具备良好的生长发育条件、生长环境、营养条件的月份为宜。

冬羔在断奶之后，便可以立马吃上新鲜的青草，对于羔羊自身的发育和生长来说，有非常积极的影响和作用，并且其自身的越冬能力会非常强。但是在这个时期母羊由于孕后及哺乳期都在冬季，所以其自身的情况很容易对羊羔产生影响，加之天气寒冷的原因，导致营养供应不全，母羊自身很容易出现营养不足的情况，对羊羔的发育会产生影响。另外，在冬季，如果羔羊的御寒设备准备不完善、管理不当或营养不足的话，很容易导致羔羊的成活率低、发育不良，甚至可能会出现冻死或饿死的现象。

秋季产羔率最高，羔羊的成活率处于中等水平。在一些海拔比较低的地区，秋季产羔，不仅便于为哺乳期母羊及羔羊准备充足的饲料（包括胡萝卜、干草或者是一些其他农副产品等），而且能够为羔羊生长提供良好的养育环境。在人工补给的情况下，在保证哺乳期母羊及羔羊自身发育情况保持良好的基础上，能够保证羔羊安全度过冬季，并且能够获得理想的断奶羔羊。在羔羊断奶之后，羔羊受到肠道疾病或寄生虫病的危害比较小。秋季正是母羊妊娠的好时期，其自身的食欲及消化率都有所提升，对羔羊的发育及生长都有良好作用。在秋季对羊进行配种时，需要注意，不能超过7月底，这样才能够保证各个方面的完善。

产春羔的主要缺点是母羊在整个妊娠期都处在饲草料不足、营养水平最差的阶段，由于母羊营养不良，造成胎儿的个体发育不好，产后初生重比较小，体质弱，春羔皮伸张力小、缺乏弹性、毛较稀、易松散、光泽差。这样的羔羊，虽经夏、秋季节的放牧能获得一些补偿，但紧接着冬季到来，则较难于越冬度春；在第二年剪毛时，无论剪毛量，还是体重，春羔都比冬羔低。另外，由于春羔断奶时已是秋季，牧草开始枯黄、营养价值降低，特别是在草场不好的地区，对断奶后母羊的抓膘、母羊的发情配种及当年的越冬度春都有不利的影响。

综上所述，肉羊以8—9月配种、翌年1—2月产羔较好，对母羊抓膘、羔羊生长发育和二毛皮品质均有良好影响。

（三）配种管理

羊的配种可采用人工授精方式，也可采用自然交配方式。应根据初情期的体重和年龄，对青年母羊进行配种。在首次配种时，青年母羊的体重应达到预计成年体重的65%～70%。

1. 冷冻精液 制备冷冻精液是一种高度专业化的技术。注重每一个步骤的细节对于维持精液质量是十分重要的。不同公羊的精液耐冻性有差异。在人工授精中心设备完善的实验室内，由经验丰富的技术人员对精液进行处理，可获得良好的效果。

2. 人工授精 使用优质精液在合适时间对母羊进行正确的人工授精后，首次授精的母羊受孕率可达到50%～60%，二次授精的受孕率相同。

3. 胚胎移植 常用于提高珍贵肉羊和妊娠母羊数量。胚胎的性别鉴定技术也已经用于实际生产中。

4. 自然交配 在采用自然交配方式时，应根据出生羔羊的预期体重来选择合适的公羊；而公羊自身的初生重（不是其成年体重）可作为有用的指标。

第二节 肉羊繁殖技术

一、精液冷冻技术

（一）精液保存的原理

冷冻保存是一种保存种质的方法，在农业、生物技术和濒危动物保护方面都有应用。然而，采用冷冻技术保存精液，只有大约50%的精子在冷冻保存后保持活力。这种丢失与精子不同组分的损伤有关，包括质膜、细胞核、线粒体、蛋白质、mRNA和microRNA。

为了减轻这种损伤，传统的策略是使用化学添加剂，包括经典的冷冻保护剂（如甘油）、抗氧化剂、脂肪酸、糖、氨基酸和膜稳定剂等。

精液的冷冻保存是一个复杂的过程，涉及许多试剂的调节以达到理想的结果。为了确保冷冻成功，需要合适的稀释剂、精子稀释率、冷却率和解冻率。此外，需要全面了解精子生理学知识，才能最大限度地提高解冻后精子的活力，从而最大限度地提高羊的生育能力。

（二）肉羊精液保存技术

1. 冷冻精液制作技术　制作冷冻精液需要很多设备，适合在有条件的精液冷冻站进行。冷冻精液的制作方法主要有颗粒法、安瓿法、细管法 3 种方法。其中以颗粒法最为简便，所需器材设备少，但缺点是不能单独标记，易混杂，解冻速度缓慢，费时费力。从理论上来讲，在解冻和冷冻过程中，细管受温较匀，冷冻效果较好。目前，我国以颗粒法制作为主，并逐步趋向细管法制作发展。

在冷冻精液制作过程中需要注意以下几点：在准备过程中要保持器械的清洁和消毒，以避免任何污染对精液造成影响。操作过程中要经常观察精液的质量和状态，确保其清澈无异味。冻存过程应尽量快速进行，避免精液在低温下长时间暴露出现应激反应。冻存设备和仪器（如液氮罐和冷冻机等）需要经常保养和维修，以确保它们的功能正常稳定。

2. 颗粒法冻精的保存方法

（1）质量检测　对每批制作的冻精颗粒，都必须抽样检测。一般要求每颗粒容量为 0.1 mL，精子活率应在 0.3 以上，每颗粒有效精子 1 000 万个（可定期抽检），凡不符上述要求的精液不得入库贮存。

（2）分装　冻精颗粒一般按 30～50 粒分装于 1 个纱布袋或 1 个小玻璃瓶中。

（3）标记　每袋颗粒精液均必须标明公羊品种、公羊号、生产日期、精子活率及颗粒数量，再按照公羊号将颗粒精液袋装入液氮罐提桶内，浸入固定在液氮罐内贮存。

（4）分发、取用　取用冷冻精液，应在广口液氮罐或其他容器内的液氮中进行。冷冻精液每次脱离液氮时间不得超过 5 s。

（5）贮存　贮存冻精的液氮罐应放置在干燥、凉爽、通风和安全的库房内。由专人负责，每隔 5～7 d 检查一次罐内的液氮容量，当剩余的液氮为容量的 2/3 时，须及时补充。要经常检查液氮罐的状况，如果发现外壳有小水珠、挂霜或者发现液氮消耗过快，则说明液氮罐的保温性能差，应及时更换。

（6）记录　每次入库或分发，或耗损报废的冷冻精液数量及补充液氮的数量等，必须如实记录清楚，并做到每月结算一次。

3. 冻精的解冻技术　冷冻精液的冷却速度、升温速度与存活率之间存在显著相互作用。从基本冷冻生物学的角度来看，快速冷却的样品必须快速升温，因为冷却的精液在升温时会发生有害的重结晶，因此升温速度必须足以超过这一过程。用细管、安瓿分装的冻精，可以直接在 35～40℃的温水中解冻，只等细管或安瓿内的精液融化一半时，便可以从温水中取出来以备使用。冻精颗粒解冻时，先将解冻液注入灭菌的小玻璃管中，然后用 40～45℃温水加温，待解冻液温度达到 40℃时，打开液氮罐，马上用长把镊子向外提取冻精颗粒，并立即投入已加温的解冻液中，边溶化边摇晃试管 5～10 s，待冻精颗粒溶化到小米粒大时，迅速将试管取出水面，再继续摇晃到全部溶化。

二、同期发情

羊同期发情技术是指通过激素等方法人为控制母羊群发情进程，使母羊群集中于特定时间段同时发情、排卵，实现肉羊批量化生产的高效繁殖技术。羊同期发情的基本途径有两种：一种延长黄体期，另一种是缩短黄体期。

（一）羊同期发情处理方法

1. 孕激素法 孕激素法是指使用外源性孕激素让母羊处于激素高水平状态，一旦停止用药，激素水平下降，母羊开始发情，卵泡开始发育。孕激素的半衰期较短，一般联合使用阴道栓（如 CIDR 栓）。孕激素的使用方法有阴道栓法、皮下植入法和口服法等。阴道栓法的主要材料包括阴道海绵栓和硅胶海绵栓，这两种阴道栓主要用于将孕激素（如黄体酮阴道缓释剂）放置到母羊的阴道深部并留置牵引绳，放置 12 h 后取出，大概 48 h 后母羊开始发情。皮下植入法是指皮下植入孕激素药管 1 周左右，按体重注射孕马血清促性腺激素（PMSG），3 d 后母羊开始发情。口服法是指在母羊饲料中拌入孕酮，连续使用 2 周左右，母羊开始发情。

2. 前列腺激素法 前列腺激素法也叫 PG 法，原理是给母羊注射前列腺激素使黄体溶解，母羊开始发情。PG 法主要有一次皮下注射法和两次皮下注射法，PG 法主要用到的药物是氯前列烯醇（$PGF_{2\alpha}$）和 15-甲基前列腺素，$PGF_{2\alpha}$ 注射剂量为 0.2 mg/只。一次皮下注射法是给母羊注射一次前列腺激素，在确定母羊发情结束后的第 9 天注射，2～3 d 后母羊开始发情。两次皮下注射法是在母羊发情后的 10～15 d，每只母羊颈部肌内注射 0.2 mg 氯前列烯醇制剂，间隔 10～12 d 时间后，再对全群羊肌内注射同样剂量的氯前列烯醇，如此处理后所有的母羊都处于发情周期的 5～18 d 之内，可获得接近 100%的同期发情率。

3. 激素与阴道栓结合法 促性腺激素释放激素（GnRH）和 PMSG 均对母羊发情、排卵有促进作用，二者结合使用对母羊发情有很好的效果，可提高发情率和产羔数，一般在母羊发情前第 5 天使用效果最好。把 CIDR 栓放置到母羊阴道深部，同时注射 GnRH 或 PMSG，在第 9 天去除 CIDR 栓，同时注射前列腺激素，在注射完第 2 天注射 GnRH 或 PMSG，注射完成后 2 d 内母羊开始发情。这种结合法发情率最高，唯一的缺点是操作比较烦琐、成本比较高。

4. 三合激素法 三合激素法是指组合运用雌激素、雄激素和孕酮，促进母羊发情。用药剂量为雌激素 1.55 mg、雄激素 25 mg、孕酮 12.5 mg，皮下注射 1 mL，24 h 后母羊开始发情。

（二）羊同期发情效果提升方法

1. 母羊选择 研究结果表明，在母羊繁殖季节进行同期发情，发情率明显高于非繁殖季节的发情率，本地品种母羊的发情率要高于外地引入品种，经产母羊的发情率高于第一胎母羊的发情率。母羊的健康状况也是影响发情的关键。一般情况下，发情率高的母羊体况良好、无肥膘、中等膘情、无生殖系统疾病、被毛光泽。

2. 药物选择　可用于羊同期发情的药物主要有两大类：一类是抑制卵泡发育的药物，主要是孕激素类药物，原理是抑制垂体释放促性腺激素，该类药物可以口服、注射、皮下植入及栓塞等；另一类是溶解黄体的药物，主要有前列腺激素类、催产素和皮质类激素等（如 $PGF_{2\alpha}$、可的松），该类药物的主要作用是溶解黄体。

3. 季节选择　母羊的发情季节一般是在春秋两季。研究表明，发情季节的发情率和受孕率均高于非发情季节。母羊发情期一般为 2 d，每隔 20 d 发情一次。

4. 处理方法选择　羊的同期发情率因不同处理方法而有所差异。采用注射法时，$PGF_{2\alpha}$ 的注射剂量要根据羊的品种和体重进行选择，一般母羊注射 250～300 IU/只。研究表明，$PGF_{2\alpha}$ 两次注射法的效果优于一次注射的效果。研究表明，注射 PMSG 1～2 d 后同期发情率为 90%左右。阴道栓法是最优的方法，同期发情率为 98%左右。阴道栓法使用的阴道栓有不同种类。研究表明，硅胶阴道栓的同期发情率高于海绵阴道栓，但硅胶阴道栓的价格偏高，是海绵阴道栓的 2 倍。目前养殖场还是优先选择海绵阴道栓，一般使用海绵阴道栓会加入土霉素，可起到防止病菌感染的作用。使用海绵阴道栓不可将其全部浸泡到药物中，必须是即时蘸药物即时使用。

三、超数排卵和胚胎移植

（一）超数排卵

1. 概述　超数排卵是一种繁殖技术，旨在通过刺激和调控雌性动物的卵巢功能，使其在一个排卵周期内同时释放多个卵子。在正常情况下，雌性动物在每个排卵周期只会释放一个卵子，但通过超数排卵，可以促使卵巢同时释放两个或更多的卵子。

超数排卵涉及激素调控、卵泡发育、卵泡选择、排卵等关键过程。①激素调控：超数排卵通常涉及使用激素来模拟和调节动物体内的激素调节机制。其中最重要的激素是促性腺激素释放激素（GnRH），它通过刺激垂体腺体分泌促黄体生成素（LH）和卵泡刺激素（FSH）来调节卵巢功能。②卵泡发育：在激素的作用下，卵巢中的原始卵泡开始发育成熟。通过调控和监测激素水平，可以确保卵泡的适当发育，以提供充足的营养和良好的环境，使卵细胞能够正常成熟。③卵泡选择：在超数排卵过程中，卵巢中的多个卵泡会同时发育成熟。然而，并非所有的卵泡都能够成功排卵。通常，只有最健康和最具发育潜力的卵泡会被选择进行排卵。这种选择过程可能涉及卵泡大小、卵泡液中的激素水平和卵泡壁的状态等因素。④排卵：一旦卵泡发育成熟，LH 的释放会引发排卵过程。LH 的作用会触发卵泡破裂和释放卵细胞的过程，使卵子进入输卵管准备受精。在超数排卵过程中，多个卵泡几乎同时排卵，从而增加了受精卵的数量。

2. 操作步骤

（1）卵巢超声检查　在进行超数排卵之前，首先需要对肉羊的卵巢进行超声检查，以确定卵巢的状态、卵泡的数量和大小等。这样可以帮助确定是否适合进行超数排卵，并为后续的激素调控奠定基础。

（2）激素调控　超数排卵通常涉及使用激素来模拟和调节动物体内的激素调节机制。在肉羊繁殖中，常用的激素调控方案有：①GnRH 注射：通过注射促性腺激素释放激素来刺激垂体腺体分泌促黄体生成素和卵泡刺激素，促进卵泡发育和排卵。②孕酮类似物

(Progestogen) 处理：在超数排卵前的准备阶段，可能需要给予肉羊一段时间的人工控制，如使用孕酮类似物来抑制卵泡的发育，从而在激素处理期间使得卵泡的发育更加同步。③hCG 注射：在激素处理的最后阶段，通常使用人绒毛膜促性腺激素（hCG）来引发排卵。

（3）卵泡监测　在激素调控期间，需要通过超声检查来监测卵泡的发育情况。这可以帮助确定最佳的排卵时间和卵泡的数量。

（4）排卵诱导　当卵泡发育到合适的阶段时，通过注射 hCG 来诱导排卵。hCG 作用后，一般在 24～48 h 内母羊会发生排卵。

（5）受精和胚胎处理　在排卵发生后，可以通过自然交配或人工授精方式使卵子受精。对受精后的卵子可以进行进一步处理，如胚胎移植等。

3. 对肉羊繁殖的影响

（1）提高繁殖效率　超数排卵技术可以使肉羊同时释放多个成熟卵子，从而增加受精卵的数量。这样可以提高肉羊的繁殖效率，提升每个繁殖周期内的受精率和妊娠率。通过增加受精卵的数量，可以提高产羔率，增加每胎产羔数，从而提高肉羊的繁殖产出。

（2）缩短繁殖间隔　超数排卵技术可以缩短肉羊的繁殖间隔。通常情况下，肉羊的繁殖周期会持续一段时间，包括发情、受精、妊娠和哺乳等阶段。通过超数排卵技术，可以在较短的时间内获得更多的受精卵，从而缩短繁殖周期，提高肉羊的繁殖频率和产羔数量。

（3）扩大优良基因的传递　超数排卵技术可以帮助肉羊繁殖者更好地利用优良基因。通过选择合适的优秀品种或个体，并结合超数排卵技术，可以更好地扩大优质基因的传递。这有助于改良肉羊的遗传质量，提高肉质、生长性能和其他重要经济性状。

（4）节约资源　由于超数排卵技术可以在较短时间内获得更多的受精卵，因此可以减少肉羊繁殖所需的资源和成本。相比于传统方式，超数排卵技术可以在相同的时间和投入下，获得更多的繁殖产出，提高资源利用效率。

（二）胚胎移植

1. 概述　胚胎移植是一种在动物繁殖中常用的技术，旨在将受精卵或胚胎从一个个体转移到另一个个体的子宫内，以实现妊娠和产仔。这项技术通常用于扩大优良基因的传递、繁殖高价值个体、改良羊群品质等方面。

2. 操作步骤

（1）胚胎获取　胚胎有多种来源，包括自然配种或人工授精后的受精卵，以及通过体外受精和体外胚胎培养获得的早期胚胎。

（2）胚胎处理　对获取的胚胎进行胚胎评级、胚胎培养、胚胎性别鉴定等一系列处理。

（3）受体准备　对接受胚胎移植的母体需要进行适当的准备工作。这可能包括激素治疗、卵巢周期监测、子宫内膜准备等，以确保受体羊的子宫内环境适合胚胎植入和妊娠。

（4）胚胎移植　在合适的时间和条件下，将准备好的胚胎植入受体羊的子宫内。可经阴道或腹腔途径进行，也可使用特殊的设备或通过手术技术植入。

（5）妊娠监测和管理　在胚胎移植后，受体羊将接受妊娠监测和管理。这可能包括定期的超声检查、血液检测、营养管理等，以确保妊娠的健康进行。

3. 对肉羊繁殖的影响　通过胚胎移植技术，可以选择优质的胚胎，并将其移植到具备良好繁殖潜力的母羊身上，从而提高肉羊繁殖的效率和质量。它可以帮助扩大高质量个体的后代数量，加速优良基因的传递，推动肉羊品种改良和提高经济效益。

（三）超数排卵与胚胎移植的结合应用

超数排卵和胚胎移植的联合应用可以最大化地利用母体和胚胎的潜力，提高繁殖效率、加速基因改良并提高基因多样性。这是肉羊繁殖中常用的技术组合，以优化繁殖产出和遗传进展。主要体现在以下四个方面：①提高繁殖效率：超数排卵可以增加卵子的数量，而胚胎移植可以选择和移植优质胚胎。二者联合应用可以最大限度地利用母体和胚胎的潜力，提高繁殖效率，提升妊娠和产羔的成功率。②加速基因改良：通过超数排卵和胚胎移植，可以选择、扩大优良基因的传递，加速基因改良进程。这有助于改善羊群的生产性能、抗病性、适应性等重要遗传特征。③提高基因多样性：二者联合应用可以利用多个母体和多个优质胚胎，增加后代的基因多样性，降低遗传缺陷的风险，提高种群的遗传健康。④节约资源和时间：二者联合应用可以最大限度地利用优质胚胎，缩短繁殖周期和减少资源浪费。相比于自然繁殖或传统繁殖方法，可以更快地获得更多优质后代。

四、诱发分娩

（一）诱发分娩前母羊的健康状态评估

在肉羊养殖中，确保母羊的健康状态符合诱发分娩的要求非常重要。以下是一些常见的方法和考虑因素：

1. 体况评估　检查母羊的体况是评估其健康状况的一种方法。观察它们的体重、体型和肌肉状况是否正常，以及是否存在明显的消瘦或肥胖迹象。

2. 行为观察　观察母羊的行为可以提供有关它们健康状况的线索。注意是否有异常的行为，如呼吸困难、异常的食欲、活动减少或异常的反应等。

3. 被毛和皮肤检查　检查母羊的被毛和皮肤状况。健康的羊只通常被毛光滑、有光泽，无异常皮肤病变。

4. 粪便检查　观察粪便的外观和质地。正常的粪便应该是固体、成形且不带有明显的异味。异常的粪便，如水样便或带血便，可能是健康问题的指征。

5. 饮食摄入观察　注意母羊的饮食摄入情况。健康的羊只通常有正常的食欲，并能正常地消化食物。

6. 兽医检查　定期请兽医对母羊进行健康检查，是确保它们适合诱发分娩。兽医可以进行全面的体格检查，包括听诊、观察黏膜颜色、测量体温等，以评估其整体健康状况。

7. 疫苗和驱虫计划　确保母羊按照兽医的建议接种疫苗和进行驱虫。良好的疫苗和驱虫计划有助于预防常见的传染病和寄生虫感染，同时提高它们的整体健康状态。

（二）诱发分娩方法

在肉羊养殖中，诱发分娩是一项常见的管理实践，旨在控制分娩时间，提高繁殖效率，并确保母羊和新生羔羊的健康。诱发分娩的方法可以根据具体情况和养殖目标的不同而有所不同。

1. 孤雌激素诱导分娩 孤雌激素能够模拟母羊体内分泌的黄体生成素的作用，通过引起宫缩和子宫颈松弛来诱发分娩。根据母羊的配种时间和分娩周期，选择合适的分娩时间点。在分娩前24～48 h，给予母羊孤雌激素注射剂，通常为肌内注射或阴道注射。

2. 催产素诱导分娩 催产素是一种能够刺激子宫收缩的激素，可用于诱导分娩。根据母羊的配种时间和分娩周期，选择合适的分娩时间点。在分娩前24 h内，给予母羊催产素注射剂，通常为肌内注射或静脉注射。

3. 人工破水诱导分娩 人工破水是通过手术手段使羊羔羊水囊破裂，刺激母羊子宫收缩，从而诱导分娩。根据母羊的配种时间和分娩周期，选择合适的分娩时间点。对母羊的外生殖器进行消毒，并准备好手术所需的器械和消毒液。在无菌条件下，用手套和无菌器械将羊羔羊水囊破裂。

4. 其他诱发分娩方法 除了上述常用的方法外，还有一些其他诱发分娩的方法，如口服或注射前列腺素、应用冷热刺激等。这些方法的具体实施步骤和注意事项会根据不同的情况而有所不同。

总之，在肉羊养殖中，诱发分娩是一项需要谨慎操作的管理实践，合理选择和实施适宜的诱发方法，可以提高繁殖效率和羊群健康。

第三节　母羊分娩和羔羊护理

一、母羊分娩

（一）妊娠前的饲养管理

1. 妊娠前期的饲养管理 母羊妊娠前3个月为妊娠前期。该阶段胚胎发育速度缓慢，营养需求量低。因此，可使母体的营养供应与空怀期一致。但在实际生产中，为了保证或提高母羊的妊娠率，这段时期日粮中可适当添加维生素、矿物质等营养素，保证营养供应科学、全面。夏季青草较多，放牧饲养即可满足羊对常见营养物质的需要；秋冬季青草缺乏，仅靠放牧饲养不能满足羊的营养摄入需求，除了补充饲喂干草、玉米秸秆、花生秧外，还应补充一些青贮饲料，如全株玉米青贮、高粱青贮等富含维生素的饲草。

2. 临产前的饲养管理 在母羊分娩前要做好接产和消毒等准备工作，确保产房达到适宜的环境温度、相对湿度。一般一只产羔母羊的产房面积为2 m^2左右，有条件的养殖场可设定专用的固定产房，并对产房、饲槽和饮水槽等定期进行彻底清理和消毒，保持产房内温暖干燥、地面干净卫生。夏季要注意通风，确保圈舍内空气新鲜，在冬季要尽量提供适宜的光照。接产的工作人员要提前将接产工具进行消毒，并提前准备好母羊分娩可能需要使用的药品。羊场大部分的母羊在正常情况下都可自行产羔，当多胎的母羊发生难产时，要根据引发难产的原因及时采取正确的助产措施。

3. 产前准备 选择宽敞、明亮、通风良好、干燥的羊舍作为产房，并提前用生石灰或者来苏儿溶液对墙壁、地面及用具进行消毒。准备好接产用具（如水桶、照明灯具、记录本、称重用具、产科器械、哺乳工具等），接产人员使用的物品（如肥皂、长胶手套、毛巾等）以及药品。安排有责任心、懂技术的专职人员值班接产。母羊经常在大雨、大雪、大风等天气变冷、变阴的时候，或者凌晨 2：00 到 4：00 时产羔，接产人员需及时做好接产准备。

（二）母羊分娩预兆

母羊临近分娩时，其外阴部、乳房、尻部以及某些行为会发生一系列的生理变化，以适应胎儿的产出和新生羔羊哺乳的需要，母羊的这种产前生理变化即为分娩预兆。

一般临产母羊腹部下垂，尾根两侧肌肉松软、凹陷，尤以临产前 2～3 h 更为明显；乳房胀大，稍显红色而又有光泽，且能挤出少量黄色初乳，分娩前 2～3 d 更为明显；阴唇变软、肿胀，颜色潮红，有时流出浓稠黏液；排尿频繁，行动不安，时起时卧，频频用前蹄刨地，卧地后两前肢不愿向腹部弯曲，且呈伸直状，并不停地回顾腹部、鸣叫。助产人员应随时观察母羊，发现母羊肷窝下陷、努责，以及阴部流出且牵挂着棒状透明的子宫塞时，则表明母羊的子宫颈已经开张，胎儿已进入产道，是母羊正式分娩的信号，应立即将母羊转移到产房，马上准备接产。

（三）接产与助产

1. 正常分娩接产 发现母羊有分娩迹象后，应将其后腿内侧、尾根、外阴、肛门等处用温热的肥皂水清洗干净，再用 1%来苏儿溶液消毒。羊水流出、躺卧在地上、四肢伸展、腋下凹陷是生产的开始。顺产时不用助产，为避免引起阴道及子宫感染，可让母羊自行分娩。正常情况下，成年母羊羊膜破水后 30 min 左右就可以产出羔羊，初产母羊时间较久。

一般羊羔两前肢先出来，头部贴在前肢上，在母羊努责下羊羔会自动产出。产双羔时，2 只羔羊的产出间隔时间为 10～20 min，但也有间隔时间较长的特殊情况。在母羊产出第 1 只羔羊后，若仍然有努责和阵痛就是产双羔的表现。多羔母羊在产出第 1 只羔羊后比较虚弱，需特别注意，出现胎位不正时需进行助产。

在羔羊生出后，应尽快将其口、鼻、耳等部位的黏液擦去，避免羔羊因吞咽而导致窒息或出现异物性肺炎。羔羊身上的黏液最好由母羊用舌头舔舐干净，既可增加母子间的亲近感，又可以加快母羊子宫收缩，加速胎衣排出。

羔羊通常会自己扯掉脐带，可用 5%碘酊对断口进行消毒。如脐带未扯断，可将脐带内的血往羊脐部上推数次，然后在距离羊肚 3～4 cm 位置处人工扯断并消毒。为避免脐带感染，不能用剪刀剪断或结扎。

2. 难产与助产 一般来说，母羊在怀孕期间饲养管理条件良好，有适当的放牧和运动，是很少发生难产的，因此，在正常情况下，母羊分娩时不必过分干预。但当母羊舍饲、体况较差时就有可能发生难产，因此，接产人员在接产前应做好母羊助产的相关准备。

接产人员在接产前应剪短指甲，洗净手臂并进行消毒，同时准备好必要的助产用具（如脱脂棉、棉线、绳子、脸盆、毛巾）及消毒药物等。遇有难产时，应先判定难产的原因，不能只看到蹄尖而不顾及胎位和胎势便急于拉出。当见到蹄尖时，首先要区别是前肢还是后肢。若为倒生尾位，则先看到蹄底，蹄尖在下，蹄背在上；若为正生头位，则先看到头和两前肢，蹄尖在上，蹄背在下。若遇异常胎势，需要恢复正常胎势时，则需将胎儿送回子宫。这时可用较长的消毒纱布系住蹄部，便于拉出区别是前肢还是后肢。

(四) 分娩后的饲养管理

母羊分娩后，其生殖器官会发生较大的变化，同时母羊的抵抗力也会明显下降。在产下羔羊后母羊身体会非常虚弱，因此需要加强饲养管理、提高营养物质供应水平。母羊在分娩后会产生大量的乳汁，开始哺育羔羊。对于羔羊来说，母乳几乎是唯一的营养来源。母羊产奶多，意味着羔羊营养充足，能够良好发育、具有强大的抗病能力并且存活率高。为了促进母羊产后生殖生理机能的快速恢复，并提高羔羊的成活率，务必注意做好母羊产后护理以及羔羊护理和喂养。在这个阶段，饲养管理的目的是促进母羊多采食，提高母羊的泌乳能力，同时不使母羊过度消瘦，以增强母羊再次繁殖的能力。关键是要做好以下几点：

给予充足的营养：产羔后母羊产乳消耗大，可以增加优质干草、青绿饲料和精饲料的供给。泌乳高峰期母羊所需的营养是空怀母羊的 3 倍，这个时期一定要注意维生素、矿物质和微量元素的摄入（如胡萝卜素、维生素 A、维生素 D、钙、磷）。对于贫硒严重的地区，要在羔羊出生后 7 d 注射亚硒酸钠维生素 E，防止初生羔羊患上心肌病。对双羔或一胎多羔母羊应给予单独补饲，保证羔羊哺乳。

保持清洁和卫生：保持产后母羊的卫生环境良好非常重要。定期清洁羊舍，更换干净的垫草，并及时清除羊舍内的污物。这有助于预防疾病的传播，并让母羊有一个舒适的休息环境。夏天要保持通风干燥，冬天要做好保暖工作。每天必须保证母羊运动 2 h 以上，有助于血液循环，增强体质和泌乳质量。还要注意哺乳卫生，保持乳房清洁，防止乳腺炎的发生。

及时观察和监测：密切观察产后母羊的健康状况，包括食欲、体温、排泄等情况。要定期检查母羊乳房，一旦发现乳房出现发炎、化脓、奶孔闭塞等症状，一定要高度重视，及时采取治疗措施。若拖延病症，将会造成不可估量的经济损失。

注意胎衣排出：在母羊产后应及时清除胎衣，以防止产后并发症的发生。还要及时清除分娩过程中污染的烂草和粪便，以防止羔羊因舔食带有细菌的废弃物而感染发病。可以用温肥皂水清洗母羊后躯、尾部和乳房等部位，然后用高锰酸钾消毒液清洗一次并擦干。

二、羔羊护理

(一) 羔羊的饲养

1. 哺乳前期 20 日龄前的羔羊以母乳为主要营养来源，但由于羔羊的生长发育速度较快，因此当羔羊的体重达到初生重 2 倍以上时，应当在哺乳的同时进行开食补饲。通常在 11 日龄左右，给羔羊饲喂开口料、胡萝卜丝或干树叶，羔羊拒绝采食时，可在草料上撒代乳粉以达到诱食的目的。补饲的同时应当逐渐减少哺乳的次数，白天哺乳 2～3 次，夜间与母羊同圈饲养，并增加羔羊的运动量，一方面可提高羔羊的免疫能力，另一方面还能增加羔羊的采食量。

2. 哺乳中期 主要是指羔羊 20～30 日龄，这一阶段，应当逐步增加补饲的量，增加饲喂优质青贮，由 100 g 开始逐步加量，同时饲喂益生菌和小苏打。在这一阶段应当保证羔羊采食的饲草饲料是多样的，以增加其采食量；投喂时应按照少量多次的原则添加，且保证定时、定量；进一步减少哺乳次数，逐渐调整为早中晚各哺乳一次。对于球虫病较常发生的地区，可使用地克珠利进行一次驱虫（剂量为每千克体重 1 mg，口服）。若母羊在妊娠后期没有注射羊四联苗（羊快疫、羊猝狙、羔羊痢疾、羊肠毒血症），可在羔羊 25 日龄后进行羊四联苗首免。

3. 哺乳后期　即 30 日龄至断奶的这一阶段，经过了开食、补饲，羔羊的瘤胃系统逐步完善，胃肠道的消化功能逐步提高，本阶段主要以采食饲料为主，将羔羊和母羊分离饲养，以控制羔羊的哺乳次数。每日补饲颗粒料 150 g，分 2～3 次投喂，同时注意青饲料的补充，当青饲料缺乏时，可将胡萝卜与颗粒料混合以保证维生素的均衡。当羔羊体重达到 25 kg 时，应当进行断奶。

（二）疾病防控

1. 做好消毒工作　规模化肉羊饲养场通常会分为办公生活区、养殖区、饲草料储存区和粪污无害化处理区等。各个厂区应当分别设置净道和污道，净道主要运送饲草料等洁净物料，污道则运送粪便、污水等不洁物料。在此基础上完善厂区的消毒工作，常用的消毒方法有物理消毒法和化学消毒法。物理消毒法是指清扫、冲洗、通风、干燥、烘烤、煮沸等方法，对于可移动的饲养用具可选择移动至日光下，日光是较好的"消毒剂"，能够使细菌较快死亡。化学消毒法是利用酸类、碱类等化学药品进行的消毒。在实践中，最经常使用的化学消毒药品是生石灰，其碱性强，消毒效果好，价格低廉，没有不良气味。将生石灰加入水中可形成疏松的熟石灰，即氢氧化钙，氢氧化钙中可解离出氢氧根离子，氢氧根离子有一定的杀菌作用，但值得注意的是，熟石灰应现用现配，若存放过久，熟石灰会与空气中的二氧化碳起化学反应，生成碳酸钙，碳酸钙没有杀菌消毒的作用，因此，存放过久的熟石灰无杀菌作用，注入消毒池内的生石灰要经常更换。

2. 做好免疫接种工作　免疫接种是预防疾病的有效措施之一。大多数肉羊养殖场会在妊娠母羊生产前 4～6 周免疫接种梭菌三联四防灭活疫苗或五联疫苗（羊快疫、羊猝狙、羔羊痢疾、羊场毒血症、羊黑疫），羔羊出生后一周经口唇黏膜接种羊传染性脓疱性皮炎灭活疫苗或羊口疮弱毒细胞冻干苗，15 d 时接种传染性胸膜肺炎疫苗，60 d 接种羊痘鸡胚化弱毒疫苗，75 d 接种 O 型口蹄疫灭活疫苗，90 d 接种羊梭菌病三联四防灭活疫苗或五联疫苗，120 d 接种羊链球菌灭活疫苗，150 d 接种布鲁氏菌灭活疫苗。在免疫接种的过程中应当注重疫苗的质量，所有注射的疫苗必须有批号，选择正规厂家生产的疫苗，使用疫苗时注意有效期，在有效期内进行免疫。疫苗应按照要求严格保存，控制储存疫苗的温度，避免失效。另外，在对羔羊进行免疫接种时应当掌握母源抗体的消长规律，确保免疫效果。

第四节　提高肉羊繁殖力的技术措施

繁殖力是指羊维持正常繁殖机能生育后代的能力，是肉羊生产的一项重要指标。肉羊繁殖力的强弱决定了一个羊场的生产状况，对羊场经济效益产生重要影响。养殖效益直接关系到肉羊养殖户的经济收入，为了取得最大的经济效益，提高肉羊繁殖力是一项有效措施。

一、肉羊繁殖力的影响因素

肉羊繁殖力受到遗传因素、外界环境、营养条件等多方面因素的影响。

（一）遗传基因

结合相关调查数据发现，不同种类的羊具有不同的繁殖能力，有的羊群产羔量甚至相差两倍之多。这种现象的产生一部分是由于羊群自身的最优良性问题，另一部分是人为导致的。对不同羊群进行合理分析，严格筛选，最终选择出两种进行杂交，培育出新品种，传递优良的繁殖能力，最终通过遗传因素对整个羊群的数量和质量进行优化和提高。

（二）外界环境

外界环境会对肉羊的繁殖带来许多不确定因素。在繁殖过程中，光照时间和外界环境温度会对羊群发情造成不同程度的影响，如短时间光照能促进母羊性腺激素分泌，刺激母羊卵巢，使母羊发情期持续时间变长，相反，长时间光照，母羊发情期会越来越短。适当的温度有利于维持或提高肉羊繁殖力，温度过低或过高都会对肉羊繁殖力造成不好的影响。

（三）营养条件

营养是动物繁殖的基础，对羊的繁殖力起着至关重要的作用。保证母羊获得足够的蛋白质、能量、矿物质与维生素等，对于提高其繁殖力至关重要。同时良好的营养条件还可以保证公羊精液质量和精子活性，特别是在交配季节，可以保证受精率。

二、主要技术措施

（一）选择多胎羊的后代留作种用

羊的繁殖力是有遗传性的。一般母羊若在第一胎时生产双羔，则这样的母羊在以后的胎次生产中，产双羔的重复力较高。生产实践经验证明，引入多胎品种进行杂交改良是提高群体繁殖力和肉羊生产效率的有效方法。我国引入的肉羊绵羊品种主要有杜泊绵羊，产羔率能达到 150%；夏洛莱羊，平均产羔率达 145%；波德代羊，平均产羔率达 150%；萨福克羊平均产羔率达 200%。我国肉用绵羊的多胎地方品种主要有大尾寒羊，平均产羔率为 185%；小尾寒羊平均产羔率可达 270%；湖羊平均产羔率可达 235%。我国引入的肉羊山羊品种主要有波尔山羊，产羔率为 193%以上；萨能奶山羊，产羔率为 160%～220%；努比亚山羊平均产羔率为 192.5%；安哥拉山羊，产羔率为 100%～110%。我国肉用山羊的多胎地方品种主要有黄淮山羊（安徽白山羊），平均产羔率高达 238%；马头山羊，产羔率为 191%～200%；南江黄羊平均产羔率为 194.7%；成都麻羊，平均产羔率为 210%；长江三角洲白山羊平均产羔率达 228.5%；鲁北白山羊，经产母羊的平均产羔率为 231.86%。

（二）提高种公羊和繁殖母羊的营养水平

肉羊的繁殖力不仅要从遗传角度来提高，而且在同样的遗传条件下，更应该注意外部环境对繁殖力的影响。这主要涉及肉羊生产者对羊只的饲养管理水平，尤其是营养水平对羊只的繁殖力影响极大。种公羊在配种季节与非配种季节均应给予全价的营养物质。因为对种公羊而言，维持良好的种用体况是基本的饲养要求。种公羊的配种能力取决于健壮的体质、充沛的精力和旺盛的性欲。因此，应保证蛋白质、维生素和矿物质的充足、均衡供给。同时要加强运动，有条件时要进行放牧，保持种公羊健康的体质和适度的膘情，以提高种公羊的利用率。在配种前 30 d，开始酌情增加饲料量，每日补饲玉米、豆饼、麦麸、骨粉等配合精料 0.5 kg，瓜类等青绿多汁饲料 15 kg，以及鸡蛋 2 枚，同时供应足量清洁卫生的饮水。

母羊是羊群的主体，是肉羊生产性能的主要体现者。母羊营养状况的好坏直接关系到其繁殖力的强弱。在肉羊生产过程时，至少应做到在妊娠后期及哺乳期对母羊进行良好的饲养管理，以提高羊群的繁殖力。加强空怀母羊的饲养管理，保证空怀母羊不肥不瘦的种用体况。在母羊妊娠早期，胚胎尚小且生长发育慢，母羊对所需的营养物质要求不高，一般通过放牧采食，并给母羊补喂优质青粗饲草且适当搭配一定量的精料，即可满足其对营养的需要。

（三）调整羊群结构，增加适龄能繁母羊的比例

羊群结构主要指羊群中的性别结构和年龄结构。从性别方面讲，有公羊、母羊、羯羊 3 种类型的羊，母羊的比例越高越好；从年龄方面讲，有羔羊、周岁羊、2 岁羊、3 岁羊、4 岁羊、5 岁羊及老龄羊，年龄由小到大的个体比例逐渐降低，从而使羊群始终处于一种动态的、后备生命力异常旺盛的状态。总体来说，增加羊群中 2～5 岁的适龄能繁母羊的比例，有利于提高羊群繁殖力。

（四）适时配种

母羊怀胎产羔率的高低与配种时间的选择关系很大。因为母羊的发情持续期比较短，所以精心组织试情和适时配种，掌握山羊配种技巧是提高山羊繁殖力和生产效率的关键。如果能适时配种，在 1 个发情期内，只配种 1 次即可。根据母羊的发情规律，母羊每隔 20 d 左右发情 1 次，每次发情持续期为 20～28 h，排卵期一般在发情开始后 30～40 h，成熟卵子排出后，在输卵管中存活时间为 4～8 h。公羊精子在母羊生殖道内受精作用最旺盛的时间一般为 24 h 左右，这个时期是精子和卵子结合的最佳时期。因此，配种要选在母羊排卵前数小时内进行，而从外观上看，最适宜的配种时间是母羊发情的中期。

（五）健全防疫制度，加强疾病防治

养羊场要制订科学合理的免疫程序，做好羊炭疽、羊猝狙、羊快疫、肠毒血症、羔羊痢疾、羊痘、布鲁氏菌病等传染病的预防接种。同时加强子宫内膜炎、持久黄体、卵巢囊肿等生殖器官疾病，以及羔羊口疮、腹泻等常见病的防治工作。羊在体健康无病的情况下，更易充分发挥繁殖潜能。

第七章　青藏高原牧区肉羊主要疫病防控技术

第一节　肉羊常见普通疫病的防治

一、前胃迟缓

羊前胃迟缓也叫单纯性消化不良，是指羊的前胃（瘤胃、网胃和瓣胃）兴奋性降低，使饲料在前胃不能正常地消化和后移，产生大量腐败和酵解的有毒物质，引起以消化功能障碍，食欲、反刍减退，全身功能紊乱为特征的一种疾病。前胃迟缓有原发性和继发性之分。

（一）病因

原发性前胃迟缓主要由饲养管理不当引起。比如，羊本身体质差，仍长期饲喂不易消化的粗饲料（如秸秆、稻糠、豆秸）或单一饲料，缺乏刺激性的饲料（如麦麸、豆面和酒糟等）；饲料配方突然发生改变；饲喂发霉、变质、冰冻的饲草料；饲料中维生素、微量元素和矿物质缺乏；给精料过多；饲喂草料后，紧急驱赶而使羊得不到休息和反刍；圈舍环境太差。继发性前胃迟缓常由羊口炎、瘤胃臌气、瘤胃积食、肠胃炎、肝片吸虫病、羊传染性胸膜肺炎等引起。

（二）临床症状

临床症状常见急性和慢性两种。急性表现为食欲降低或减退，胃肠蠕动减慢，瘤胃内容物发酵腐败，产生大量的气体，左腹增大，触诊不坚实，初期病羊排出呈糊状或干硬，附着黏液的粪便，后期排出恶臭稀粪。慢性表现为精神沉郁，日渐消瘦，喜卧地，被毛粗乱，胃肠蠕动减慢。

（三）预防和治疗

加强饲养管理是预防本病的关键。合理搭配日粮，防止长期饲喂过硬、难以消化或单一的饲料，切勿突然改变饲料或饲喂方式。喂养要定时定量，以保证羊有充足的运动时间和休息时间。

治疗原则是缓泻、止酵、促进瘤胃蠕动。每天给羊按摩瘤胃数次，饲喂少量易消化的多汁饲料。可投服液状石蜡或硫酸镁缓泻药剂。同时可促进瘤胃蠕动，增强神经兴奋性，皮下注射氨甲酰胆碱或毛果芸香碱。

二、瘤胃臌气

瘤胃臌气是指羊采食易发酵的饲料后，饲料在瘤胃内微生物的作用下异常发酵，迅速产生大量气体，致使羊瘤胃急剧膨胀，膈与胸腔脏器受到压迫，呼吸与血液循环障碍，发生窒息现象的一种疾病。临床上以瘤胃急剧增大、膨胀为主要特征。

（一）病因

病因包括原发性和继发性病因。原发性瘤胃臌气主要是由于羊在较短的时间内采食大量容易发酵的饲草、饲料而引起的。继发性瘤胃臌气常见于羊食道阻塞、前胃迟缓、瓣胃阻塞及创伤性网胃炎等疾病过程中。

（二）临床症状

病羊腹围明显增大，左肷部隆起明显，弓背伸腰，烦躁不安，呼吸困难，反刍停止，触诊腹部紧张性增加，叩诊呈鼓音，听诊瘤胃蠕动力减弱。

（三）预防和治疗

加强饲养管理是预防本病的关键。如限制放牧时间及采食量；管理好羊群，不让羊进入苕子地暴食幼嫩多汁豆科植物；不到雨后或有露水、下霜的草地上放牧。

治疗原则是胃管放气，防腐止酵，清理胃肠。可插入胃导管放气，缓解腹部压力，或用碳酸氢钠溶液洗胃，以排出气体并中和酸败胃内容物。必要时也可瘤胃穿刺放气。

三、瘤胃酸中毒

瘤胃酸中毒也叫谷物酸中毒，是羊突然大量采食谷物或其他富含碳水化合物的精料后，导致瘤胃内容物异常发酵，产生大量乳酸而引起的一种急性代谢性酸中毒。临床以消化障碍、瘤胃运动停滞、脱水、酸血症等为主要特征。

（一）病因

给羊饲喂大量谷物，特别是粉碎后的谷物或突然饲喂高精饲料时易引起瘤胃酸中毒；长期饲喂酸度较高的青贮饲料如青玉米、马铃薯、甜菜、甘薯等，也易引发瘤胃酸中毒。

（二）临床症状

分为重度、中度和轻度瘤胃酸中毒。重度病羊表现为碰撞物体，瞳孔对光反射迟钝，对任何刺激反应下降，有的兴奋不安或转圈运动，随后瘫痪，卧地不起，最后角弓反张，昏迷而死。中度病羊表现为精神沉郁，食欲废绝，反刍停止，粪便稀软或呈水样，有酸臭味，瘤胃蠕动音减弱或消失。轻度表现为反刍减少，瘤胃蠕动减弱，瘤胃胀满。

（三）预防和治疗

加强饲养管理，给羊提供充足的粗饲料、严格控制精饲料的饲喂量、禁止过量采食谷物或羊只偷吃精料。

治疗时，首先进行洗胃，随后补液、缓解酸中毒，然后用青霉素钾、硫酸链霉素混合肌内注射。给羊只投喂少量优质青草，不喂精料。

四、口炎

羊口炎是指在饲养管理不当的情况下引起羊口腔黏膜表层和深层炎症的总称。本病分为卡他性口炎、水泡性口炎和溃疡性口炎，也可分为原发性口炎和继发性口炎。临床上以病羊食欲减弱、流涎，并有口臭现象为主要特征。

（一）病因

羊原发性口炎主要是由于采食粗糙、尖锐的饲料或异物，也可因接触氨水、强酸、强碱后损伤口腔黏膜而引发，或者因误食了刺激性较强的药物或化学药品而引起。继发性口炎主要由某些传染病引起，如口蹄疫、羊痘、小反刍兽疫、羊口疮或霉菌感染等。

（二）临床症状

卡他性口炎表现为口黏膜潮红、充血、肿胀、疼痛。重症病例可表现为唇、齿龈、颊部肿胀，甚至糜烂。水泡性口炎表现为病羊上、下唇出现充满透明或黄色液体的水疱。溃疡性口炎出现有溃疡性病灶，口内恶臭。

（三）预防和治疗

加强饲养管理，平时应饲喂含丰富维生素的柔软饲料和青嫩的饲草，注意防止饲草中混进尖锐异物或有毒物质，不能喂给粗硬或发霉饲草。

治疗原则主要是消除病因，加强护理，净化口腔，收敛和消炎。对口腔进行局部处理，可选用0.1%高锰酸钾、0.1%乳酸依沙吖啶、2%明矾、生理盐水等冲洗和净化口腔，接着选用碘甘油、甲紫、磺胺软膏、盐酸四环素软膏涂抹口腔内。有继发感染的，可用青霉素、硫酸链霉素进行肌内注射。同时，在饮食上对病羊加强护理。

五、乳腺炎

乳腺炎是由于乳房受到机械性、物理性、化学性和生物性因素的影响而引起乳腺、乳池和乳头局部的炎症。临床症状表现为乳房发热、红肿、疼痛，引起泌乳量减少，乳品质量下降。

（一）病因

主要由病菌、机械性损伤、饲养管理不良或者某些疾病引起。常见的病菌主要有金黄色葡萄球菌、链球菌、化脓杆菌、大肠杆菌、结核杆菌等；机械性损伤包括外伤、幼畜咬伤等；饲养管理不良包括挤乳时损伤乳头、机械性挤乳时消毒不严、场地较脏等；某些疾病如口蹄疫、子宫炎等。

（二）临床症状

分为急性、慢性和隐性三种乳腺炎。急性表现为乳房肿大、发热、发红、变硬、疼痛，挤奶不畅或挤出絮状、带脓血乳汁或者水样乳。病羊出现食欲减退，体温升高，严重时可因败血症而死亡。慢性乳腺炎多因急性型未彻底治愈而引起，一般无明显的全身症状，只有乳房局部肿大变硬。隐性乳腺炎在临床上无任何可见症状，乳汁也没有肉眼可见的变化，但乳汁变质。

（三）预防和治疗

加强饲养管理，改善羊圈的卫生条件，挤奶时注意乳房消毒，且挤奶方法正确，挤奶前用洁净温水洗净乳房和乳头，再用毛巾擦干，挤完奶用0.2%～0.3%氯胺T溶液或0.05%新洁尔灭浸泡或擦拭乳头。做好妊娠后期和泌乳期母羊的饲羊管理，产奶较多时要控制精料摄入量。定期清除羊粪，保持羊舍清洁。对于急性乳腺炎，可在挤奶后通过导管将消炎药物（如青霉素和硫酸链霉素）稀释后注入乳房内。对于化脓性乳腺炎，可予以手术排脓和消炎处理。对出现全身症状的病羊，还要肌内注射青霉素、硫酸链霉素或内服磺胺类药物进行全身治疗。对于慢性乳腺炎或隐性乳腺炎，加强饲养管理，可结合中兽药调理治疗。

六、子宫内膜炎

羊子宫内膜炎主要是指各种原因导致的细菌突破宫颈的防御屏障侵入子宫内膜而引发的炎症。以屡配不孕，经常从阴道内流出浆液性或脓性分泌物为特征。

（一）病因

由于分娩、助产、胎衣不下、子宫复旧不全、胎死腹中、配种或人工授精过程中消毒不严格，导致细菌感染而引起子宫内膜炎。羊圈舍卫生条件差，特别是羊床潮湿，粪尿不及时清理，导致母羊外阴容易感染细菌并进入阴道及子宫而引发感染。或者可能由于某些传染病（李氏杆菌病、布鲁氏菌病、结核杆菌病、衣原体病）引起。

（二）临床症状

分急性子宫内膜炎和慢性子宫内膜炎。急性子宫内膜炎常见于分娩过程中或分娩、流产后的一段时间内。病羊表现为体温升高，精神沉郁，食欲下降，反刍减弱，拱背，常做排尿姿势，从阴道中流出粉红色或黄白色、具有腥臭味的分泌物，甚至引起败血症或脓毒败血症而导致死亡。慢性子宫内膜炎病程长，症状较轻，一般是由急性转变而来。病羊表现为阴道内排出浆液性分泌物，全身症状不明显，配种后不易怀孕或早期易发生流产。

（三）预防和治疗

加强饲养管理，改善羊圈的卫生条件，在母羊助产和人工授精过程中做好消毒工作，尽量减少人对产道的损伤。预防和扑灭引起流产的传染性疾病。定期检查公畜是否存在传染病，以防止交配时感染。及时治疗阴道脱出、子宫脱出、胎衣不下等产科疾病。

治疗上针对不同的子宫内膜炎采取不同的方案，对于急性子宫内膜炎，采用局部冲洗子宫和全身治疗相结合的方案，选用0.1%～0.3%高锰酸钾或0.1%～0.2%乳酸依沙吖啶溶液或0.1%复合碘溶液进行子宫冲洗，同时要用青霉素和硫酸链霉素肌内注射。对于慢性子宫内膜炎，可将青霉素和硫酸链霉素直接注入子宫内，达到局部消炎的目的，或者用中兽药治疗。

七、胃肠炎

胃肠炎是指羊皱胃和肠道表层黏膜及基层出现炎症病变的疾病，临床上常见胃炎和肠炎相伴发生，伴有食欲减退或废绝、体温升高、腹泻、脱水、腹痛等特征。

（一）病因

主要有：饲养管理不当，如羊采食大量腐败、变质、有毒的饲料或饲草，采食大量冰冻的饲草或饲料，羊舍潮湿、卫生不良，羊只春乏，营养不良等；某些传染病（副结核病、炭疽、巴氏杆菌病、羔羊大肠杆菌病等）、胃肠寄生虫病和内科病（急性胃扩张、便秘等）。

（二）临床症状

病羊表现为精神沉郁，体温升高，食欲减退或废绝，反刍减少或停止，腹部有压痛或呈现轻度腹痛症状，同时排出溏状稀粪或水样稀粪。严重时，迅速消瘦，衰竭，卧地不起，循环障碍，抽搐而死。

(三) 预防和治疗

改善饲养管理，合理饲喂精料，禁止饲喂霉变、不净、刺激性的草料和饮水，对羊群定期进行预防接种和驱虫工作。治疗方面，对病羊可内服盐酸土霉素或甲氧苄啶片，或者选用硫酸庆大霉素注射液、硫酸卡那霉素注射液、恩诺沙星注射液、磺胺嘧啶钠注射液等进行肌内注射。

八、妊娠毒血症

羊妊娠毒血症又称酮病，是由于蛋白质、脂肪、糖代谢紊乱，或者饲料中碳水化合物含量不足而引起的一种以酮血、酮尿、酮乳为特征的代谢性疾病。常发生于妊娠的最后一个月内，多见于营养良好和产乳量高的母羊。

(一) 病因

营养不足、饲料不足、营养过度、天气不好、管理方式不当等都可能引起本病的发生。目前最公认的原因是日粮中碳水化合物含量低，造成碳水化合物的代谢紊乱，从而导致病羊出现不同程度的低血糖和高血酮。

(二) 临床症状

初期病羊食欲异常，被毛受损，运动失调，行走摇摆。随后精神沉郁，反应迟钝，意识紊乱，头部肌肉痉挛，口角流出泡沫状唾液，头后仰或偏向一侧，有时转圈。病羊呼出气体及尿液有丙酮味。尿、乳酮体检验呈阳性。

(三) 预防和治疗

加强饲养管理，避免母羊在妊娠早期肥胖，在妊娠后期应给予足够的精料。春季补饲青干草，适当补饲精料（以豆类为主）、食盐及多种维生素等。冬季防寒，补饲胡萝卜和甜菜根等。治疗可以选用25%葡萄糖静脉注射，也可与胰岛素混合注射。

第二节　肉羊常见传染病的防治

一、炭疽

炭疽是由炭疽杆菌引起的一种急性、热性、败血性的人畜共患传染病。绵羊、山羊之间可相互传染，绵羊更易感染。人类常因屠宰、食用或与病死畜接触而被感染。由于炭疽杆菌在接触空气后能形成芽孢，可长期存在于自然界而散播传染，对社会公共卫生和经济发展带来了严重的危害。

(一) 病原

炭疽杆菌隶属芽孢杆菌科，需氧芽孢杆菌属，为革兰氏阳性菌。菌体粗大，无鞭毛，不运动，菌体两端平截或者凹陷，排列成“竹节状”或“砖块状”，可形成荚膜。在病羊体内和未剖检的尸体中一般不形成芽孢；在氧气充足、温度适宜（25～30℃）的条件下易形成芽孢。本菌的繁殖体抵抗力不强，60℃ 30～60 min或75℃ 5～15 min即可杀死。一般消毒剂能在短时间内将其杀死，如1/10 000新洁尔灭、1/50 000度米芬。形成芽孢的炭疽杆菌具有很强的抵抗力，牧场一经感染，芽孢可存活 20～30 年。需经煮沸 15～

25 min，121℃灭菌 5～10 min，或 160℃干热灭菌 1 h 才能将芽孢杀死。炭疽杆菌对碘特别敏感，0.04%碘液 10 min 即将其破坏。对青霉素、链霉素、头孢菌素、卡那霉素等多种抗生素及磺胺类药物高度敏感。

（二）流行特点和临床症状

本病呈地方性流行。有一定的季节性，多发生于 6—8 月，也可常年发病。特别是在夏季下雨、洪水泛滥、吸血昆虫滋生等环境下更为常见。病羊为主要的传染源，其排泄物、分泌物中含有大量的炭疽杆菌。健康羊采食被污染的饲料、饮水，吸入带有炭疽芽孢的灰尘，以及经皮肤伤口均可感染，也可由吸血昆虫叮咬传染。潜伏期一般为 1～5 d，最长为 14 d。病羊会突然发病，表现为步态不稳或突然倒地，全身痉挛抽搐，呼吸急促、困难，体温明显升高，可达 42℃左右，可视黏膜发绀，从眼、鼻、口腔及肛门等天然孔流出带有气泡的黑红色或黑色凝固不良的血液，数分钟内死亡，尸体很快发生膨胀、腐败，尸僵不全。

（三）病理变化

对患炭疽病的羊严禁剖检。当必须剖检时，必须做好严格的防护、隔离和彻底的消毒工作。剖检可见脾脏明显肿大，呈现暗红色，全身淋巴结出血和肿大，肾脏和肺脏也有不同程度的出血。

（四）诊断

根据患病羊的流行病学和临床症状特征，做出炭疽疑似诊断。在未确定炭疽前不得对病羊进行剖检，防止炭疽杆菌在空气中暴露后形成芽孢。采集患病羊的血液或内脏（肝脏、脾脏等）组织病料进行涂片、镜检，显微镜下可见大型的革兰氏阳性菌，有荚膜，单个、成双或以链状排列成竹节状。有条件的可通过细菌分离培养、鉴定及动物接种等方法进行诊断。

（五）预防和治疗

在发生过炭疽的地区，每年对羊群进行预防接种，皮下注射无毒炭疽芽孢苗（绵羊 0.5mL）和Ⅱ号炭疽芽孢苗（山羊和绵羊 1mL），免疫期为一年。发现病羊应立即隔离，将可疑羊立刻分出，单独喂养，并及时报告当地兽医防疫部门，实施封锁。病死羊千万不可剥皮吃肉，将尸体和沾有病羊粪便、尿、血液的泥土一起焚烧或深埋，深埋地点需要远离水源、道路及牧场。对病羊待过的圈舍、场地及用过的饲具，立即用 20%漂白粉溶液、10%热碱水或者 0.2%氧化汞溶液连续消毒 3 次（中间间隔 1 h），在细菌未变成芽孢前将其杀死。使用 20%的石灰水刷墙壁，用热碱水浸泡各种用具。同时用疫苗紧急免疫受威胁区的羊群和假定健康羊群。对发病羊群内的羊必须在严格隔离条件下进行药物治疗。治疗药物主要有：①抗炭疽血清，皮下或静脉注射 30～60 mL，而后皮下注射无毒炭疽芽孢苗 0.5 mL；②青霉素按照每千克体重 3 万～5 万 IU 肌内注射，连续注射 3 d。链霉素，按照每千克体重 10 mg 肌内注射，每天 2 次。土霉素按每千克体重 5 mg 肌内注射，每天 2 次。解除封锁：在最后 1 头羊死亡或痊愈 14 d 后，若无新病例出现，经终末消毒后可解除封锁。

二、羊巴氏杆菌病

羊巴氏杆菌病又称出血性败血病，是由多杀性巴氏杆菌引起的一种急性、热性传染病。在绵羊中多发于断奶羔羊，也可见于1岁左右的绵羊，山羊不易感染。绵羊主要表现为败血症和肺炎。以急性病例发热、流鼻液、咳嗽、呼吸困难、败血症、肺炎、炎性出血和皮下水肿为主要特征。

（一）病原

病原体为多杀性巴氏杆菌，为两端钝圆、中央微凸的短杆菌，无芽孢和鞭毛，革兰氏染色阴性。病羊组织或血液涂片，经瑞氏、吉姆萨或美蓝染色可见两极深染的短杆菌。本菌在干燥、热和直射阳光下很快死亡，高温处理立即死亡，使用一般的消毒剂在数分钟内可将其杀死。

（二）流行特点和临床症状

本病一般为散发或地方性流行，无明显的季节性。病羊和带菌羊是传染源，传播途径主要是经消化道和呼吸道传播。同时，本菌为条件致病菌，常存在于羊的上呼吸道和扁桃体，当饲养环境不良或羊感受风寒、过度疲劳等使得其的抵抗力降低时，该菌侵入体内，经淋巴液入血液引起败血症。临床症状分为急性败血型、急性肺炎型和慢性型。其中，急性败血型初期发热，温度达41℃以上，排带血恶臭稀便，鼻孔和口腔流血，常于12～24 h内死亡。急性肺炎型的典型症状为急性纤维素性胸膜炎。慢性型主要以慢性肺炎为主，病程1个月以上。

（三）病理变化

主要表现为咽喉部皮下组织水肿，胸腔内有黄色渗出物，肺脏淤血、水肿和出血，常见有纤维素性胸膜肺炎，胃肠道有弥漫性出血，肝脏肿胀、淤血，心包积液。

（四）诊断

根据流行病学、临床症状和病理变化可做出初步诊断。再取病羊的肺脏、肝脏或脾脏等组织病料抹片、染色、镜检，发现两极浓染的巴氏杆菌，即可做出诊断。

（五）预防和治疗

由于多杀性巴氏杆菌属于条件致病菌，因此平时应加强饲养管理，做好环境卫生和消毒工作，增强羊群抵抗力。在本病常发地区，可有计划地接种抗巴氏杆菌血清，每天肌内注射或皮下注射50～100mL。当发现病羊时，立即隔离治疗，全场消毒。治疗时可选择土霉素、头孢噻呋和红霉素等，效果较好。土霉素口服每千克体重0.2～0.4mg，或者皮下、肌内注射4～8mg；头孢噻呋肌内注射，每千克体重2.2mg；红霉素静脉注射，每千克体重5.5mg。每日2次，连续3 d。也可将血清和抗生素同时应用。

三、羊布鲁氏菌病

羊布鲁氏菌病简称布病，是由布鲁氏菌引起的急性或慢性的人畜共患传染病，主要侵害生殖系统，临床上主要表现为发热、多汗和关节痛等。羊感染后，以母羊发生流产、胎膜炎、胎衣停滞、关节炎和公羊发生睾丸炎为特征。

（一）病原

羊布鲁氏菌为革兰阴性小球杆菌，散在分布，无芽孢及鞭毛，多数情况下不形成荚膜，存在于羊的生殖器官、内脏和血液中，吉姆萨染色呈紫色。布鲁氏菌属有6个种，即马耳他布鲁氏菌、流产布鲁氏菌、猪布鲁氏菌、沙林鼠布鲁氏菌、绵羊布鲁氏菌和犬布鲁氏菌。本菌对外界环境抵抗力较强，在水和土壤内能存活 72 d 以上，冷暗处和胎儿体内可存活 6 个月，在毛、皮中可生存 3 个月。对各种理化因素的抵抗力不强，70℃加热 10 min 或者高压消毒即可杀死。对消毒剂的抵抗力较弱，如 0.1%的升汞溶液数分钟、5%生石灰水 15 min、2%来苏儿溶液 3 min 和 0.1%新洁尔灭 5 min 即可杀死。

（二）流行特点和临床症状

引起山羊感染的主要是马耳他布鲁氏菌，引起绵羊感染的主要是由绵羊布鲁氏菌和马耳他布鲁氏菌。本病常呈地方性流行，无明显的季节性，但春季产羔季较多见。各种品种、日龄羊均可感染，其中母羊较公羊易感。传染源主要是病羊及带菌动物，如受感染的妊娠母羊，其流产或分娩时将大量的病原随着胎儿、胎水和胎衣排出，流产后的阴道分泌物以及乳汁中含有大量病原菌。本病主要经消化道传播，羊因采食被污染的饲料和饮水而感染。另外，也可经皮肤、黏膜、呼吸道及配种而感染。本病呈慢性经过，一般无明显的临床症状。妊娠母羊流产是本病的主要症状，妊娠后的 3～4 个月内发生流产、早产和产死胎，流产后母羊迅速恢复正常食欲。流产前几天病羊表现为食欲减退、口渴、体温升高，阴道流出黄色黏液。少数流产母羊胎衣不下，继发子宫内膜炎、关节炎、乳腺炎等，严重者造成不孕。患病的公羊表现为睾丸炎、阴囊囊肿拖地、关节炎等，失去配种能力。

（三）病理变化

病羊死后尸体迅速膨胀，胎衣多见黄色胶样浸润，有些胎衣覆有黏稠状物质，胎盘水肿，子叶出血、坏死。流产胎儿呈败血症，其胃肠可见出血点或出血斑，脾脏和淋巴结肿大。公羊可发生睾丸炎和附睾炎。

（四）诊断

根据流行病学、临床症状、病理剖检特点进行初步判定，之后采集血液进行虎红平板凝集试验、试管试验或补体结合试验即可确诊。

（五）预防和治疗

目前尚无有效的治疗方法，只有加强检疫和防疫措施，形成群体免疫机制逐步净化。首先，做好定期检疫工作，采用虎红平板凝集试验进行羊群检疫，羔羊每年断乳后进行一次布鲁氏菌病检疫，成年羊两年检疫一次或每年预防接种而不检疫。一经发现阳性病例，立即进行扑杀处理，不能留养或者给予治疗。对于流产的胎儿、胎衣、羊水和产道分泌物应深埋。被病羊污染的用具、场地和环境，用 10%石灰乳或 5%热碱水或 5%来苏儿等进行彻底消毒。密切接触的人员及时去医院检查身体，一旦发现感染，立即治疗。其次，做好羊群的免疫接种工作，我国主要使用布鲁氏菌猪 2 号弱毒菌苗（简称 S2 苗）和马耳他布鲁氏菌 5 号弱毒菌苗（简称 M5 苗）。S2 苗适用于断乳后任何年龄的山羊、绵羊，不管妊娠与否均可使用，安全性较好，气雾免疫、肌内注射、皮下注射、口服均可，但免疫原性较弱。M5 苗适用于山羊、绵羊，肌内注射、皮下注射、口服均可，但容易导致怀孕母羊流产。对于病羊可使用四环素、土霉素、金霉素、链霉素、庆大霉素和磺胺类药物进行治疗，对发生关节炎、子宫内膜炎和睾丸炎的病羊应做局部处理，对症治疗。

四、羊沙门菌病

羊沙门菌病包括羔羊副伤寒和羊流产，其中羔羊副伤寒由都柏林沙门菌和鼠伤寒沙门菌引起，羊流产由羊流产沙门菌引起，以急性败血症、下痢、羊妊娠后期流产为主要特征。沙门菌的多种血清型可使人感染，发生食物中毒和败血症，是重要的人畜共患病原体。

（一）病原

沙门菌属于肠杆菌科沙门菌属，革兰氏阴性小杆菌，有鞭毛，能运动。

沙门菌在一般的培养基上生长良好，对热、各种消毒剂、外界环境的抵抗力较强。本菌易产生耐药性，大多数菌株能抵抗青霉素、链霉素、四环素、土霉素、红霉素、林可霉素和磺胺类药物，对庆大霉素、多黏菌素B等比较敏感。

（二）流行特点和临床症状

本病一年四季均可发生，其中妊娠母羊常见于晚冬和早春，羔羊常见于夏季和早秋。各年龄段的羊均可发病，其中以断乳或断乳后不久的羔羊和妊娠后期母羊较容易感染。各种不良因素（如圈舍拥挤、卫生不良、运输等）均能促使本病的发生。传播途径主要以消化道为主，也可经交配传播。临床症状分为母羊流产型和羔羊下痢型。母羊流产型多见于妊娠后期，病羊体温升高至41℃，当沙门菌随着血液进入子宫后，引起子宫内膜炎，流产后母羊阴道流出粉红色分泌物。羔羊下痢型表现为精神沉郁、体温升高和腹泻，排出带血和黏液的稀粪。

（三）病理变化

下痢型羔羊的后躯被稀粪污染，出现脱水现象。真胃、皱胃空虚，肠黏膜充血、出血。流产型病羊表现为子宫内膜炎，子宫肿胀，子宫内充满炎症组织和滞留胎盘，流产胎儿呈败血症病变，主要表现为皮下组织水肿，肝脏和脾脏肿大、坏死，胎盘水肿、出血。

（四）诊断

根据流行病学、临床症状和病理变化可进行初步诊断。之后，采集病羊的血液、粪便、流产胎儿组织进行沙门菌的分离、鉴定，进而确诊。

（五）预防和治疗

预防的主要措施是加强饲养管理，保持饲料和饮水清洁、卫生，定期消毒圈舍。羔羊出生后及时喂养初乳，注意保暖。可以在发病季节前用促菌生等活菌制剂来预防本病。发现病羊，应及时隔离并立即治疗，被污染的圈舍要彻底消毒，对假定健康羊群应及时进行药物预防，或用从本羊群分离的菌株制成的单价灭活苗进行免疫注射。对患病羊群可选新霉素、土霉素进行治疗，在抗菌消炎的同时，还应对症治疗，比如对脱水严重的病羊要配合静脉注射抗生素和补液盐等。

五、羔羊大肠杆菌病

羔羊大肠杆菌病是由致病性大肠杆菌引起的羔羊的一种急性传染病，临床上以腹泻和败血症为特征。因生病的羔羊排出白色稀粪，又称为羔羊白痢。

（一）病原

大肠杆菌属于肠杆菌科埃希菌属，分为很多血清型，是两端钝圆、中等大小、散在或成对的革兰氏阴性直杆菌，无芽孢，以周生鞭毛运动。病原对外界环境的抵抗力不强，60℃条件下15 min即可灭活。常用的消毒药均可将其杀死。

（二）流行特点和临床症状

本病呈地方性流行，一般出生1周后至6周龄的羔羊最易感染，也见3～8月龄羊感染此病。本病多发生于冬、春季节。气候骤变、营养不良、圈舍环境差、抵抗力差等诱发因素可加快本病的发生。病羊和带菌羊是传染源，主要通过消化道或脐带感染。临床症状主要分为下痢型和败血型。下痢型常见于刚出生7 d左右的羔羊，病羊体温升高，排黄色、灰色、带气泡、有时混有血液的稀便。羔羊身体虚弱，严重脱水，不能站立，全身肌肉抽搐，很快死亡。败血型常见于3～8月龄的羔羊，病羊体温升高至41℃，精神萎靡，有神经症状，或共济失调、卧地磨牙，呈游泳状运动，多于发病后4～12 h死亡。

（三）病理变化

下痢型表现为皱胃、大肠、小肠内容物呈现灰黄色，肠内容物混有血液和气泡，肠系膜充血、水肿和出血，肠系膜淋巴结肿胀。败血型表现为胸腔、腹腔和心包大量积液，并有纤维素性物质渗出，关节肿大，脑膜充血、出血。

（四）诊断

根据流行病学、临床症状和病理变化可做出初步诊断。之后，采集病羊的肠内容物、心包积液、肝脏、脾脏、淋巴结等组织进行大肠杆菌的分离、鉴定，进而确诊。

（五）预防和治疗

尽量坚持自繁自养，引入种羊时需要检疫。加强饲养管理，做好圈舍卫生工作，增强羊群抵抗力，注意幼羊的防寒保暖工作，让羔羊吃到足够的初乳，定期进行消毒，尤其在母羊分娩前后对羊舍彻底消毒1～2次。对污染的环境、用具可用3%火碱、3%甲醛、3%～5%来苏儿消毒。治疗可选用四环素、多西环素、新霉素、土霉素、庆大霉素、卡那霉素、磺胺类药物，应根据药敏试验选取敏感抗菌药物。同时，注意补充5%葡萄糖生理盐水，以防止脱水。

六、羊李氏杆菌病

羊李氏杆菌病也叫旋转病，是由产单核细胞李氏杆菌引起的一种人畜共患传染病。临床表现为典型的转圈运动，以幼龄羊败血症、成年羊脑膜脑炎、妊娠母羊流产为特征。发病率不高，死亡率高。

（一）病原

产单核细胞李氏杆菌为规则的短杆菌，两端钝圆，不形成荚膜、芽孢，有鞭毛，革兰氏染色呈阳性，在抹片中呈单个散在或2个并列或排成V字形。病原不耐酸，pH 5.0以上才能繁殖，65℃经30 min以上才能杀灭，对外界环境抵抗力不强，一般消毒剂可将其灭活。

（二）流行特点和临床症状

本病多发生于冬春季节，山羊和绵羊均易感染，但绵羊李氏杆菌病较多见。各种年龄段的羊均可易感，其中以羔羊和妊娠母羊最易感。病羊及带菌羊为传染源。本病主要经消化道、呼吸道及损伤的皮肤传染。维生素A和B族维生素的缺乏是羊群患此病极其重要的诱因。临床症状表现为体温升高至40～46℃，随后降至常温。羔羊常表现为败血症状，精神沉郁，食欲减退，甚至废绝。妊娠母羊常发生流产。成年羊呈脑膜炎型，表现为头向一侧弯曲，视力减退，倒地呈游泳姿势，最后昏迷、衰竭、死亡。

（三）病理变化

剖检可见明显的脑及脑膜充血、水肿，脑脊液增多、稍混浊。流产母羊胎盘发炎、充血，子宫内膜充血、出血、水肿。血液和组织中单核细胞明显增多。

（四）诊断

根据流行病学、临床症状和病理变化可做出初步诊断。之后，采集病羊的肝脏、脑组织进行李氏杆菌的分离、鉴定，进而确诊。

（五）预防和治疗

目前尚无理想的疫苗。平时应加强饲养管理，维护良好圈舍环境，提高羊群抵抗力。应给羊群提供富含蛋白质、维生素及矿物质的饲料。羊群中一旦发病，立即扑灭，同时及时隔离病羊与疑似病羊。对羊圈可用5%克辽林、3%来苏儿、5%漂白粉、2.5%～3%石炭酸或2%～2.5%苛性钠进行彻底消毒。对于受威胁的羊群进行预防，可在饲料或饮水中加入抗菌药物。治疗可选用氨苄青霉素、链霉素、土霉素、金霉素、红霉素等。土霉素按每千克体重25 mg，肌内注射，每天2次。同时给予磺胺嘧啶（每只羊10 g）和咖啡因（每只羊2 g），分3次灌服。在上述基础上，给予强心剂、镇静剂等对症治疗。

七、羊链球菌病

羊链球菌病是由链球菌中β型溶血性链球菌引起的一种急性、热性、败血性传染病。以山羊咽喉部、下颌淋巴结肿胀，继发大叶性肺炎、呼吸困难、各脏器出血、胆囊肿大为特征。

（一）病原

病原是溶血性链球菌，呈单个或成双、链状排列的革兰氏阳性菌，有荚膜，不形成芽孢，无运动，在血液琼脂上发生β溶血现象。本菌对外界抵抗力较强，在−20℃条件下可生存1年以上。对干燥、湿热敏感，60℃条件下30 min即可杀死。对一般消毒剂的抵抗力不强，可使用2%石炭酸、0.1%升汞、2%来苏儿及0.5%漂白粉将其杀死。

（二）流行特点和临床症状

山羊和绵羊均可感染，绵羊最易感染。本病主要感染成年羊，特别是妊娠母羊，幼龄羊很少发病。本病的发生多呈季节性，在冬、春季流行。病羊及带菌羊是主要的传染源。感染途径主要是呼吸道或发生损伤的皮肤、黏膜及吸血昆虫叮咬。临床症状表现为体温升高，不食，眼结膜出血，流泪，眼内有脓性分泌物，流鼻液，呼吸困难，肺炎，关节肿胀，咽喉部及下颌淋巴结肿大，粪便有时有黏液或血液。孕羊发生流产。

（三）病理变化

各脏器广泛性出血，附着大量的纤维素性渗出物；淋巴结肿大；鼻腔、咽喉及气管黏膜出血；胸腔、腹腔积液；肺水肿，肺气肿和出血；胆囊明显肿大；肿大的关节囊内外有黄色胶冻样液体或纤维素性脓液。

（四）诊断

根据流行病学、临床症状和病理变化可做出初步诊断。之后，采集病羊的脓汁、肝脏、脾脏、心脏、脑部等进行链球菌的分离、鉴定，进而确诊。

（五）预防和治疗

本病最易发生在天气突变的时候，平时应加强饲养管理，维护良好圈舍环境，增加营养，提高羊群抵抗力。可在发病季节之前用羊败血型链球菌灭活苗，皮下/肌内注射 5 mL，免疫期为 6 个月，每年春秋季节各免疫一次。当发现病羊后，立即进行封锁隔离，环境及用具用 3%来苏儿、3%福尔马林消毒，也可用二氯异氰尿酸钠溶液消毒。对于尚未发病或者受威胁的羊群，可用羊链球菌氢氧化铝甲醛菌苗进行紧急接种。本菌对链霉素、新霉素、卡那霉素、四环素、呋喃西林等药物敏感，可根据药敏试验结果选用，并同时对症治疗。

八、羊梭菌病

羊梭菌病是由腐败梭菌，D 型、C 型、B 型产气荚膜梭菌和 B 型诺维梭菌引起的一大类急性、致死性传染病。包括羊快疫、羊黑疫、羊猝狙、羊肠毒血症、羔羊痢疾，其中引起羊快疫的病原是腐败梭菌，引发羊肠毒血症的病原是 D 型产气荚膜梭菌（D 型魏氏梭菌），引起羊猝狙的病原是 C 型产气荚膜梭菌（C 型魏氏梭菌），引起羔羊痢疾的病原是 B 型产气荚膜梭菌（B 型魏氏梭菌），羊黑疫的病原是 B 型诺维梭菌。此 5 种病临床表现为突然死亡，均有腹痛、腹泻症状。不同梭菌引起的疾病，其流行特点、临床症状及防治措施有所差异。

（一）病原

5 种病原均为革兰氏染色阳性的厌气大杆菌，均能形成芽孢。腐败梭菌在动物体内外均可形成芽孢，以芽孢的形式存在于潮湿的土壤中，不形成荚膜，有鞭毛，能运动，使用病羊的血液或肝脏触片、染色、镜检，可见呈无关节的长丝状，这是腐败梭菌突出的特征。腐败梭菌的芽孢抵抗力强，需要用氯制剂或氢氧化钠进行消毒。D 型产气荚膜梭菌多存在于土壤、病羊肠道和粪便中，可形成荚膜和芽孢，无鞭毛，不运动，该菌及其芽孢对热敏感。C 型产气荚膜梭菌无鞭毛，不运动，在动物体内可形成荚膜，在肠内容物中可形成芽孢，但在动物体内极少形成芽孢，在厌氧环境中生长快速。B 型产气荚膜梭菌无鞭毛，不运动，在动物体内可形成荚膜，但在普通培养基上不形成荚膜，可用氯或酚类对该菌进行消毒。B 型诺维梭菌为大型杆菌，无荚膜，有鞭毛，能运动，形成芽孢。

（二）流行特点和临床症状

以 6～18 月龄的绵羊最易感染羊快疫，山羊也有易感性，但较少发病，以秋冬季节和初春季节多发，以散发为主，死亡率很高，传染途径主要是消化道。羊突然发病，常发现病羊死于牧场或早晨死于圈舍中，临床症状主要表现为运动失调，腹部膨胀，腹痛，抽搐，最后极度衰弱昏迷。

（三）病理变化

羊快疫病羊死亡后，尸体迅速腐败、膨胀，皱胃黏膜出现弥漫性出血斑，肠道黏膜有不同程度的充血、出血，肺脏、脾脏及肾脏等实质器官有不同程度的淤血，胸、腹腔及心包积液。

羊肠毒血症病羊真胃内尚残留未消化的饲料，肠道膨胀，肠黏膜充血、出血，肾脏软化如泥样，脑膜出血，脑实质内有液化性坏死灶，脑膜出血。

羊猝狙病羊的病理变化主要在消化道和循环系统，病羊死亡后，细菌在骨骼肌内增殖，肌肉出血，病死羊胸腔、腹腔和心包积液，十二指肠和空肠黏膜出血和溃疡，皮下组织有时可见粉红色渗出物。

羔羊痢疾病羊表现为严重脱水，肠道黏膜充血、发红，以出血性炎症为主，皱胃内常见未消化的凝乳块，黏膜上可见到不同程度的小溃疡灶。

羊黑疫病羊的肝脏表面可见灰黄色的坏死灶，周围有一鲜红色充血带围绕，切面呈半月形，颈部、腹部及皮下存在胶冻样水肿，皱胃和小肠黏膜充血、出血。

（四）诊断

根据流行病学、临床症状和病理变化可做出初步诊断。对于羊快疫，用病死羊的肝脏被膜触片，瑞氏或美蓝染色液染片镜检，可以观察到腐败梭菌的长丝状菌体链。采集肝脏、脾脏等脏器组织进行细菌的分离鉴定。对于羊肠毒血症，采集肠内容物、肾脏、肝脏进行细菌分离培养和鉴定以及小肠内毒素检验，尿内发现葡萄糖，即可确诊。对于羊猝狙，采集肠内容物、内脏组织器官进行细菌的分离鉴定，也可用小肠内容物的离心上清液静脉接种小鼠，检测有无β毒素。对于羔羊痢疾，采集肠内容物进行细菌分离鉴定及毒素检查即可确诊。

对于羊黑疫，可采集肝脏、脾脏及心血等材料进行细菌分离鉴定确诊。

（五）预防和治疗

预防方面，需要加强饲养管理和免疫接种。加强饲养管理方面，保持羊舍卫生干净，定期采用3%氢氧化钠液或20%漂白粉乳剂或1%复合酚液或0.1%二氯异氰尿酸钠液进行消毒。在饲养方面，冬季防止羊群受寒，禁止吃霜冻草料，夏季避免让羊过度食用青绿多汁饲料，秋季避免采食过量结籽牧草，注意精料、粗料、青料的搭配，避免突然更换饲料或者饲喂方式，避免在清晨或污染地区放牧。免疫接种方面，每年定期注射1～2次疫苗，如羊快疫-羊猝狙二联疫苗、羊快疫-羊肠毒血症-羊猝狙三联疫苗，或者羊快疫-羊肠毒血症-羊猝狙-羔羊痢疾-羊黑疫五联苗（不论羊只大小，均皮下或肌内注射5mL，保护期半年以上），或者羊快疫-羊猝狙-羔羊痢疾-羊肠毒血症-羊黑疫-肉毒中毒和破伤风七联苗（即厌氧苗七联干粉疫苗，稀释后，无论大小羊，均皮下或肌内注射1mL，保护期半年以上）。初次免疫后，间隔2～3周再加强免疫1次。

治疗方面，对病死羊及时焚烧，深埋，并对环境和用具进行彻底消毒，隔离羊群。对受威胁羊群进行紧急疫苗接种。对病程稍长的病羊，可用药物治疗。药物治疗方案：第一种，青霉素，肌内注射，每千克体重5万～10万U，注射用水5～10mL，每天2次，连用3～5 d；第二种，20%长效土霉素注射液，每千克体重0.1mL，肌内注射，每天1次，连用3 d；第三种，磺胺嘧啶，灌服，按每次每千克体重5～6 g，连用3 d；第四种，10%磺胺嘧啶注射液，每千克体重70～100mg，10%葡萄糖注射液250～500mL，静脉注射，每天2次，连用3 d。

九、羊破伤风

破伤风又称锁口风、强直症，是由破伤风杆菌经伤口感染引起的人兽共患传染病。以全身骨骼肌强直性痉挛和神经反射兴奋性增高为主要特征。

（一）病原

病原为破伤风杆菌，芽孢杆菌属，高度厌氧革兰氏阳性菌，能形成芽孢，有鞭毛，能运动，可产生毒性很强的毒素。此菌的繁殖体抵抗力不强，但其芽孢的抵抗力极强且耐热，在土壤中可存活几十年。湿热120℃ 20 min可将其杀死，煮沸10～90 min致死。5%石炭酸、0.1%升汞作用15 h可杀死芽孢。10%碘酊、10%漂白粉及30%双氧水能很快将其杀死。

（二）流行特点和临床症状

创伤是引起本病的必然因素。本病的发生无明显的季节性，常为零星散发。各种年龄段的羊群均易感染，以羔羊和产后母羊易感性更强。羊常常因钉伤、刺伤、断脐、断尾、断角、阉割、剪毛等损伤和其他创伤或擦伤感染，导致伤口处病原微生物生长繁殖，产生大量毒素，侵害中枢神经系统。本病潜伏期为1～2周，病初表现为拒绝采食，吞咽困难，精神呆滞。随着病情的发展，病羊出现全身性强直痉挛症状，四肢僵硬，行走不便，不时倒地。最后表现为口流出白色泡沫，不能采食和饮水，瘤胃臌气，角弓反张症状，随后衰竭死亡。

（三）病理变化

创口局部有炎症反应，内脏器官一般无明显病理变化。窒息死亡的羊可见肺淤血、水肿，感染部位的外周神经有小出血点及浆液性浸润，脊髓和脊髓膜充血、出血。

（四）诊断

根据本病的临床特殊症状、体表创伤、体温可能会升高、骨骼肌强制性痉挛即可确诊，必要时可从病羊的创伤局部进行细菌的分离、鉴定。

（五）预防和治疗

预防方面，平时加强饲养管理，避免羊群发生内、外伤。在进行阉割、断脐或其他外科手术时，注意器械的消毒和伤口的消毒工作，用5%的碘酊严格消毒。在本病常发地区，手术前或发生创伤后，每只羊可注射破伤风抗毒素1万～2万IU。在本病病例较多的地区，可进行预防接种，选择每年初春定期接种破伤风明矾沉降类毒素，每只羊颈部皮下注射0.5mL，注射后30 d产生免疫力，免疫期1年，若第2年再免疫1次，免疫期可达4年。

治疗方面，可采取创伤处理、注射破伤风抗毒素及对症治疗相结合的措施。①及时清除伤口内的脓汁、异物、坏死组织等，用3%双氧水、0.1%高锰酸钾溶液或者清水反复冲洗伤口处，接着用2%～5%碘酊严格消毒，同时用青霉素80万U、链霉素100万U进行创口周围和肌内注射，每天2次，连用1周。②每天肌内注射或者皮下注射10万～20万U的破伤风抗毒素（分早、中、晚各一次）。③对症治疗：当病羊表现兴奋不安时，可用镇静解痉剂。可注射盐酸氯丙嗪（每千克体重1～2 mg），也可使用硫酸镁或普鲁卡因等药物。病羊出现不采食的时候，需要补液补糖。病羊出现瘤胃鼓起时，采用食用油或温水进行灌肠。

十、传染性胸膜肺炎

传染性胸膜肺炎（羊支原体性肺炎）又称“烂肺病”，是由多种支原体引起的山羊和绵羊的一种高度接触性传染病。以高热、咳嗽、脓性鼻涕、呼吸困难、肺脏和胸膜发生浆液性和纤维素性炎症为主要特征。

（一）病原

本病的病原有丝状支原体山羊亚种、丝状支原体丝状亚种、山羊支原体山羊肺炎亚种和绵羊肺炎支原体。可引起传染性胸膜肺炎的支原体均为细小、多种形态的微生物，平均大小为 0.3～0.5 μm，革兰氏染色为阴性，吉姆萨、美蓝染色和卡斯坦奈达染色可较好着色。支原体是一种兼性厌氧的微生物，体外较难培养，支原体培养基中需添加血清、酵母浸润液等以满足支原体的生长。支原体的最适生长 pH 为 7.8～8.0，在 5%的二氧化碳环境中可较好生长，在固体培养基上生长缓慢，可形成“煎蛋样”菌落。支原体对理化因素的抵抗力较弱，阳光直射可使其快速失去感染能力，对高温和低温均敏感。支原体对石炭酸、来苏儿和一些表面活性剂敏感，对醋酸铊、结晶紫有较强的抵抗能力。支原体对红霉素高度敏感，四环素对其也有较强的抑制作用，对青霉素和链霉素表现出抗性。

（二）流行特点和临床症状

丝状支原体只感染山羊，绵羊支原体对绵羊和山羊均具有致病作用。本病呈地方性流行，冬春季是疾病高发期。病羊和带菌羊是传染源，其肺组织和胸腔渗出液中含有大量病原体，通过空气、飞沫经呼吸道传染。羊发病后病死率较高。潜伏期一般为 18～20 d。临床症状表现为高热，体温可达 41℃，呼吸困难，咳嗽，精神沉郁，鼻腔流出浆液性或脓汁分泌物，严重的可导致眼结膜发炎、粘连，妊娠母羊容易发生流产，死亡率很高。

（三）病理变化

主要病理变化为胸腔积液，肺脏表面有结缔组织增生，肺实质有出血性淤血，一侧或两侧的肺脏出现不同程度的肉样病变或粘连，严重的肺脏表面有纤维素性物质渗出。鼻甲骨、气管等上呼吸道有不同程度的充血、出血。

（四）诊断

根据流行病学、临床症状和病理变化可做出初步诊断。采集肺组织或胸腔积液涂片，发现革兰氏染色阴性，瑞氏染色呈球状、短杆状、丝状等极细小紫色点，或从病羊的肺组织中分离、鉴定出支原体，即可确诊。

（五）预防和治疗

加强饲养管理，提供良好的营养，增强羊群的抵抗力。做好场地定期消毒工作。对从外地引入的羊，严格隔离检疫。在本病流行地区，坚持免疫接种，如用山羊传染性胸膜肺炎氢氧化铝灭活疫苗进行预防接种，半岁以下山羊皮下或肌内注射 3 mL，半岁以上山羊注射 5 mL，免疫期为 1 年。若为羊肺炎支原体感染，可使用绵羊肺炎支原体灭活苗免疫。当发现病羊时，应第一时间将病羊进行隔离，同群羊也应进行隔离，避免该病的传播。对患病早期的病羊可使用足够剂量的红霉素、四环素、卡那霉素、恩诺沙星、氟苯尼考等进行治疗。对患病后期病情较重的病羊或经济价值不高的病羊可进行淘汰处理。

十一、羊衣原体病

羊衣原体病是由鹦鹉热衣原体引起的绵羊和山羊的传染病，为人畜共患传染病。以发热、流产、产死胎、产弱羔或羔羊多发性关节炎为特征。

（一）病原

本病的病原是鹦鹉热衣原体。鹦鹉热衣原体属于衣原体科衣原体属，为革兰氏阴性菌，吉姆萨染色呈深蓝色。衣原体只能在活的细胞内繁殖寄生。鹦鹉热衣原体抵抗力不强，对热敏感，0.1%福尔马林、0.5%石炭酸、70%酒精、3%火碱（氢氧化钠）溶液均能将其灭活。对青霉素、四环素、红霉素等抗生素都敏感。

（二）流行特点和临床症状

山羊、绵羊对衣原体均易感。本病呈地方性流行。病羊和带菌羊是本病的主要传染源，可通过粪便、乳汁、眼泪及流产的胎儿、羊水排出病原体，污染水源、饲料及环境。本病主要通过消化道、呼吸道及损伤的皮肤感染，也可通过生殖道感染，蜱、螨及蝇等昆虫也可传播此病。羊群感染支原体后的临床症状主要表现为流产型、关节炎型和结膜炎型。流产型常发生在母羊妊娠中后期，母羊表现为流产、产死胎或弱羔。母羊流产后往往胎衣滞留，有些病羊可因继发感染细菌性子宫内膜炎而死亡。流产过的母羊，一般不再发生流产。公羊常见睾丸炎、附睾炎等。关节炎型主要发生在羔羊，表现为关节肿胀、疼痛，触摸有热痛感，生长发育受阻。结膜炎型主要发生在绵羊，特别是羔羊，表现为眼结膜充血、水肿，大量流泪。

（三）病理变化

流产型表现为流产胎儿水肿，皮下出血，腹腔和胸腔有大量红色渗出液，肝脏充血、肿胀，母羊子宫内膜和子叶出现炎症坏死，呈现黑红色或土黄色。关节炎型表现为关节肿大，关节内有炎症。结膜炎型表现为结膜炎症、发红，眼角膜坏死混浊。

（四）诊断

根据流行病学、临床症状和病理变化可做出初步诊断。通过采集血液、脾脏、肺脏、流产胎儿及流产分泌物等病料，接种于 5～7 d 的鸡胚卵黄囊或无特定病原体小鼠，进行衣原体的分离培养及鉴定，从而确诊。

（五）预防和治疗

加强饲养管理，提供良好的营养，增强羊群的抵抗力。做好场地定期消毒工作。在本病流行地区坚持免疫接种，定期用羊鹦鹉热衣原体灭活疫苗对母羊和种公羊进行免疫接种，皮下注射 3mL，保护期在半年以上。一旦发现羊群发病，及时进行隔离和治疗，对流产胎盘及排出物进行无害化处理，对污染的场地使用 2%火碱溶液、2%来苏儿进行彻底消毒。治疗可使用广谱抗生素，如青霉素或盐酸四环素类等药物。对关节炎型需配合使用磷酸地塞米松和安痛定等。对结膜炎型需要配合使用利福平眼药水或 1%～2%黄降汞软膏等做局部处理。

十二、口蹄疫

羊口蹄疫是由口蹄疫病毒引起的羊急性、热性、高度接触性传染性病。临床上以口腔黏膜、蹄冠、蹄部和乳房皮肤发生水疱和溃烂、跛行为特征。本病毒主要存在于患病羊的水疱皮及淋巴液中。

（一）病原

病原为口蹄疫病毒，属于小 RNA 病毒科口蹄疫病毒属，分为 A 型、O 型、C 型、

Asia（亚洲）Ⅰ型、SAT（南非）Ⅰ型、SAT（南非）Ⅱ型和SAT（南非）Ⅲ型7个血清型，以及65个亚型。各型之间抗原性不同，无交互免疫力，使诊断复杂化。病毒颗粒呈圆形，无囊膜。病毒结构模式中心为紧密RNA，外裹一层衣壳，呈20面体，由4种结构蛋白组成的60个不对称亚单位构成。口蹄疫病毒耐低温，不怕干燥，对酚类、酒精、氯仿不敏感，对日光、高温、酸碱的敏感性很强。常用的消毒剂有1%～2%氢氧化钠、30%热草木灰、1%～2%甲醛、0.2%～0.5%过氧乙酸、4%碳酸氢钠溶液等。

（二）流行特点和临床症状

感染山羊和绵羊的主要是口蹄疫病毒亚洲Ⅰ型和O型。本病无明显的季节性，但以冬春季较易发生。本病主要是通过消化道和呼吸道传染，也可以经眼结膜、鼻黏膜、乳头及皮肤伤口感染。病羊表现为体温升高，食欲减退及跛行。口腔黏膜发生水疱和溃烂，水疱多发生于硬腭和舌面。四肢的皮肤、蹄叉和趾（指）间也产生水疱和糜烂。哺乳羔羊容易出现出血性胃肠炎。

（三）病理变化

口腔、蹄部和乳房的皮肤处出现水疱和溃烂，严重病羊咽喉、气管、支气管和前胃黏膜有时也有烂斑和溃疡形成。皱胃和肠道黏膜可见有出血性炎症。心包膜有散在性出血点。心肌切面呈现灰白色或淡黄色的斑点或条纹，似老虎身上的斑纹，称为“虎斑心”。心脏松软似煮过一样。

（四）诊断

根据流行病学、临床症状和病理变化可做出初步诊断。采取病羊水疱皮或水疱液在国家三级实验室条件下进行病毒分离培养确诊。

（五）预防

口蹄疫的防治原则是以免疫预防为主，检疫、扑杀、消毒并用。平时对羊群加强检疫、检测，发生口蹄疫后，严格执行封锁、隔离、消毒、紧急预防接种等措施。发现疑似病羊进行扑杀或隔离。在疫苗接种前，必须弄清当地的口蹄疫病毒型，然后用相同毒型的疫苗进行接种。在常发的地区应定期接种口蹄疫弱毒苗。

十三、小反刍兽疫

小反刍兽疫俗称羊瘟，是由小反刍兽疫病毒引起的一种急性病毒性传染病。本病主要感染小反刍动物，以发热、眼鼻分泌物增加、口炎、腹泻、肺炎、流产为特征。山羊比绵羊更易感，且症状更严重。世界动物卫生组织将本病定为A类疫病。

（一）病原

本病病原为小反刍兽疫病毒，属副黏病毒科麻疹病毒属。小反刍兽疫病毒只有1个血清型，根据基因组序列的差异可分为4个群：Ⅰ、Ⅱ、Ⅲ群源于非洲，Ⅳ群源于亚洲。该病原与麻疹病毒、犬瘟热病毒、牛瘟病毒等有相似的理化及免疫学特征。小反刍兽疫病毒在自然环境下抵抗力较弱，50℃ 60 min即可灭活，对酒精、乙醚和醇敏感，在4℃乙醚中经12 h被灭活。化学消毒剂酚类、2%氢氧化钠等可将其灭活。

（二）流行特点和临床症状

本病的发生有明显的季节性，多发生于夏季及多雨、干燥寒冷季节，主要感染山羊、绵羊、野羊等小反刍动物，通常山羊比绵羊更易感染。病羊的分泌物和排泄物是主要的传染源。该病主要通过直接或间接接触传播，感染途径以呼吸道为主，也可经人工授精及胚胎移植传播。

临床症状表现为羊突然发热，体温最高可达 42℃。之后，病羊口腔溃疡，黏膜充血，甚至出现糜烂，眼结膜潮红，口鼻有大量黏脓性鼻液，后期出现严重腹泻症状，迅速脱水和体重下降，呼出恶臭气体，妊娠母羊可发生流产。

（三）病理变化

病死羊口腔黏膜糜烂、坏死，齿龈糜烂、坏死、出血，鼻甲骨出血，肺部有出血性间质性肺炎，皱胃黏膜出现出血或糜烂，但瘤胃、网胃、瓣胃很少出现病变，有时皱胃的浆膜层也有出血斑，空肠后部出血，盲肠和结肠出血，淋巴结肿大，脾脏肿大并有坏死性病变，肝脏、胆囊肿大。总之，该病临床表现"六大炎"，即眼炎、鼻炎、口炎、肺炎、胃炎、肠炎。

（四）诊断

根据流行病学、临床症状和病理变化可做出初步诊断。采集病羊的眼结膜分泌物、鼻腔分泌物、直肠黏膜或病死动物的肺脏、脾脏等病料接种细胞进行病毒分离培养、聚合酶链反应，结合中和试验、酶联免疫吸附试验等血清学方法可确诊。

（五）预防

平时加强饲养管理，严禁从疫区引入或购买羊只，若必须引入，应隔离观察 21 d 以上，经检查确认健康无病，方可混群饲养。在我国，本病属于一类传染病，任何单位或个人发现疑似疫情时，应立即向当地兽医主管部门报告，并按照《小反刍兽疫防治技术规范和应急预案》要求采取隔离等措施。在发生过本病的地区要对易感羊群强制免疫接种牛瘟活疫苗，每年 1～2 次。一旦确诊，坚决扑杀，彻底消毒，严格封锁，防止扩散，同时对疫区内其他假定健康羊群以及受威胁羊群进行紧急疫苗接种。

十四、羊痘

羊痘是由羊痘病毒引起的绵羊或山羊的一种人畜共患的急性、热性、接触性传染病。临床以发热，无毛或少毛的皮肤和黏膜上发生特殊的丘疹和疱疹为主要特征。羊痘分为山羊痘和绵羊痘。

（一）病原

病原为羊痘病毒，属于有囊膜的双链 DNA 病毒，多为砖形或卵圆形。绵羊痘是由山羊痘病毒属的绵羊痘病毒引起的，山羊痘是由山羊痘病毒属的山羊痘病毒引起。羊痘病毒耐干燥，在干燥的环境中能存活数月至数年，对热、直射阳光、碱和常用的消毒药（如酒精、碘酊、来苏儿、福尔马林等）均较敏感，对乙醚和氯仿也较为敏感。

（二）流行特点和临床症状

该病一年四季均可发生，但多发生于春秋两季。各日龄的羊只均可感染，但羔羊更易发生。绵羊痘病毒只感染绵羊，山羊痘病毒只感染山羊。本病主要通过呼吸道传染，也可经受损的皮肤、黏膜及消化道感染。临床症状表现为病初体温升高至 41℃以上，食欲减退，精神不振，随后在羊的眼睛周围、鼻子、嘴唇、乳房、颊、会阴、阴囊、包皮、肛门周围以及四肢内侧等处的皮肤发生红疹，红疹逐渐突出，形成丘疹，随后形成水疱，水疱化脓形成脓疱，以后脓疱干燥结痂，痂皮脱落后留下红色疤痕。

（三）病理变化

剖检发现瘤胃或皱胃的黏膜上有大小不等的圆形、椭圆形或半球形白色结节。严重的引起胃黏膜糜烂或溃疡，口腔、咽喉部、支气管黏膜、肺表面、肠浆膜层常有痘疹，肺部可见干酪样结节和卡他性肺炎区，淋巴结肿大。

（四）诊断

根据流行特点、典型的临床症状和病理变化可做出初步诊断。对非典型经过的病羊，可采集痘疹组织涂片，如在涂片的细胞胞质内发现大量深褐色球菌样圆形原生小体，可确诊为羊痘。也可通过鸡胚接种试验观察病变，或通过血清学试验及聚合酶链反应（PCR）予以确诊。

（五）预防和治疗

预防方面，如：不从疫区引进或购买羊只，若必须引进，要对新引入的羊隔离观察21 d，检疫健康后可混养；平时加强饲养管理，增强羊群抵抗力；圈舍经常用10%～20%石灰水、2%福尔马林、30%草木灰水消毒；在流行地区做好预防接种，采用羊痘弱毒苗，大小羊一律皮内注射 0.5mL，免疫期可持续 1 年。一旦发生羊痘，立即将发病羊隔离，并将疫情及时上报，将疫点进行封锁，扑杀病羊。对圈舍饲槽、水槽、用具及圈舍等使用0.1%氢氧化钠溶液进行消毒。对比较贵重的种羊，可以采取紧急免疫接种、对症治疗（如退热、消炎）、抗病毒及局部消毒处理。

十五、羊传染性脓疱病

羊传染性脓疱病俗称“羊口疮”，是由传染性脓疱病毒引起绵羊、山羊的一种急性接触传染性、嗜上皮性的人兽共患病。以口唇、舌、鼻、乳腺等部位形成丘疹、水疱、脓疱和疣状硬痂为特征。部分病羊伴随眼结膜发炎，眼流分泌物、发红。

（一）病原

传染性脓疱病毒又称羊口疮病毒，属于痘病毒科副痘病毒属，是双链 DNA 病毒。病毒粒子呈砖形或椭圆形，有囊膜。病毒比较耐热，60℃经 30 min 才能灭活，干燥痂皮内的病毒抵抗力较强，在野外可保持毒力数月，普通冰箱内至少可保存 32 个月。病毒可被氯仿灭活，对乙醚低度敏感。对 pH3.0 无耐受力。2%氢氧化钠、10%石灰乳、1%醋酸和 20%草木灰等消毒剂可将其病毒杀死。

（二）流行特点和临床症状

本病春、夏季发病较多，但无明显季节性。以 2～6 月龄的羔羊最易感染，成年羊发病较少。病羊和带毒羊是主要传染源，传播途径主要是通过损伤的皮肤或黏膜接触感染。羊口疮除了感染羊外，常与病畜接触的人也会感染，多见于人的手、脸部，开始形成丘疹，随后转变为水疱和脓疱，最后结痂。临床表现分为唇型、蹄型和外阴型，偶见混合型。唇型最常见，发病时首先在羊嘴角、上唇、鼻镜上出现一些小红斑，逐渐变为丘疹，再形成脓疱，脓疱破溃后形成疣状结痂。常伴有坏死杆菌、化脓性病原菌的继发感染，导致组织化脓，病情恶化。蹄型见蹄叉、蹄冠皮肤上形成水疱、脓疱，破裂后变为由脓液覆盖的溃疡。外阴型一般较少见，表现为外阴部及其附近皮肤出现溃疡灶或炎性增生。在乳腺和乳头皮肤上发生脓疱、烂斑和结痂。公羊的阴鞘皮肤也会出现脓疱和溃疡。

（三）病理变化

病理变化主要是局部皮肤病，早期皮肤的上皮细胞肿胀、变性和充血，接着表皮细胞出现增生，呈水泡变性，随后皮肤的上皮细胞周围聚集大量中性粒细胞，使皮肤表面出现脓疱。最后，皮肤角质蛋白增厚形成痂皮。另外，在瘤胃、网胃等黏膜也有痘状增生。

（四）诊断

采集水疱液、脓疱液进行触片，伊红染色、镜检后可在细胞质内可检出嗜酸性包涵体。也可通过病毒分离培养、动物接种试验、血清学检测方法和分子生物学检测技术进行诊断。将病料做成乳剂，在健康小羊唇部划痕接种，第 2 天即可见接种处红肿，继现水疱，内含乳白色半透明液体，4～6 d 变为脓疱，6～8 d 后结痂，经 20～30 d 脱落。

（五）预防和治疗

严禁从疫区引入或购买羊只，若必须引入，应隔离检疫 2～3 周，并对蹄部进行多次清洗和消毒。平时加强管理，防止皮肤、黏膜发生损伤。日常饲喂时应尽量避免饲喂带刺的草或在有带刺植物的草地放养。饲喂过程中加喂适量的食盐，以减少啃土、啃墙损伤皮肤、黏膜的机会。在本病流行地区，可使用羊口疮弱毒疫苗进行免疫接种，应根据疫病流行区毒株特点选用接种疫苗毒株株型。一旦发现羊群发病，及时进行隔离和治疗，并用 2%氢氧化钠溶液、10%的石灰乳或 20%的草木灰溶液彻底消毒用具和羊舍。目前，对本病无特效治疗方法，只能采用临床外伤处置措施和支持疗法等。病羊治疗，如病变为唇型和外阴型，对其病变部位先用 0.1%～0.2%高锰酸钾溶液冲洗创面，再涂以 3%龙胆紫、5%碘酊甘油或土霉素软膏、青霉素软膏，每日 3 次。如为蹄型，可将病蹄在 5%的福尔马林中浸泡 1 min，必要时每周重复 1 次，连续 3 次，或每隔 2～3 d 用 3%龙胆紫、1%苦味酸或 10%硫酸锌酒精溶液重复涂擦。对病情严重者，为了防止继发感染，可每只再肌内注射青霉素、硫酸链霉素等抗生素，或口服磺胺类药物。对于患有红眼病的羊，可用 2%～4%硼酸溶液冲洗眼部，然后用注射用水稀释的青霉素溶液滴入眼内，每日 3 次，2～3d 即可痊愈。如个别反复发病，出现角膜浑浊时，用 1%～2%黄降汞软膏涂抹，每日 2～3 次。

十六、蓝舌病

蓝舌病也叫“卡他热”，是由蓝舌病病毒引起的一种非接触性虫媒传染病。临床症状以发热、溃疡口炎、鼻炎、胃肠道黏膜严重卡他性炎症和呼吸道炎症为主要特征，被列为必须通报的二类动物疫病。

（一）病原

蓝舌病病毒属于呼肠孤病毒科环状病毒属蓝舌病病毒亚群。核酸为双股 RNA 病毒，无囊膜，呈 20 面体对称。目前已发现蓝舌病病毒有 24 个血清型，不同国家和地区血清型的分布有所差异，且各血型之间无交互免疫力。本病毒对紫外线有一定的抵抗力，对乙醚、氯仿等脂溶剂不敏感。含有酸、碱、次氯酸钠、吲哚的消毒剂可杀灭蓝舌病病毒。

（二）流行特点和临床症状

本病的发生有明显的地区性，这与传染媒介库蠓的分布、活动区域密切相关。本病的发生也有一定的季节性，多发生于湿热的晚春、夏季和早秋。本病主要感染绵羊，山羊也可感染，不同年龄的绵羊均可感染，以1岁左右的青年羊发病率和死亡率最高。患病羊和隐性携带者是主要传染源，病毒主要通过吸血昆虫传播，库蠓是主要传染媒介。临床症状表现为病羊体温升高至41℃，精神萎靡，食欲减退，上唇肿胀，口流涎，舌及口腔黏膜充血，可见唇、齿龈、颊、舌黏膜糜烂，口腔黏膜局部渗出血液，唾液呈红色，鼻唇出现烂斑，眼角膜浑浊，有的病羊舌呈蓝黑色，故称为蓝舌病，有的出现出血性下痢。

（三）病理变化

剖检患病绵羊，可见上呼吸道黏膜出血、充血，淋巴结水肿、充血，肺动脉基部有时可见明显的出血，肺水肿，心包积液，瘤胃有暗红色区，蹄冠出现红点，深层充血、出血。

（四）诊断

根据流行特点、典型的临床症状和病理变化可做出初步诊断。可以通过病毒的分离培养，血清学检测技术（如酶联免疫吸附试验、血清中和试验），以及病原学检测技术等实验室诊断技术进行确诊。

（五）预防和治疗

预防方面，禁止从有病的国家和地区引入羊只，平时加强饲养管理，定期进行药浴、驱虫，控制和消灭本病的媒介昆虫（库蠓），做好牧场的排水工作，流行地区在发病前一个月每年定期接种弱毒疫苗。当发病的时候，严格按照《重大动物疫病应急预案》《国家突发重大动物疫情应急预案》进行处置。

十七、羊病毒性关节炎-脑脊髓炎

羊病毒性关节炎-脑脊髓炎是由关节炎-脑脊髓炎病毒引起的，以成年羊呈慢性多发性关节炎或伴发间质性肺炎或间质性乳腺炎，羔羊呈脑脊髓炎为特征的一种传染病。

（一）病原

关节炎-脑脊髓炎病毒属于反转录病毒科慢病毒属。病毒粒子呈球形，有囊膜，基因组为单股正链 RNA。本病毒对外界环境的抵抗力不强，56℃ 10 min可被灭活，在低于pH4.2条件下可迅速死亡，常规消毒剂一般浓度均有杀灭作用。

（二）流行特点和临床症状

本病一年四季均可发病，呈地方流行性。山羊是本病的主要易感动物，各年龄段山羊均可发生本病，以成年山羊易感，绵羊不感染本病。病羊和隐性带毒羊是主要的传染源。病毒主要经消化道传播，也可经乳汁感染羔羊。临床症状表现为关节炎型、脑脊髓型和间质性肺炎型三种。关节炎型多发生于1岁以上的成年山羊，表现为腕关节和跗关节肿大，出现不同程度的跛行症状，严重影响行走。脑脊髓型主要发生于2～4月龄羔羊，病初病羊表现为精神沉郁、共济失调、卧地不起，严重时出现角弓反张、转圈或双目失明，病程可持续半个月至数年。间质性肺炎型较少见，患病羊表现出咳嗽、呼吸困难症状，胸部叩诊有浊音，听诊有湿啰音。

（三）病理变化

关节炎型病羊四肢关节肿大，关节腔内充满黄色或淡红色的液体，有时也混有纤维素性絮状物。脑脊髓炎型主要病变在脑部，呈现非化脓性脑炎病变。间质性肺炎型表现为肺脏轻度肿大，质地坚硬，表面散在灰色小点，切面可见大叶性或斑块状实质区。

（四）诊断

根据流行特点、典型的临床症状和病理变化可做出初步诊断。无菌采集病羊关节液、滑膜、乳汁、血液白细胞等相关病料进行病毒的分离培养，通过琼脂免疫扩散试验、酶联免疫吸附试验及免疫斑点试验等实验室技术进行确诊。

（五）预防和治疗

目前对本病尚无有效的治疗药物和疫苗。平时应加强饲养管理，引入无山羊关节炎-脑脊髓炎病毒的种羊，定期对羊群进行山羊关节炎-脑脊髓炎检疫，监测羊群健康状态。一旦发生此病，对疫区新生羔羊立即进行隔离，不让其吃初乳，喂新鲜牛奶。

第三节　肉羊常见寄生虫病的防治

一、羊吸虫病

羊吸虫病是指由各种吸虫寄生于羊体内而引起的各种疾病的总称。羊吸虫病主要包括肝片吸虫病、前后盘吸虫病、阔盘吸虫病、双腔吸虫病和血吸虫病。羊吸虫病导致羊精神不振、全身性中毒和营养障碍、身体消瘦、生产性能下降，可导致羔羊等大批死亡，严重威胁养羊业的发展。

（一）病原

肝片吸虫病的病原是肝片形吸虫，属于片形科片形属，虫体扁平，呈两侧对称的叶片状。前后盘吸虫病是由前后盘科的前后盘属、殖盘属、腹袋属、菲策属及卡妙属等多属前后盘吸虫引起的疾病。前后盘吸虫呈粉红色，梨形。阔盘吸虫病的病原有胰阔盘吸虫、腔阔盘吸虫和枝睾阔盘吸虫三种。双腔吸虫病由矛形双腔吸虫所引起，虫体棕红色，体扁平而透明，呈柳叶状。血吸虫体病的病原为血吸虫，虫体白色，虫卵椭圆形或接近圆形。

（二）流行特点和临床症状

每年夏秋雨季是肝片形吸虫幼虫生长活跃和羊感染的季节。肝片形吸虫的中间宿主是椎实螺，前后盘吸虫的中间宿主是淡水螺，广泛存在于沟塘、小溪、湖沼等。阔盘吸虫主要寄生在羊的胰管中，其生活史包括多个阶段，其中第一中间宿主为各种蜗牛，第二中间宿主为草螽等。双腔吸虫寄生于羊的胆管和胆囊中，该虫的发育需要两种中间宿主：第一宿主为螺蛳，第二宿主为蚂蚁。血吸虫的中间宿主是钉螺。临床症状表现为病羊消瘦，贫血，颌下、胸下、腹下发生水肿，腹泻，有的粪便中还带有黏液和血液，严重时体温升高。

（三）病理变化

剖检肝片形吸虫感染的羊只可发现肝脏肿大，胆管扩张，常于肝脏和胆管等处发现成虫。在病羊瘤胃黏膜可见前后盘吸虫的成虫附着，在网胃、皱胃、肠道、胆管及胆囊腔寄生有幼虫。病羊的胰脏、胰管可发现阔盘吸虫的成虫，并见有慢性增生性炎症、充血、水肿等变化。双腔吸虫病病羊外在表现出低位水肿，内在出现肝肿大，胆管壁变厚。血吸虫可引起病羊的肝脏和肠壁等组织广泛的炎症和溃疡，并形成虫卵肉芽肿，多有肝脏肿大和肝硬化。

(四) 诊断

根据流行病学、临床症状、病理变化和虫卵检查结果进行综合判断。

(五) 预防和治疗

预防方面，搞好平时的卫生防疫工作，定期驱虫和强化粪便管理及灭螺等工作。驱虫的次数和时间必须与当地的实际情况及条件相结合。羊的粪便需经发酵处理杀死虫卵后才能应用。治疗方面，对肝片形吸虫可选用硫双二氯酚、硫溴酚、四氯化碳、苯咪唑、硝氯酚、丙硫咪唑、三氯苯咪唑、双酰胺氧醚等。对前后盘吸虫可选用硫双二氯酚、硝氯酚、溴羟替苯胺等。对阔盘吸虫可选用六氯对二甲苯、吡喹酮。对双腔吸虫可选用甲苯咪唑、丙酸哌嗪。对血吸虫可选用硝硫氰胺、吡喹酮、酒石酸锑钾。

二、羊绦虫病

羊绦虫病是由裸头科裸头属、副裸头属、莫尼茨属、曲子宫属、无卵黄腺属和带科多头属、棘球属的多种绦虫或绦虫幼虫寄生于羊体内引起疾病的总称。常见的危害巨大的是莫尼茨绦虫病、多头蚴病及棘球蚴病（包虫病）。本病主要特征为消瘦、贫血、腹泻，尤其对羔羊危害严重。

(一) 病原

莫尼茨绦虫病的病原是扩展莫尼茨绦虫和贝氏莫尼茨绦虫。脑多头蚴病是由寄生于犬、狼等肉食兽小肠的多头绦虫的幼虫（脑多头蚴），寄生于羊的脑部所引起的一种绦虫蚴病，俗称脑包虫病。棘球蚴病主要由棘球属细粒棘球绦虫的幼虫寄生在羊的肝脏和肺脏所引起。

(二) 流行特点和临床症状

莫尼茨绦虫成虫寄生于羊的小肠内，成虫脱卸的孕节或虫卵随着宿主粪便排到外界，虫卵散播，被地螨（中间宿主）吞食，六钩蚴在消化道内孵出，穿出肠壁，入体腔，发展为似囊尾蚴，成熟的似囊尾蚴开始有感染性。犬科动物是脑多头蚴的终末宿主，因此该病的主要传染源是犬、狐狸等犬科肉食动物。一旦终末宿主吞食了含有脑多头蚴病畜的脑和脊髓，多头绦虫便可在终末宿主小肠内发育成熟后，其孕节和虫卵随粪便排出而污染草场、饲料或饮水，造成羊多头蚴病的流行。棘球蚴成虫寄生在终末宿主的小肠内，随粪排出孕卵节片或虫卵而污染水源、饲料，若被羊（中间宿主）吞入，卵内六钩蚴即在消化道孵出，钻入肠壁，随血液循环到肝脏，亦可进入肺脏及其他脏器发育成棘球蚴。

莫尼茨绦虫感染后表现食欲不振，下痢，腹痛，粪便带有白色的孕卵节片。脑多头蚴多寄生于羊脑及脊髓部，引起脑膜炎。棘球蚴侵占肺部会引起呼吸困难和微弱咳嗽，当严重感染时，还会引起病羊消瘦、被毛粗糙、体重急速减轻、强制性痉挛、体温升高、剧烈运动时症状加重、抽搐、重复回旋运动、衰弱。

(三) 病理变化

剖检莫尼茨绦虫感染病羊，可见胸腹腔渗出液增多，小肠内发现数量不等的虫体，肠系膜、肠黏膜、淋巴结和肾脏发生增生性变性。感染初期的脑多头蚴移行到羊的脑组织，引起脑部的炎症反应，后期囊体变大后可导致局部头骨变薄、变软，被虫体压迫的大脑对侧视神经乳突出血与萎缩。棘球蚴主要引起肝脏病变，其次为肺脏，剖检可见肝、肺表面凹凸不平，有时也可见其他脏器（如脾、肾等）的病变。

（四）诊断

根据流行病学、临床症状和粪便虫卵检查及剖检结果即可确诊。

（五）预防和治疗

预防方面，对莫尼茨绦虫可加强饲养管理，严防病从口入；加强对羊肉的检疫工作；粪便及排出虫体无害化处理。对脑多头蚴的预防，应对牧羊犬进行定期驱虫，将粪便进行无害化处理，对野犬、狼等终末宿主加强管理，对野犬予以捕杀。对棘球蚴的预防，禁止用感染棘球蚴的动物肝、肺等组织器官喂犬，对犬应定期驱虫，对驱虫后的犬粪便要进行无害化处理，杀灭其中的虫卵。

治疗方面，对莫尼茨绦虫可选用硫双二氯酚、硫酸铜溶液、吡喹酮等。对脑多头蚴的治疗可选吡喹酮和手术治疗。手术治疗应选择在病羊出现前冲、后退或转圈运动等症状后进行手术。对棘球蚴的治疗可选择三氯苯唑、碘醚柳胺、硝氯酚。

三、羊线虫病

羊线虫病是由线性动物门线虫纲所属的各种寄生性线虫寄生于羊体内所引起的一类疾病。在大多数情况下，几种线虫混合寄生于羊体内，有些线虫病还可以由妊娠母羊传给羔羊。常见的线虫病有弓首蛔虫病、毛圆线虫病、食道口线虫病、毛首线虫病、吸吮线虫病、丝状线虫病和血矛线虫病。

（一）病原

弓首蛔虫病的病原弓首蛔虫属于新蛔属，常寄生于羔羊小肠内。毛圆线虫病的病原毛圆线虫属于毛圆科、毛线科、沟口科及圆形科的许多种线虫，是寄生于羊消化道的圆线虫。食道口线虫病的病原食道口线虫（又称结节虫）属于毛圆科食道口属，寄生于羊的大肠。毛首线虫病的病原毛首线虫属于毛首科毛首属，寄生于羊的盲肠。吸吮线虫病的病原主要是吸吮属的罗氏吸吮线虫，常寄生于绵羊或山羊的结膜囊、第三眼睑和泪管。丝状线虫病的病原主要是丝状科丝状属的鹿丝状线虫（又称唇乳突丝状线虫）和指形丝状线虫，寄生于羊的腹腔内。血矛线虫病的病原是血矛线虫，寄生于羊的皱胃。

（二）流行特点和临床症状

线虫病的感染无明显的季节性，一年四季均可发生。大多数病羊临床症状表现为精神不振、食欲减退、易疲劳，少数会发生空嚼、磨牙及异食等症状，眼球下陷，可视黏膜黄染或苍白，反刍减少，且发生腹泻，少数病羊会发生便秘，排出黑硬粪便，外面附着黄色胶冻样黏液以及脱落的肠黏膜。

（三）病理变化

病理变化表现为可视黏膜苍白，胃肠黏膜出血或溃疡，在胃肠道的相应部位可见到大量虫体。

（四）诊断

根据流行病学、临床症状和粪便虫卵检查及剖检结果即可确诊。

（五）预防和治疗

加强饲养管理，提高营养水平，尤其在冬春季节应合理地补充精料和矿物质，提高羊体自身的抵抗力。应对羊群进行计划性驱虫。禁止饲喂发生霉变的饲料。药物治疗可选用伊维菌素、左旋咪唑、阿维菌素等。其中，伊维菌素每千克体重 0.2 mg，皮下注射或 1 次灌服；左旋咪唑每千克体重 8 mg，1 次灌服；阿维菌素采用肌内注射。

四、羊外寄生虫病

羊外寄生虫病是指由螨、蜱、皮蝇蛆、虱等外寄生虫引起羊皮肤、被毛和机体损伤的疾病的总称。常见的羊外寄生虫病有螨病、蜱病、皮蝇蛆病及羊毛虱病。

（一）病原

螨病的病原主要是疥螨科疥螨属和痒螨科痒螨属的螨虫。疥螨属螨虫呈椭圆形或圆形，颜色呈淡黄色，由假头和体部组成，不分节，当虫体吸附到羊毛皮肤表面时，可在表皮寄生、发育。痒螨属螨虫呈长椭圆形，颜色呈灰白色，当寄生在羊毛表面时，会吸附表皮细胞和组织渗出液进而发育。蜱包括硬蜱科、软蜱科和纳蜱科 3 个科。多种蜱类可以携带病毒、细菌、动物原虫等病原体。皮蝇蛆属于双翅目皮蝇科皮蝇属，常见的有牛皮蝇、纹皮蝇和中华皮蝇。各虫种的生活史基本相似，属于完全变态，整个发育过程须经卵、幼虫、蛹和成虫四个阶段。羊毛虱体扁平，呈灰白色或黑灰色，无翅，三对足较短，具有吸式口器，复眼退化或无，卵呈长椭圆形，附于羊毛上。

（二）流行特点和临床症状

疥螨侵入羊的皮肤后，会引起剧烈的瘙痒感，导致羊频繁摩擦、抓挠，从而破坏皮肤的完整性，使得羊的皮肤出现红斑、丘疹、脱毛等症状，严重时还可能因皮肤感染而形成脓疱和结痂。痒螨寄生于皮肤表面，终身寄生于羊体上，羊只体表有皱襞处成为痒螨潜伏部位。病原经过卵、幼虫、若虫和成虫四个发育阶段。蜱经由卵、幼蜱、若蜱阶段发育为成蜱，在发育过程中它们需要 1 个或多个宿主。皮蝇蛆病流行范围广，主要分布于我国东北、华北、西北等地区，在流行区内，感染率达 80%以上，严重感染地区高达 100%。羊毛虱寄生于羊皮肤表面，主要通过患羊与健康羊之间接触传播。临床症状表现为羊常在槽柱、墙角擦痒，皮肤先有针尖大小的结节，继而形成水疱和脓疱。病羊贫血，高度营养障碍，在寒冬可大批因受冻而死亡。

（三）病理变化

螨虫在皮肤内移行会造成皮肤的病理性损伤，导致周围血管过敏、充血、渗出，引起皮肤出现红斑和结痂，并刺激皮肤使皮下组织增生。

蜱虫在吸血时，其口器刺入皮肤，可能会导致局部损伤，如组织水肿、出血及皮肤增厚等。此外，由于蜱虫吸血和叮咬，还可能引起炎性反应，包括化脓、肿胀及蜂窝组织炎等。更严重的是，蜱虫可以作为中间宿主传播各种病毒、细菌、寄生虫等，若引起巴贝斯虫病，则病羊表现为消瘦，血液稀薄如水，皮下组织、结缔组织、脂肪均成黄色胶冻样水肿状。

皮蝇的幼虫在羊的皮肤下钻入并发育，导致局部组织发炎和损伤。这种损伤和增生性炎会导致羊的不适和皮肤异常。

羊毛虱病的病理变化主要包括皮肤瘙痒、局部损伤、水肿、皮肤肥厚，以及可能的细菌感染，导致化脓、肿胀和发炎等。若幼虱大量侵袭羊体，还可导致恶性贫血。

（四）诊断

根据流行病学、临床症状、病理变化和虫体检查结果即可确诊。

（五）预防和治疗

预防：加强饲养管理，搞好羊舍卫生，保持圈舍通风、透光、干燥，勤打扫，勤换草，定期检查。新引入的羊需要隔离观察 1～2 周，确诊健康后再混群饲养。

治疗：①螨病，碘硝酚、伊维菌素皮下注射，二甲苯胺脒喷雾，或者药浴治疗。②蜱病，可采取人工捕捉寄生于羊或圈舍内的蜱或体表喷洒药物（用 1.5%～2%敌百虫溶液）的方法。③皮蝇蛆病，可用 1%伊维菌素皮下注射，以消灭发育成熟的第三期幼虫。在成蝇活动期，用滴滴涕对羊体喷洒，可杀死产卵的成虫。用溴氰菊酯喷洒可杀灭成蝇和尚未钻入羊体的幼虫。④羊毛虱病，可用 0.5%～1%敌百虫水溶液进行喷洒或药浴，或者用伊维菌素皮下注射进行治疗。

五、羊原虫病

引起羊原虫病的原虫包括伊氏锥虫、巴贝斯虫、环形泰勒虫、球虫、隐孢子虫、弓形虫、住肉孢子虫及新孢子虫等，原虫种类不同、形态各异，传播及流行途径相差很大。

（一）病原

伊氏锥虫为单型性虫体，呈细长的柳叶状，前端尖锐，后端稍钝，有鞭毛，主要寄生于血液中。羊巴贝斯虫病的病原主要有强致病性的羊巴贝斯虫和双芽巴贝斯虫两种。羊巴贝斯虫为小型虫体，典型的双梨籽形虫体，尖端以钝角相连，多位于红细胞边缘。环形泰勒虫寄生于红细胞内，虫体很小，形态多样。羊球虫病的病原主要是艾美耳属的多种球虫，寄生于羊的肠道上皮细胞内。隐孢子虫常以卵囊形式存在于外界环境中，形状一般呈卵圆形或椭圆形。隐孢子虫主要寄生于羊的胃肠道上皮细胞和呼吸道黏膜中，主要通过裂殖生殖、配子生殖和孢子生殖完成繁殖过程。隐孢子虫的孢子生殖在宿主体内完成，产生的卵囊有薄壁型和厚壁型 2 种。薄壁型约占总量的 20%，肠道内就能实现破囊，引发自体循环感染，而厚壁型可随粪便、呼吸道分泌物排出体外，从而感染新的宿主。弓形虫能够以多种形态在动物体内或是自然环境中生存，包括速殖子、包囊、卵囊、裂殖子和配子体，寄生于羊的有核细胞内。住肉孢子虫属于孢子虫纲孢子虫属，主要寄生于羊的食道、膈肌和心肌等部位。新孢子虫病的病原主要是犬新孢子虫。犬新孢子虫的整个生活史包括主要存在于中间宿主体内的速殖子、组织包囊和存在于终末宿主体内的卵囊阶段，其中速殖子可感染宿主所有的有核细胞。犬新孢子虫可引起妊娠母羊流产或产出死胎。

（二）流行特点和临床症状

伊氏锥虫病由虻和吸血蝇类以机械性方式进行传播，多见于吸血昆虫大量活动的夏秋季节。巴贝斯虫病多发生于夏季和秋季。环形泰勒虫病是一种季节性、蜱传播的地方流行病。各种品种的绵羊、山羊均易感染羊球虫病，流行季节多为春、夏、秋三个季节。病羊通过粪便排出的大量隐孢子虫卵囊，污染饲料、饮水和环境，经过消化道感染健康羊。对于弓形虫病，一般认为猫在本病传播上有重要作用。猫排出感染性卵囊，然后食粪甲虫、蟑螂、蚯蚓、吸血昆虫都可机械性地传播卵囊，羊因食入被卵囊污染的饲草或饮水而感染。羊常因吃了被住肉孢子虫污染的饲料而感染。在新孢子虫的感染过程中，羊被认为是中间宿主。临床症状多表现为病羊体温升高，精神沉郁，食欲减退或停止，体力骤减，便秘或腹泻，逐渐消瘦，母羊发生流产。

（三）病理变化

最显著的病理变化是皮下水肿和胶样浸润。同时，还会引起胃肠黏膜肿胀、潮红并有点状出血，肾脏、胆囊等实质器官肿胀。

（四）诊断

根据流行病学、临床症状、病理变化、病原学检查分析进行综合判断，确诊必须查到病原。

（五）预防和治疗

改善饲养管理条件，搞好畜舍及周围环境卫生，消灭虻、蝇等吸血昆虫。对于伊氏锥虫病，可选用安锥赛、贝尼尔治疗。对巴贝斯虫病，可选择青蒿素、贝尼尔治疗。对环形泰勒虫病，可选择磷酸伯氨喹、青蒿琥酯、贝尼尔治疗。对球虫病，可选用磺胺二甲基嘧啶、氯羟吡啶、氯苯胍、常山酮治疗。目前尚无有效的疫苗用于预防或治疗隐孢子虫病，在临床上常用抗虫药物对隐孢子虫病进行防治。如硝唑尼特可用于治疗由隐孢子虫引起的腹泻，而螺旋霉素、巴龙霉素等可以减少隐孢子虫卵囊的数量。对羊弓形虫病，主要是用磺胺类药物进行治疗。对住肉孢子虫病，目前尚无有效药物进行治疗。对新孢子虫病，目前尚无有效药物进行治疗。

第四节　肉羊疾病综合防治措施

近年来，随着山羊养殖向规模化、集约化方向发展，疾病的种类和发生次数也在不断发生变化，疾病防治是山羊高效饲养的重要环节之一。羊病综合防治遵循“预防为主、治疗为辅”的原则，主要措施包括加强日常饲养管理，做好环境卫生与消毒、羊群免疫接种及定期驱虫等工作。

一、加强日常饲养管理

（一）坚持自繁自养

某些传染病的发生往往是在从外地引入羊的过程中，由于误引入患病羊群或隐性感染的羊（临床症状不明显）或带菌（毒）羊引起，造成疾病在本场的发生。因此应选择优良品种的健康公羊和母羊，进行自繁自养，尽量避免从其他羊场或疫区引入。如果需要引入，应从无疫区引入经过严格检疫的健康羊群。

（二）合理放牧

牧草是羊的主要食物，放牧不但可以让羊群获取营养，还可增加其活动量，利于促进其生长发育和提高生产性能。应根据不同的农区、牧区草场等情况，以及羊的品种、年龄、性别的差异，分别编群放牧。实行划区轮牧制度，以减少牧草浪费和羊群感染寄生虫的机会。

（三）适时补饲

适时补饲可满足羊对蛋白质、能量、维生素及微量元素的需求，从而保证其良好的健康状况及生长发育。当冬季草枯、牧草营养下降或放牧采食量不足时，必须进行补饲。另外，对于幼龄羊、怀孕和哺乳期的母羊应给予合理的补饲。种公羊在配种期间也需要补饲。

（四）安排好各个生产环节

在配种、产羔和育羔、育肥等主要生产环节应做好饲养管理工作，同时做好剪毛、断奶、分群、公羔去势等环节的管理工作。应注意的是，每个生产环节应尽可能在较短的时间内完成，保证种羊正常的生产和繁殖。

二、环境卫生与消毒

羊场必须建立严格的消毒制度，定期对羊场羊舍、场地、仓库、用具、车间、设备等进行消毒，保持羊舍清洁和干燥。及时清除羊舍内的粪尿等排泄物，以减少病原微生物和寄生虫虫卵的滋生、传播。定期消灭羊舍及周边场所的蚊、蝇、蜱、虱、鼠等。

（一）主要消毒对象

羊场、羊舍入口设置消毒池并定期更换消毒液。羊舍周围环境定期用2%氢氧化钠溶液、生石灰或其他消毒剂进行消毒。羊场周围及场内污水池、排粪坑、下水道出口，每月用漂白粉消毒一次。定期对分娩栏、补料槽、饲料车等设施用具进行消毒。在每批羊出栏后，采用喷雾、火焰消毒方式等彻底消毒羊舍。外来人员进入生产区时，需更换场区工作服和工作鞋，紫外线照射 5 min，按照指定路线行走。工作人员进入生产区净道和羊舍时，需要更换工作服和工作鞋，并经紫外线照射 5 min 进行消毒。

（二）消毒剂的选择和主要的消毒方法

消毒剂主要分为六类：酚类消毒药（如甲酚、复合酚）、醛类消毒药（如甲醛、戊二醛）、碱类消毒药（如氢氧化钠、氧化钙）、卤素类消毒药（如含氯石灰、碘酊、次氯酸钠、二氯异氰脲酸钠）、表面活性类消毒药（如苯扎溴铵、聚维酮碘）、其他消毒药（如过氧乙酸、过氧化氢、高锰酸钾）。消毒方法主要包括浸液消毒、喷雾消毒、熏蒸消毒、喷洒消毒、紫外线消毒、火焰消毒等。不同的消毒药使用方法有所不同，生产实践中按不同功能选择使用。

（三）定期药浴

药浴主要是为了预防和治疗羊体外寄生虫病，如蜱病、螨病等。山羊多采用淋浴的方式。药浴常选用蝇毒磷乳粉或乳油制剂，成年羊所用的药液浓度为0.05%～0.08%，羔羊用药浓度为0.03%～0.04%。一般在剪毛后 7 d 进行药浴，每年春秋各进行一次药浴。如果冬季有羊发病，可直接对发病部位进行擦浴；第一次药浴后，最好间隔一周，再重复药浴一次。

三、羊群免疫接种

定期免疫接种是羊群防疫工作的重要内容，也是羊场日常管理中的一个重要环节，是预防传染病发生的必要防治措施。

（一）疫苗免疫接种方法

接种方法常包括肌内注射、皮下注射、皮内注射和口服等。肌内注射主要在臀部或两侧颈部，一般使用16～24号针头，适用于接种弱毒苗或灭活苗。皮下注射在股内侧或肘后，主要适用于接种弱毒苗或灭活苗。在羊的尾根皮肤内注射，选用16～24号针头，一般适用于羊痘弱毒苗等。口服是将疫苗混入水中，按照羊只数和每只羊的饮水量，计算疫苗用量和用水量。

（二）羊群常用免疫程序

各地各场羊群的免疫程序不尽相同，可根据本场实际情况，制订合理的免疫程序（表7-1至表7-3）。

表7-1　羔羊免疫程序

接种时间	疫苗	预防的疾病	接种方式	免疫期
1～5日龄	抗羔羊痢疾血清	羔羊痢疾	皮下或肌内注射	1～2周
7日龄	羊传染性脓疱皮炎灭活苗	羊传染性脓疱皮炎	口唇黏膜注射	12个月
15日龄	羊传染性胸膜肺炎灭活苗	羊传染性胸膜肺炎	皮下或肌内注射	12个月
2月龄	羊痘灭活苗	羊痘	尾根皮内注射	12个月
2月龄	绵羊痘活疫苗	绵羊痘	尾根皮内注射	12个月
2.5月龄	牛口蹄疫O型、亚洲Ⅰ型二价灭活苗	绵羊、山羊的O型和亚洲Ⅰ型口蹄疫	肌内注射	6个月
3月龄	羊梭菌病三联四防灭活苗、气肿疽灭活苗	梭菌中毒症	皮下注射	6个月
3.5月龄	羊梭菌病三联四防灭活苗、Ⅱ号炭疽芽孢苗、气肿疽灭活苗	梭菌中毒症	皮下注射	6个月
4月龄	羊败血性链球菌病灭活苗	绵羊、山羊败血性链球菌病	皮下注射	6个月
5月龄	布鲁氏菌病活苗（M5或M5-90株）	羊布鲁氏菌病	肌内注射或口服	36个月
7月龄	牛O型口蹄疫灭活苗	口蹄疫	肌内注射	6个月

表7-2　成年母羊免疫程序

接种时间	疫苗	预防的疾病	接种方式	免疫期
配种前2周	牛O型口蹄疫灭活苗	口蹄疫	肌内注射	6个月
配种前2周	羊梭菌病三联四防灭活苗	梭菌病	皮下或肌内注射	6个月
配种前1周	羊链球菌病灭活苗	链球菌病	皮下注射	6个月
配种前1周	Ⅱ号炭疽芽孢苗	炭疽	皮下注射	6个月

（续）

接种时间	疫苗	预防的疾病	接种方式	免疫期
产后 1 个月	牛 O 型口蹄疫灭活苗	口蹄疫	肌内注射	6 个月
产后 1 个月	羊梭菌病三联四防灭活苗	梭菌中毒症	肌内注射	6 个月
产后 1 个月	Ⅱ号炭疽芽孢苗	炭疽	皮下注射	6 个月
产后 1.5 个月	羊链球菌病灭活苗	链球菌病	皮下注射	6 个月
产后 1.5 个月	布鲁氏菌病灭活苗（猪 2 号）	羊布鲁氏菌病	肌内注射或口服	36 个月
产后 1.5 个月	羊痘灭活苗	羊痘	尾内侧皮内注射	12 个月

表 7－3　成年公羊免疫程序

接种时间	疫苗	预防的疾病	接种方式	免疫期
配种前 2 周	牛 O 型口蹄疫灭活苗	口蹄疫	肌内注射	6 个月
配种前 2 周	羊梭菌病三联四防灭活苗	梭菌病	皮下或肌内注射	6 个月
配种前 1 周	羊链球菌病灭活苗	链球菌病	皮下注射	6 个月
配种前 1 周	Ⅱ号炭疽芽孢苗	炭疽	皮下注射	6 个月

（三）免疫接种注意事项

（1）慎重选择疫苗。在使用疫苗之前需要认真查看疫苗标签，检查疫苗是否在有效期内，有无批号，外包装是否完整，瓶内疫苗的形状是否改变等。

（2）在接种疫苗前确保免疫羊群处于健康状态。若羊群处于亚健康状态，注射疫苗后，不但不能产生应有的免疫保护作用，还会产生严重的毒副作用。

（3）根据本地区和本场羊病流行特点，制订适合本场的羊病免疫程序，严格按照疫苗使用说明书进行疫苗接种。

（4）在疫苗注射过程中应做好注射部位的消毒工作，做到一只羊一个无菌针头，减少不必要的交叉感染和免疫失败。

（5）注射疫苗后的羊会有不同程度的应激反应，需要免疫 2 种疫苗时必须间隔 7 d 以上。

四、定期驱虫

羊群的定期驱虫主要包括内服驱虫、肌内注射驱虫、体外药浴或外喷驱虫等几种方式。不同地区、不同品种以及不同日龄羊的寄生虫感染谱和感染强度有所不同，所采取的驱虫药物种类、剂量及驱虫次数也有所不同。

（一）羊群寄生虫感染情况的调查

在驱虫之前，对本地区或本羊场的羊粪便进行虫卵检查，确定主要寄生虫的种类，计算出每克粪便中主要吸虫、线虫、绦虫虫卵的数量。一般来说，当粪便中检测出绦虫虫卵或绦虫孕节片时就必须驱虫，每克粪便中线虫虫卵达 2 000 个以上时需驱虫，每克粪便中吸虫虫卵达 100 个以上时需驱虫。

（二）驱虫药物的选择

对吸虫病来说，可选择硝氯酚、三氯苯达唑、硫双二氯酚、吡喹酮等；对绦虫病来说，可选择氯硝柳胺、吡喹酮、阿苯达唑等；对线虫病来说，可选择阿苯达唑、左旋咪唑、伊维菌素等；对体外寄生虫病来说，可选择伊维菌素、阿维菌素、敌百虫等。

（三）驱虫注意事项

（1）对驱虫后排出的粪便和虫体需要集中堆放进行处理，防止虫体和虫卵进一步污染环境。

（2）有条件的羊场驱虫后 10～20 d 要对羊粪便再次进行虫卵检查。

（3）使用驱虫药后羊群出现一些不良反应时需要采取相应的处理措施。

第八章　青藏高原牧区羊场建设与经营管理

第一节　养殖场的规划与建设

一、规模化肉羊养殖场建场前的调研准备工作

规模化肉羊养殖场建场前的一些调研准备工作（如了解当地政策、合理规划资金、科学评估收益等）至关重要，它直接关系到养殖场的成功与否以及未来的经济效益。

（一）了解当地政策

在专业养殖户新建规模养殖场前，首先要了解当地政策是否允许，是否是人畜饮水水源地或高标准农田等禁养区，是否有相关补贴以及补贴需求的指标。然后根据政策细化指标并结合自身实际基础条件确定一个初步方案。青藏高原牧区养殖肉羊对草场的依赖度较高，因此科学了解草场承载能力、了解当地对于草场的管理政策是重中之重。

（二）合理规划资金

合理的资金分配关系到羊场的发展核心。根据养羊数量确定资金方案，总投资可分为圈舍等设施投资，种羊采购资金，采购草料、疫苗、药品等的流动资金和其他运营资金。草料费用是养羊的主要支出，必须预计充足。应避免大量资金用于圈舍建设，造成运营资金不足、圈舍闲置、运营效率低下。

（三）科学预估收益

应充分了解肉羊产品供需情况、市场预期价格和所需成本（包括场地成本、饲料成本、人工成本）等，估算出一个养殖周期的收益以及年人均收入，根据预估确定养殖规模和成本投入，在科学合理地利用草场和人工投入的基础上实现效益最大化。

二、规模化肉羊养殖场的规划、设计与建设

在青藏高原牧区实际运营规模化肉羊养殖场时，要充分考虑高寒缺氧环境下人员超强度劳动所造成的肝、心、肺损伤以及高昂的劳动力成本，因此在规模化羊场的规划阶段，应合理规划、重点考虑利用机械化手段提高生产效率和降低人工成本。

在规划阶段，要严格按照《中华人民共和国动物防疫法》《中华人民共和国农产品质量安全法》等有关法律法规及相关行业标准的要求设计和建造养殖场。要充分考虑以下几个方面：

（一）场址选择

选址是建设肉羊养殖场最初始、最核心的环节。选址直接决定了养殖模式、羊场设

计、设施类型、粪污处理模式等各个方面。选址既要满足动物健康生长条件，又要符合环保、畜牧等部门的相关规定，从交通、水源、用电、日照、场地等方面统一考虑，同时还应与当地总体规划保持一致。

参考《畜禽养殖业污染防治技术规范》（HJ/T81—2001）、《畜禽养殖产地环境评价规范》（HJ568—2010）、《畜禽规模养殖污染防治条例》《动物防疫条件审查办法》等规定，选址应注意以下几点：

（1）由当地农业、林草等部门明确拟选区域为非农田保护区、水源地保护区、林地、风景名胜区、人口集中区域等禁养区。

（2）选址必须距离生活饮用水源地、动物屠宰加工场所、动物和动物产品集贸市场500 m以上；距离种畜禽场1 000 m以上；距离动物诊疗场所200 m以上；动物饲养场（养殖小区）之间距离不少于500 m；距离动物隔离场所、无害化处理场所3 000 m以上；距离公路、铁路等主要交通干线500 m以上；距离城镇居民区、文化教育科研等人口集中区域500 m以上且尽量处于下风处。

（3）要避开被污染或发生过传染病的区域；尽量选择地势高燥、土质坚实、背风向阳、空气流通、平坦开阔整齐的区域；避开西北方向的风口地带，以坐北朝南或坐西北朝东南方向、稍有坡度为好，切忌在洼涝地、冬季风口地、潮湿等地建羊场。同时可以选择合理利用天然屏障修建栏舍。

（4）养殖场需要运出产品、运入物资，因此须选在交通便利的地方，尽量选择附近饲草或农副产品资源丰富的区域；养殖场的饮水质量直接关系到羊的饲养生产，需要选择水量充足、水质达标的水源；选择电力供应有保障的区域。

（二）规划设计

青藏高原牧区肉羊养殖场的规划设计须满足环保、防疫等相关要求，须遵循“经济、合理、实用”原则。进行养殖场设计时，须根据不同生产模式规划不同类型的圈舍等设施，各设施之间的距离、结构、布局等，也需要根据不同地域、气候等条件进行合理调整。

通常规模化肉羊养殖场建设应合理划分生活区、管理区、生产辅助区、生产区、病畜隔离区、粪污处理区和羊场绿化区。在条件许可的前提下，应按照工厂化生产模式，把不同年龄、不同品种、不同体况的羊分群饲养。设立专门的产房和羔羊舍、肉羊舍、母羊舍、公羊舍和病羊隔离舍等，制定相应的饲养管理制度并加以落实。

羊场布局要兼顾隔离防疫和提高生产效率，应尽量做到紧凑地配置建筑物，以保证最短的运输、供电和供水线路，便于机械操作。

羊场场界应划分明确，四周建围墙或坚固的防疫沟，场区与外界隔离；养殖场工作区域地面应当平整并硬化；场区内生活区、生产区及粪污处理区分开；净道与污道严格分开。一般生活区在地势较高的上风口，管理区次之，生产辅助区在管理区和生产区中间过渡带上，生产区应设在场区地势较低和下风的位置，而病畜隔离区和粪污处理区则多在地势最低的下风口。

羊场大门及各羊舍入口处应设消毒池或消毒室、更衣室等。其中养殖场进出口消毒池长度不能短于大型车辆车胎滚动1周的距离，圈舍门口消毒池的长度为养殖人员自由踩踏

1 步以上。消毒池内应始终保持有消毒液存在，每周更换消毒液 2 次。要做到多种消毒液轮换使用，避免致病菌产生耐药性。最常用的几种消毒剂为 5%氢氧化钠溶液、10%生石灰水、1%来苏儿溶液、0.1%高锰酸钾溶液和 3%福尔马林溶液。在冬春寒冷季节一般选择使用生石灰消毒，以防寒冷结冰产生生产事故。更衣室一般设置在办公区域和养殖区域的中间隔离处，在更衣室内设置消毒池踏垫，或者使用生石灰进行消毒。

生活区通常位于管理区附近，远离生产区方向的区域。

管理区是生产经营管理部门所在地；管理区从事生产经营管理，与外界保持联系，宜靠近公共道路。管理区可设置办公室、展示厅、资料室等；妥善保存生产记录，并做好制度上墙。

生产辅助区主要设置饲料仓库、饲料加工间、青贮窖等。应选择地势较高，施工方便，取料方便的位置修建。根据养羊场饲养规模确定饲料仓库面积，用于堆放饲料原料和加工颗粒料。饲料加工间的主要机械有切草机，用于切碎玉米秸秆；粉碎机，用于粉碎稻草、蚕豆秸、大豆秸等；搅拌机，用于搅拌饲料原料；制粒机，制作秸秆颗粒饲料。仓储类建筑与外界联系较多，通常设在管理区一侧；饲料加工、消毒设施等生产与辅助生产性建筑则靠近需要饲料多的羊舍一侧。

生产区是养殖场的核心，各类羊舍位于这里。由于羊舍修建之后难以改动调整，因此一定要经过严格的思考和科学合理的设计，做到因地制宜、因群制宜。单个圈舍修建需考虑采光、通风、保暖、地面硬化、活动场地等因素。修建羊舍的细节下一小节单独介绍。

病畜隔离区通常位于羊舍的下风向、地势低处，并与生产区保持较远距离，并设置严密的界墙、界沟封闭。羊的隔离观察、疾病诊断与治疗、病死羊的处理等在此区域内进行。

粪污处理区是规模养殖场不可缺少的关键场所。根据《畜禽养殖业污染物排放标准》，规模化羊场粪污的处理和利用要遵循“资源化、减量化、无害化、生态化”的原则，羊粪无害化需要达到蛔虫卵死亡率≥95%、粪大肠菌群数≤10 个/kg 的标准，养殖场必须对羊粪进行系统处理，做到规划防控、养殖监控、综合利用。因此设计合理的粪污处理区也是规模化羊场建设的重点。

羊场绿化区可用于遮阳及改善羊场小气候环境，不仅可以美化环境，而且能够隔离和净化环境。可在羊舍及运动场四周种植一些混合林带，如小叶杨、旱柳及常绿针叶树等，一般要求树木的发叶和落叶发生在 4—5 月和 9—10 月。为了加强冬季防风效果，主风向应多排种植，但注意不能影响通风透光，要注意缺空补栽和按时修剪，以维持美观和通风透光。

（三）羊舍的修建及设施

羊舍（图 8-1）分全封闭式、半封闭式、敞开式，单排和双排结构，圈舍地面有水泥、砖、三合土、漏粪地板、沙壤土等多种类。青藏高原牧区羊舍地面以透水性良好的沙壤土较好；羊舍墙面可采用土墙、砖墙，也有采用金属铝板、胶合板、玻璃纤维材料建成保温隔热墙；羊舍门窗、地面及通风设施的设置应有利于舍内干燥和便于排除舍内氨气、硫化氢等有害气体，同时保持舍内有足够的光照，利于冬季保温、夏季防暑。大群饲养时，羊舍舍门宽度以 2～3 m 为宜，通常每 200 只羊设置一个大门，预留较宽的过道，以方便采用机械设备进行饲喂。房顶应具有防雨水和保暖隔热作用，其材料有大瓦、石棉瓦、油毡、塑料薄膜、金属板等，有平顶、单坡、双坡式。羊舍越高，舍内空气越好，但过高会增加成本且影响保温，必须结合实际情况修建。

图 8-1　羊舍

羊舍建筑面积因羊的性别、年龄、品种、生理条件及气候因素不同而有差异，一般情况羊舍面积按以下标准建造，种公羊 1.5～2 只/m^2，妊娠母羊和哺乳母羊 2～2.5 只/m^2，育肥羊和羔羊 0.8～1 只/m^2。运动场面积不小于羊舍面积的 2 倍。羊舍面积由羊群大小、每只羊应占面积及饲养方式决定。可根据分群饲养需要，将羊舍再分割成若干小圈。如果饲养密度过大，有害气体增多，羊患病风险增加。如果饲养密度过小，羊自身产生的热量少，冬季羊舍内温度过低，不利于羊的生长。

在规模化养殖时，可以根据用途对羊舍进行分类。一般可分为成年羊舍、分娩舍和羔羊舍。具体如下：

1. 成年羊舍　种公羊、后备羊、成年母羊、妊娠前期母羊（妊娠前 3 个月阶段）在此舍分群饲养。种公羊单圈，后备羊和成年母羊、妊娠前期母羊一般采用双列式饲养，后备羊和成年母羊一列、一个运动场，妊娠前期母羊一列、一个运动场。敞开式、半封闭式、封闭式都可，尽量采用封闭式。

2. 分娩舍　妊娠后期母羊每栏约占 2 m^2，在分娩前进入分娩栏（约 4 m^2）单栏饲养，羊床厚垫褥草，并设有羔羊补饲栏。一般采用双列式饲养，妊娠后期母羊一列、一个运动场，分娩羊一列、一个运动场。敞开式、半封闭式、封闭式都可，尽量采用封闭式。

3. 羔羊舍 羔羊断奶后进入羔羊舍，关键在于保暖。一般羔羊舍双列、单列式饲养都可，多采取封闭式。

羊舍的主要设施设备有饲槽、水槽或自动饮水设备、通风设施、羊床、人工授精台、承粪池、粪污通道及清粪设备，部分条件较好的羊舍带有保温设备、监控摄像机、挤奶设备、剪毛设备等。羊舍的活动场可以设置巷道圈。另外，由于自然光照可满足羊的基本需求，因此很少设置光照设施。若自然光照不能满足羊的需求，可在屋顶装设采光板。

第二节 养殖场的管理重点

肉羊养殖场的管理重点是羊群管理、饲料管理、饲养管理和经营管理。

一、羊群管理重点

（一）羊只组群管理

新建养殖场时，选购本地优质母羊和公羊进行组群。所选的母羊要求体型匀称，背平直，乳房发育好，有乳头1～2对，大而对称，母性强，四肢健壮，眼睛灵动有神；所选的公羊应雄性特征明显，睾丸大而对称，精液质量好。公母羊选择好后，应在原地进行观察，完成免疫接种和驱虫工作，在最后一种疫苗接种产生免疫效果后，才能组群进行生产。应按照工厂化生产模式，把不同年龄、不同品种、不同体况的羊分群饲养。

羊只购入、组群后，对每只羊进行编号及体尺、体重测量，并建立档案，每个季度对每只羊进行称重，每天早晚观察羊群情况，出现疾病及时治疗，对发情母羊及时选配，配种方法以本交为主，做好相应档案记录。采集配种公羊、与配母羊、配种时间、配种方法、配种次数、预计产仔时间、配种人员等信息。用冷冻精液配种时，还需采集冻精的活力和输精量。采集分娩母羊、产仔数、产活仔数、产仔时间、生产方式、羔羊初生重等信息。对断奶、6月龄、12月龄、18月龄、24月龄的羊逐只测量体尺（包括体长、体高、胸围、管围等指标），结合羔羊初生重、断奶重及生长速度的测定结果，以及对其父母生产性能和种用价值的评估，选优淘劣。合格的母羔羊于6月龄进入后备羊舍，公羔至育肥后出栏。应根据羊的年龄段、强弱大小进行分群饲养管理。

（二）不同羊群的管理要点

1. 种公羊 种公羊在群体中的数量较少，利用价值高。在饲养上要求比较精细，力求常年保持健康强壮的体况，才能在配种期性欲旺盛，精液品质良好，保证和提高利用效果。在非配种期，除供应足够的能量饲料外，还需供应充足的蛋白质、维生素和矿物质。在配种前1～1.5个月，调整日粮结构，增加混合精料比例，并在日粮中添加优质动物性蛋白饲料，以保证精液品质。同时，加强种公羊的采精训练，每周检查精液品质。

2. 能繁母羊 能繁母羊承担着重要的繁育任务，必须保持足够的营养摄入，以提高繁殖质量，更好地实现多产、多壮、多活的目标。特别要注意配种前、妊娠前两个时期的饲养管理工作，这两个时期应加强补饲，以促进母羊排卵和顺利妊娠。

能繁母羊尚处于空怀期或将要进入配种期时的管理要点为抓膘复壮、贮备营养、促进排卵、提高受胎率。在配种前1～1.5个月，将母羊赶到牧草生长良好的草场进行放牧抓膘；对少数体况较差、没有达标的待配母羊，每天补饲混合精料0.3～0.5 kg，以促使其在配种期内正常发情、配种和受胎。

妊娠后期管理也十分关键，为了保证胎儿的健康发育，此时要注意增加日粮的蛋白质含量，有条件的可在日粮中加入大骨粉及兽用鱼肝油乳的用量，促进钙磷的吸收效果。

3. 泌乳羊与羔羊 由于初乳对于羔羊增强体质和疾病抵抗力具有重要的意义，所以必须让羔羊吃上初乳。另外，可用优质青干草进行诱食训练，但食后需要让羔羊多运动，以免羔羊胃肠功能不够完善而造成积食。

羔羊靠母乳生存，而且泌乳羊母乳质量的高低也会直接影响羔羊的体质和后期生长情况。母羊生产后，体质会受到一定影响，需要及时补充大量的营养才能保证其顺利产奶，所以饲养管理上要尤其注意，务必要多喂青绿多汁的饲料和富含蛋白质的饲料。

4. 育成羊 育成羊正处于充分发育时期，这一时期的饲养管理十分重要，对于羊的生长和肉质的好坏起到决定性作用。因此应喂食优质的鲜草和干草，保证草料蛋白质和维生素。育成前期（4～8月龄）的后备种羊群，日粮粗纤维控制在15%～20%，以精饲料为主，结合放牧或补饲优质青干草和青绿多汁饲料。到育成后期（8～18月龄），以放牧为主，结合补饲少量混合精料或优质青干草和青绿多汁饲料，但粗劣秸秆饲料，如稻草、麦秸等，不宜用来饲喂育成羊。

二、饲料管理重点

饲料是养羊业的物质基础。一只成年羊每年需饲料干物质800～1 000kg。发展规模养羊只有在饲料数量和质量得到充分保证的前提下才能获得良好的生产效果。

相较于放牧养羊，舍饲养羊提高效益的关键在于降低饲料成本，因此必须重视饲料的采购、储备、搭配和加工。例如，充分利用农副产品、田间林间杂草、树叶等饲草资源，可降低饲料成本并增加饲草多样性。因此精细高效的饲料管理是青藏高原牧区羊养殖生产过程中提质增效的有效措施。

（一）优良牧草的利用

青藏高原牧区具有较大的草场面积和较为丰富的牧草资源，充分利用优良牧草是肉羊养殖场的重要生产特征。但天然牧草鲜草有较大的地域性和季节性差异，因此规模化羊场必须根据生产计划提前筹备充足的草料。利用农闲地、退耕地种植优质牧草，最好根据不同牧草的营养价值、收获季节等合理规划，尽可能多种植几个品种的牧草。

青草及作物要适时收割。一般禾本科牧草及作物，如黑麦草、苇状羊茅、大麦等，在抽穗期至开花期收割；豆科牧草，如紫花苜蓿、三叶草、红豆草等，在始花期到盛花期收割。青草收割后，可采用薄层平铺晾晒的方法：选择干燥的场地，把收割来的青草平铺在地面上，在烈日下晾晒4～7 h后，翻动以加速水分蒸发，当茎秆凋萎、叶子柔软且不脱落时，再堆成小垛晾晒4～5 d，最后堆成大垛贮存即可。这样做可以减少草叶损失，降低养分损耗。在多雨地区收割青草后，地面直接晾晒效果很差，可直接挂到搭设的草架上晾晒，保持蓬松和一定斜度，以利采光、通风、排水。草架干燥法可大大提高牧草的干燥速度，使青干草品质较好，养分损失比地面干燥牧草减少5%～10%。将人工栽培牧草及饲料作物、野生青草在适宜时期收割加工调制成干草，可降低其水分含量，减少营养物质损失，便于长期贮存，冬春枯草季节随时取用。

（二）配合饲料的配制

传统的养羊多以放牧或放牧加补饲等方式，很少涉及饲料的科学配制。而在舍饲条件下，由于羊只的饲料全部来自人为提供，因此，饲料的配制是否科学合理，直接影响到育肥效果和养殖成本。

配制羊饲料的原则：①以满足羊不同饲养阶段和日增重的营养需要为目标进行配制。目前，一般依据羊的饲养标准配制日粮，但应注意羊品种的差异，如绵羊和山羊各有特点。②根据羊的消化生理特点，合理选择多种饲料原料进行搭配，并注意饲料的适口性。采取多种营养调控措施，以提高羊对纤维性饲料的采食量和利用率为目标，实行日粮配方的优化设计。③要尽量选择当地来源广、价格便宜的饲料原料来配制日粮，特别是充分利用农作物秸秆及其他农副产品，以最大限度地降低饲料成本和饲养费用。④饲料原料的选择要尽量多样化，以起到饲料间养分的互补作用，从而提高日粮营养价值和日粮利用率，达到优化饲养设计的目的。⑤使用饲料添加剂时要注意营养添加剂的特性，比如对氨基酸添加剂要事先进行保护处理。

（三）舔砖使用

羊舔砖是根据生产需要，将羊所需的营养物质经科学配比和加工工艺加工成块状，供羊舔食的一种饲料，也称块状复合添加剂。舔砖的形状不一，有的呈圆柱形，有的呈长方形、方形等。补饲舔砖能明显改善羊的健康状况，加快生长速度，提高经济效益。

（四）颗粒饲料加工

颗粒饲料的原料种类多样，主要包括玉米、大豆、麸皮、米糠、碎米、高粱、鱼粉、豆粕、棉粕、菜粕等。在大规模生产中，还会使用各种微量元素（如石粉、磷酸氢钙等）、维生素（单一的或复合的）等添加剂。此外，根据羊的生长阶段不同，原料的配比也会有所调整。原料进入加工车间后，首先需要进行清理，去除其中的杂质和异物。然后，使用破碎机将原料粉碎成适当大小的颗粒，以增大表面积，便于后续的混合和成形。粉碎过程通常需要经过两次或更多次，以确保原料的粉碎效果。经过粉碎的原料按照配方要求进行配比，并通过混合机进行均匀混合。混合机的选择和使用对于保证饲料质量至关重要。目前，大多数饲料厂采用分批卧式环带混合机进行混合，以确保混合的均匀性和效率。混合好的物料进入制粒机进行制粒。制粒机通过挤压和切割的作用，将物料制成颗粒状。在制粒过程中，需要控制好温度、湿度和压力等参数，以确保颗粒的质量。同时，还需要对制粒机进行定期维护和保养，以保证其正常运行和延长使用寿命。刚制成的颗粒饲料含有较多的水分，需要进行干燥处理以降低水分含量。常用的干燥设备有干燥器和风干机等。干燥过程中需要控制好温度和时间等参数，以避免饲料营养成分的损失和变质。干燥后的颗粒饲料温度较高，需要进行冷却处理以去除多余的热量和水分，冷却后的颗粒饲料更加稳定且易于储存和运输。

（五）青贮饲料加工

为保证羊的饲料常年均衡供应，要抓住秋季作物收割的有利时机，积极制作青贮饲料。一般要求青贮原料的切碎长度为1～2 cm。柔软幼嫩的植物也可不切碎或切长一些，以确保给羊提供足量的有效纤维含量。为避免青贮过程中发生腐败变质，切碎的原料在青贮设施中都要装匀和压实，而且装填速度越快，压实程度越好，其营养损失越小，青贮饲料的品质越好。青贮时应边装窖，边压实。每装到30～50 cm厚时就要压实一次，直到完成整个容器的装填压实。原料装填压实后，宜高出窖口30 cm左右。为保证青贮效果，可选择能促进乳酸菌发酵、保证青贮成功的各种添加剂在捡拾切碎时喷洒。在青贮容器靠近壁和角的地方不能留有空隙，压不到的边角可人力踩压，以减少空气残留，促进乳酸菌的繁殖并抑制好气性微生物的活力。青贮时原料装填密度越大，青贮后青贮饲料DM的损失也越小。用拖拉机压实要注意不要带进泥土、油垢、金属制品等污染物，以免造成青贮饲料腐败，或造成羊使用过程中发生危险，损害羊的健康。原料装填压实之后，应立即密封和覆盖，其目的是隔绝空气与原料接触，并防止雨水进入。青贮容器不同，其密封和覆盖方法也不同。以青贮窖为例，在原料的上面盖一层10～20 cm切短的秸秆或青干草，草上盖塑料薄膜，再用橡胶轮胎等重物镇压或覆盖50 cm厚的土层，窖顶呈馒头状，窖四周挖排水沟，以利于排水。密封后，应经常检查青贮设施密封性，及时补漏。若顶部出现积水，应及时排出。裹包青贮时，打捆后应迅速用4层以上的拉伸膜完成裹包。

三、科学饲养、育肥管理

根据肉羊快速育肥需要，首先要改变青藏高原牧区农牧民“羊是以吃草为主”的观念，一定是以精补料为主，以草为辅。科学合理地管理采食时长、收放时间等，通过分析记录采食量，控制饲料成本、快速育肥、提质增效。

1. 选择优良品种进行育肥　可以利用优良肉用种公羊与本地优良母羊杂交，以杂交后代作为育肥羊。杂交羊生长快，饲料利用率及羊肉品质等都高于本地羊。要求种公羊和杂交后代均健康无病、四肢健壮、骨架大、腰身长、蹄质坚实。可以根据当地情况自主选择适宜本地区生长的小尾寒羊、美利奴羊、夏洛来羊、南江黄羊、波尔山羊、太行黑山羊、萨福克羊等优良肉羊作为种公羊。

2. 饲养哺乳羔羊　四肢健壮、骨架大、腰身长是羔羊育肥的基础。因此，在羔羊出生后要让其及时吃足初乳，对多胎羔羊和母羊死亡的羔羊要实行人工哺乳，配方为面粉50%、糖24%、油脂20%、食盐1%、黄豆粉3%、奶粉等2%，也可直接购买商品羊羔专用奶粉。可用瓶喂或盆喂，饲喂要定时、定温、定质和定量。7日龄开始用青草诱食。15日龄加强补饲，配方为干草粉30%、麦秸44%、精料25%、食盐1%。30日龄后以放牧为主，补足精料，加强运动，强化管理。羔羊3～4月龄即可断奶，开始育肥。

3. 育肥前准备

（1）断尾和去势　羔羊出生后13周内均可断尾，但以27 d断尾较为理想。选择晴天的早晨进行，可采用胶筋法、烧烙法或快刀法等断尾方法，创面用5%碘酒消毒。去势与断尾可同时进行，采用手术法或胶筋法等方法。

（2）驱虫健胃　可用左旋咪唑或苯丙咪唑驱虫，按照说明书剂量口服或拌料喂服。驱虫后3 d用健胃散、酵母片等按照说明书剂量口服或拌料喂服，连用2次。

4. 育肥方式　一般可以分为舍饲育肥和放牧＋补饲育肥。

（1）舍饲育肥　采取全进全出的舍饲育肥模式，选择体重 20～30 kg 的 3～4 月龄羔羊入栏，集中强度育肥 100 d 左右即可出栏。该育肥方式不但可以提高育肥速度和出栏率，而且可保证市场羊肉的均衡供应。参考配方一：玉米粉、草粉、豆饼各 21.5%，玉米 17%，花生饼 10.3%，麦麸 6.9%，食盐 1%，添加羊专用微量元素。前 20 d 每只羊日喂精料 350 g，以后 20 d 每只 400 g，再 20 d 每只 450 g，粗料不限量，补充适量青料。参考配方二：玉米 66%，豆饼 22%，麦麸 8%，骨粉 1%，食盐 1%，尿素 0.6%，添加羊专用微量元素。混合精料与草料配合饲喂，其比例为 60：40。一般羊 4～5 月龄时每天喂精料 0.8～0.9kg，5～6 月龄时喂 1.2～1.4kg，6～7 月龄时喂 1.6kg。

（2）放牧＋补饲育肥　一般青藏高原牧区草场质量较好，可采取放牧为主，补饲为辅的模式进行育肥。该育肥方式可充分利用草场降低饲养成本。当地农牧民自繁自养的羔羊，育肥至 50～60 kg 出栏。或选择 2 月龄断奶的羔羊，育肥 3 个月，体重达到 40～50kg 时出栏。参考配方：玉米粉 26%，麦麸 14%，酒糟 48%，草粉 10%，食盐 1%，尿素 0.6%，添加羊专用微量元素，混合均匀后，羊每天傍晚补饲 300 g 左右。

5. 育肥管理

（1）分槽饲喂　根据育肥羊的年龄、性别、体格大小、体质强弱合理分槽饲喂，以保证每只羊都能吃饱、吃好。

（2）提供适宜的日粮　育肥羊日粮以粗饲料为主，精料为辅。使用的饲料和饲料原料应色泽一致，颗粒均匀，无发霉、变质、结块、杂质、异味、霉变、发酵、虫蛀及鼠咬。日粮干物质含量应达到每日每只 0.95～1.7 kg，其营养成分应能保证能量达到 1～1.78 个饲料单位，粗蛋白达到 135～230g，同时满足必要的矿物质（如 Ca、P、S、Mg）和食盐的需要。

（3）确保合理的饲喂量　定时定量，一日三餐，少添勤喂，保证育肥羊采食、反刍、消化、吸收等生理活动有规律地进行。每次饲喂不可过饱，八九成即可。

（4）保证充足的饮水　饮水不仅影响食欲和育肥性能，而且关系到消化吸收及新陈代谢等一系列生理生化活动，因此应常备清水，让育肥羊自由饮用。一般采取先草后料，先料后水，早饱晚适中原则。

（5）搞好剪毛等管理　根据当地育肥羊所处的育肥时间，在育肥期内进行一次剪毛，剪毛时间应根据气候变化而定，不宜过早也不宜过迟，剪毛后要注意防寒保暖，预防感冒。

（6）加强室外运动　羊每天应保持充足的运动，才能促进新陈代谢，保持正常的生长发育。

四、经营管理重点

（一）制度建立

为提高养羊场的经济效益，须聘用有经验的专业技术人员，并制定严格的饲养管理制度。饲养管理制度是需要学习、研究确定的，不能边学边养羊，更不能朝令夕改。其中，生产记录制度、消毒制度、防疫制度是制度建立的核心，门卫管理制度、人员管理制度、物品管理制度、车辆管理制度是切断外来疫病传入的基本保障。

（二）人员管理

根据羊场实际情况制定生产计划、免疫程序、日常管理技术方案、饲料配方、饲喂方案等，然后将不同环节的工作要求传达给具体人员，羊场工作人员只需要各司其职严格按照提前制定的计划或方案进行即可。不少成功的规模化羊场都采用工资＋提成＋年终奖的绩效模式，可以根据母羊繁殖力、羔羊成活率、饲料利用率等设置提成奖金，具体标准可根据当地养殖情况具体确定。

（三）档案管理

羊场的养殖档案主要由以下部分组成：①养殖肉羊的品种、数量、繁殖记录、标识情况、来源和进出场日期记录。自从成立羊场、组建基础羊群之日起，就必须采集、记载以上记录，并按照年度进行订册妥善保存。②在养殖过程中，饲料、饲料添加剂、兽药等投入品的来源、名称、使用对象、使用时间和用量记录等主要针对本羊场在养殖过程中各种饲养投入品的投入情况记录，如饲草料的种类、使用量、饲料配方；饲料添加剂、生长调节剂的品种、购入量、使用量、使用范围、使用方式，以及兽药的使用日期、使用剂量、产生效果，以及补饲计划、饲养流程等。③羊场的检疫、免疫、消毒情况记录。羊场每年度羊只检疫情况（如检疫项目、检疫结果），羊只免疫时间、注射疫苗种类、疫苗生产日期、批次、用量及应激反应等，圈舍及场地消毒的时间、药液浓度等。属于这类档案的主要有疫病监测报告、免疫计划、免疫程序、免疫标识、疫病检疫、免疫接种记录、防疫制度，以及动物、动物产品检疫证明和防疫卡等各种资料。④羊只发病、死亡和无害化处理情况记录。主要包括羊群的治疗情况记录，如疫病诊疗记录、处方本、死亡报告、病死羊无害化处理记录等。

五、成本管理

成本管理就是通过计算进行成本核算和管理，并对核算的结果进行科学分析，及时调整饲养管理方案，是提高养殖效益和加强市场竞争力的有效方法。养殖场的成本包括固定成本和变动成本。固定成本包括饲养管理费用，技术人员的工资、奖金、福利，办公费用，贷款利息，固定资产折旧和维修费用等。变动成本包括购买种公羊和基础母羊、饲草料、人工授精、保健药物、水电和低值易耗品等的费用，其中饲草料费用包括草料、精料的购入成本、运费和加工费用等。

第九章 青藏高原牧区肉羊产业发展耦合模式

第一节 产业生态化在青藏高原牧区肉羊产业生态建设与经济发展中的模式研究

一、青藏高原牧区肉羊产业走特色生态绿色发展道路的重要作用

青藏高原独特的自然环境决定了其在我国乃至世界上极其重要的生态位势。在2010年国务院颁布的《全国主体功能规划》中，明确指出青藏高原是我国最大的生态屏障，它不仅直接影响着我国季风气候的形成和演变，形成了珍稀而独特的高寒生态系统，而且也影响着世界的气候变化和生态环境，成为亚洲主要大江大河的水源地和生态源。青藏高原特殊而重要的生态位势决定了它独具特色的经济发展形态和模式。长期以来，青藏高原地区由于受到自然和人为因素的影响，形成了比较脆弱的生态环境，以及传统的依赖天然草地自然再生产和自给自足的畜牧业生产体系，现已不能很好地适应该区域人口增长、气候变化、资源开发、经济发展、牧民增收等客观现实和经济发展的必然要求，由此造成了生态环境的持续恶化和经济发展的缓慢增长，形成了生态系统与经济发展系统的不良耦合，致使该区域也成为国家生态脆弱带和欠发达经济带的负效应叠加区域。

青藏高原牧区具有独特的生态环境和资源禀赋，在产业发展中以第一产业畜牧业为主，主要的家畜品种为牦牛和藏羊。而羊肉以其高蛋白质、低脂肪、低胆固醇含量等特点和健胃强脾、补肾、祛寒等功效，在国内外市场上赢得了广阔的发展空间。然而，由于青藏高原牧区生态脆弱、草场资源有限、传统养殖模式难以持续，故肉羊产业必须走特色生态绿色发展道路。特色生态绿色发展道路有助于实现肉羊产业的资源节约和环境友好，降低对草地生态系统的压力；能够充分发挥青藏高原地理标志产品的优势，提升肉羊产业的品牌效应和市场竞争力。同时，走特色生态绿色发展道路是贯彻生态文明建设的要求，是实现草原生态保护与肉羊产业高质量发展有机统一的关键途径，对于促进区域可持续发展具有深远战略意义。

青藏高原牧区是国家重点生态功能区，在区域内不能进行大规模的资源开发，发达地区较好的经济发展模式无法复制和运用。由于受到严酷的生态环境、漫长的枯草季节和粗放的饲养管理条件，加上牧民文化科技素质不高，长期以来对基本生产条件建设投入不足等因素的影响，青藏高原牧区的肉羊产业发展缓慢，生产力水平低，经济效益不高。因此，青藏高原牧区要打破生态退化、经济滞后的恶性循环，在可持续发展的时空背景下，

在生态承载力范围内，立足资源禀赋和区域特点，促使肉羊产业的生态建设与经济发展之间形成稳定、协调、高效的良性发展状态，进一步优化与提升生态经济系统功能和运行效益，就必须探寻肉羊产业生态保护与经济发展新模式。

在传统经济发展中，一般只强调价值规律所起的作用，而忽视了生态的影响，青藏高原牧区在发展中存在着由于传统畜牧业比较单纯地依靠天然草场和传统牲畜品种，草畜矛盾突出，牧民传统牧养方式和经营管理没有得到根本改变，草场超载过牧加剧等原因，无法实现“草畜双增”，即生态保护、经济发展与畜牧业的共同发展。因此，青藏高原作为我国重要的生态安全屏障和草地资源宝库，其肉羊产业的发展不仅关系到区域经济的繁荣，更关乎国家生态安全和生态文明建设。产业生态化的推进，为青藏高原牧区肉羊产业的可持续发展提供了有力保障。

第一，产业生态化有助于保护和恢复青藏高原草地生态环境。通过实施生态养殖、草场改良、粪便资源化利用等措施，可以有效减少草场过度放牧、土壤侵蚀和水源污染等问题，促进草地生态系统的良性循环，维护生物多样性。这不仅为肉羊产业提供了良好的生存环境，也为青藏高原生态安全提供了重要支撑。

第二，产业生态化推动了肉羊产业转型升级。在生态化发展理念的指导下，肉羊产业从传统的数量扩张型向质量效益型转变，注重提高羊肉品质和附加值，满足市场对绿色、有机羊肉的需求。这种转变不仅提升了肉羊产业的盈利能力，还为牧民增收创造了条件。

第三，产业生态化促进了产业链的优化和延伸。通过构建集种羊繁育、生态养殖、精深加工、市场营销等环节于一体的产业链，实现了肉羊产业的一体化发展。这不仅提高了产业抗风险能力，还带动了相关产业的发展，为青藏高原牧区经济多元化奠定了基础。

第四，产业生态化有助于提升肉羊产业的社会效益。通过推广生态养殖技术，提高牧民环保意识，促进了社会主义新牧区建设。同时，生态化发展模式为牧民提供了更多就业机会，助力牧区乡村振兴，实现了经济效益与社会效益的双赢。

总之，产业生态化在青藏高原牧区肉羊产业生态建设与经济发展中具有重要意义。只有坚定不移地走生态优先、绿色发展的道路，才能确保青藏高原牧区肉羊产业的可持续发展，为我国生态文明建设贡献力量。

二、发展生态畜牧业，优化畜牧业结构

（一）生态畜牧业的发展思路

人类社会本身的持续存在和发展以及自然环境的支撑力是可持续发展的两个基本前提。因此，青藏高原牧区发展生态畜牧业需要在保护生态环境前提下，选择以草场适度承载、牧草供应有余、市场纯天然有机畜产品为特征的发展模式，建成生态作用突出、绿色有机无污染的天然畜产品生产区，从而走上生态安全、人与自然和谐的畜牧业可持续发展之路。

在发展目标上，青藏高原牧区的生态畜牧业建设是一个长期发展与不断完善的过程，必须根据不同区域、不同发展阶段确定不同的阶段性目标。在禁止开发区内，必

须做到减人、减畜，强化其生态系统的自然修复功能。在条件较好的缓冲区内，为减轻草场压力，应实行以草定畜和划区轮牧。务必做到大力发展以藏系绵羊和牦牛为主的优质畜种，开展牛羊育肥，大力发展舍饲、半舍饲畜牧业。首先，在发展方向上，应以市场需求为导向，在充分发挥草地资源、家畜资源及政策支持等优势的基础上，加快有机特色畜牧业绿色认证工作，加强优良畜种的引进、培育和推广工作。其次，在发展重点上，一方面应遵循生态畜牧业的建设原则，建设符合生态原则的优质饲草料基地，从而进一步促进传统畜牧业向可持续发展的生态畜牧业转变；另一方面，在政府资金支持和组建牧民合作社的现实发展需求下，科学规划、合理调整产业布局。最后，确保人、草、畜的平衡发展（图 9-1）。

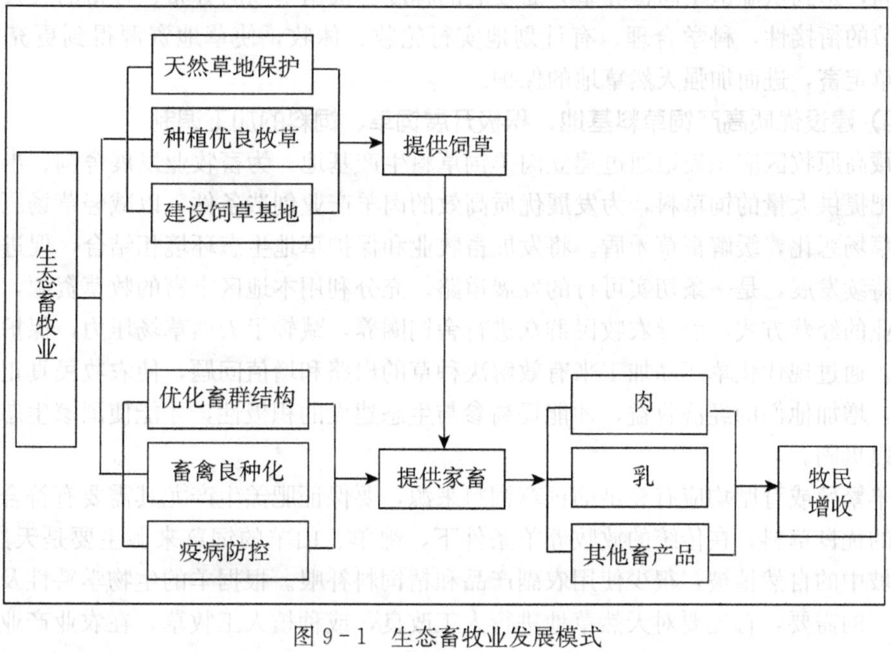

图 9-1　生态畜牧业发展模式

（二）科学规划并合理布局

为了养羊业的可持续发展，应从长远利益出发，加强我国养羊业的科学规划和合理布局。从我国目前的羊肉生产情况看，羊肉生产量较大的是农区和牧区，农区主要集中在黄淮海一带，牧区主要是新疆、内蒙古等省（自治区）。农区的绵羊、山羊数量基本各占一半，而牧区主要以绵羊为主，同时，是我国细羊毛的主要生产基地。因此，在青藏高原肉羊业发展上，一是要抓好农区发展。利用农区自然条件好、饲料资源丰富、质量好等方面的优势，结合当前农业产业结构的调整，大力发展肉羊产业。二是在牧区要稳妥发展肉羊业。由于牧区环境高寒、基础设施差、饲草料严重不足，是我国羊毛生产基地，因此肉羊生产应在细毛羊核心育种群以外地区，也可对细毛羊的淘汰母羊利用肉用品种公羊杂交、后代全部出栏方式生产羊肉。肉用父本应选择长毛型品种，在生产上合理安排产羔季节，利用夏秋季节牧草丰盛之时，开展季节性肉羊生产。另外，也可采用牧区繁育、农区育肥、农牧区联合的肉羊生产方式。三是利用退耕还林（草）的机遇，在农牧交错地带发展肉羊产业。

（三）加强天然草地保护

坚持生态优先的原则，将天然草地保护工作的战略目标由“经济”目标转向“生态-经济-社会”三者并重的目标，从而加强天然草地保护工作。首先，可以依托项目，通过对天然草地改良，加快牧区饲草饲料基地建设的步伐，从而促进畜牧业的可持续发展和天然草地的保护；其次，可以通过天然草原退牧、还草建设项目的实施和管理，在合理使用项目资金的基础上，完善牧民定居点饲草料基地的配套建设，从而加强天然草地的保护；最后，通过积极改革放牧制度来加强天然草地的保护工作。在现行阶段，随着天然草原退牧、还草项目不断发挥作用，牧民定居点草料基地设施的配套完善，牲畜饲草饲料的供给不断提高，达到从温饱型向营养型方面发展的程度。根据草场的分布、牲畜的放牧特点和生产环节的衔接性，科学合理、有计划地实行轮牧、休牧，使草地资源得到更充分的利用，以草定畜，进而加强天然草地的保护。

（四）建设优质高产饲草料基地，积极开展饲草、饲料的加工调制

青藏高原牧区应积极地通过建立肉羊饲草料生产基地，为畜牧业发展舍饲、半舍饲和短期育肥提供大量的饲草料，为发展优质高效的肉羊产业创造条件，以减轻草场压力，有效遏制草场恶化，缓解畜草矛盾。将发展畜牧业和保护草地生态环境相结合，促进生态畜牧业可持续发展，是一条切实可行的发展道路。充分利用本地区丰富的牧草资源，改变传统畜牧业的经营方式，引导农牧民群众进行舍饲圈养，减轻了天然草场压力，保护草原生态环境。通过现代化草产品加工来有效解决种草的出路和增值问题，使农牧民真正得到经济实惠，增加他们的经济收益，才能提高参与生态建设的积极性，才能使国家生态建设的成果得以巩固。

羔羊繁殖或育肥均应有充足的饲草饲料来源，要保证肥羔生产尤其需要有符合羔羊快速生长的优良草料。在传统的放牧养羊条件下，绵羊、山羊的饲草来源主要是天然草地、草山草坡中的自然植被，很少使用农副产品和精饲料补喂。根据羊的生物学特性及现代化肉羊生产的需要，首先要对天然草地进行人工改良，或种植人工牧草，在农业产业结构调整中实行三元结构，在青贮饲料丰富时重点放牧加补饲，在枯草期则可完全舍饲加运动。为此，应加大秸秆类等粗饲料的利用，研制秸秆类粗饲料的优良添加剂，使在枯草期能保证羊的营养需求。

三、推进畜禽良种化进程和动物防疫体系建设，优化畜牧业结构

（一）大力发展规模化、集约化和标准化养羊

当前，在青藏高原地区，肉羊的饲养管理和经营方式主要以小规模的分散饲养为主，这样的饲养和经营方式与现阶段我国市场经济的发展不相适应，因此，应改变落后的生产方式，积极发展专业化、规模化、集约化和标准化养羊业，突出重点，发挥优势，增强产品在国内外市场上的竞争能力，以确保养羊业的持续发展。在条件较好的农村牧区，积极引导和支持农牧户走专业化、规模化、集约化、标准化道路，特别是走集约化、标准化发展之路，生产无害化产品，实现小生产与大市场接轨。养羊业的规模化、集约化、标准化是一个渐进的发展过程，不可一蹴而就，各地要在不断摸索经验中稳妥地推进。在整个进

程中，要紧紧抓住基地、龙头、流通等关键点，积极探索和建设规模化、集约化、标准化的运行机制。在建设规模化生产基地的同时，要扶持发展规模大、水平高、产品新的龙头企业，并采取股份合作制等形式，引导龙头企业和农牧户建立起利益共享、风险共担的利益共同体。同时，要鼓励和支持各类中介服务组织，充分发挥其引导生产、连接市场的纽带作用。

（二）建立健全良种繁育体系

以发展生态畜牧业为原则，进行科学规划布局，正确引导农牧民进行牲畜品种改良。首先，大力培养和发展牲畜品种改良专业户，通过实行挂牌经营实行有偿服务。公开其标准，采取有序竞争的模式，服务到户。其次，采取人工授精、种公畜牵引交配等形式对集中的、分散的畜群进行改良，为促进区域化布局、规模化养殖、产业化经营打下良好的基础。通过以上一系列的措施，大力推进畜禽良种化的进程。

有了良好的羊种，但没有完整的良种繁育体系，同样不能适应现代养羊生产的需要。目前我国虽然在肉羊生产试点上已取得一定进展，但对全国肉羊生产来讲，肉羊的良种繁育体系尚未形成，因此今后我们工作的重点仍应放在良种繁育体系的建设上。根据我国现阶段肉羊生产现状和联合育种技术的需要，良种繁育体系应重点抓好原种场、种羊繁育场的建设，并结合杂交改良，积极推广羊人工授精技术，加快羊人工授精网站的建设，大力推广优秀种公羊的使用面。同时要与肉羊生产基地结合。

（三）加速动物防疫体系建设

要发展生态畜牧业，应加速动物防疫体系的建设，即大力加强疫情监测，完善应急机制，做好物资储备，确保对突发疫情的及时处理。第一，应抓好疫情监测网络建设，配套相应的设施和人员，保证能及时、准确地上报情况；第二，要加快动物疫情报告计算机网络建设，推动牧区动物防疫工作信息化；第三，完善动物疫情防治应急机制，一旦发现疫情，应快速反应，对出现的疫情、疫点果断处置，将疫情造成的损失降到最低程度；第四，发挥天然屏障和地缘优势，积极争取动物防疫体系建设项目，推进无规定动物疫病区建设；第五，积极争取动物防疫体系建设项目，抓好基础设施建设，为生产无公害、绿色畜产品奠定良好的基础。通过以上一系列的措施和改革，加速动物防疫体系建设，大力发展生态畜牧业。

第二节　业态创新在青藏高原牧区肉羊产业生态建设与经济发展中的模式研究

一、业态创新对青藏高原牧区肉羊产业发展的重要作用

青藏高原牧区在生态经济发展中进行业态创新，必将对区域内的经济增长和社会发展有积极的作用。第一，业态创新对于产业创新具有引领和提升作用。业态创新涉及的产业研发环节处于价值链的高端环节，而高端环节的发展、变化对于相关产业的发展具有直接的引领和提升功能。当研发环节专业化后，新产品、新技术的出现将会加速，关联性创新将更加普遍。研发新业态的发展会使区域内技术园区丰富的研发资源得以充分利用，将大幅降低产业的总体创新成本。独立的专业研发机构往往带有明显的平台性质，它们并不是

服务于某个企业，而是面向全行业提供研发服务，这些都会促进产业的整体提升。第二，新业态的发展使研发更适应市场需求，也是重要的新经济现象之一。发达国家的经验已经证明，在新经济条件下，新技术、新产品的产生不再仅仅遵循“基础研究-应用研究-试验发展”这条单一路线，在许多情况下是由市场直接对研发提出相应的要求。比较而言，国内在技术创新路径的丰富性上与发达国家存在一定差距，而在高新区出现的独立的研发企业具有直接感受市场对于研发需求的特殊优势，能更直接地与用户的需求对接，这也是新经济现象出现的重要例证。第三，高新技术服务业的业态创新将提升传统产业并成为新经济中的强劲增长点。全球高新技术产业发展的历程表明，一次重大技术创新往往能够激发出大量全新的商业模式和服务模式。互联网的普及对于原有买卖关系、购物方式、信息服务方式等产生了巨大影响，而下一代互联网的兴起将带来的创新范围更大、程度更深。因此，利用高新技术对传统服务业进行升级、改造，新兴服务业态的产生和发展将是新经济的一个强劲增长点。

业态，简单地说，就是一个行业或者一个企业在生产、销售、服务各个环节的功能结构体系，有时又称之为“商业模式”。在市场经济从产品销售为主的业态向以服务经济为主的业态转变过程中，“互联网＋”是业态发展的大趋势。在业态发展上，青藏高原牧区还存在着畜产品高端市场接受度不够、流通渠道不畅、产品宣传力度不足、农牧民经营规模不大、参与度不深等问题。在这种情形下，传统的业态模式不能让该区域的生态畜产品处于价值链的高端环节，无法使区域内的资源禀赋得到有效的充分利用，无法适应现在互联网快速发展的现代社会。只有进行业态创新，通过“互联网＋畜产品”的业态创新模式、创新生态畜牧业组织管理模式等途径，才能加快区域内资源要素的快速流动，加快农牧业的现代化，培育和催生经济社会发展的新动力，形成具有重大引领支撑作用的新业态，才能最终形成肉羊产业发展生态保护和经济发展的良性耦合，体现出生态经济系统的耦合性。

二、“互联网＋畜产品”的业态创新模式

青藏高原牧区应积极创建特色的肉羊畜产品品牌，发挥品牌效应。利用“互联网＋畜产品”的模式，将青藏高原牧区生态、有机的特色肉羊畜产品向周边市场、全国各地进行宣传、销售。

比如，西南民族大学、甘肃农业大学、中国农业科学院等高等院校和科研院所，依托农业部公益性行业科研专项《青藏高原特色有机畜产品生产技术与产业模式》（项目编号：201203009），在甘肃、青海等地进行业态模式创新探索，取得了成功。研究人员通过延长产业链，将生产出来的羊肉等畜产品在西宁、兰州等地进行销售，同时，通过培训牧民、牧户使用网络，通过网络对畜产品进行宣传和销售，进一步完善了销售体系，增加了销售收入。在开展“互联网＋畜产品”模式中，增加了牧民的经济收入，改善了其生活条件，提高了生活水平和质量。

三、创新生态畜牧业组织管理模式

在青藏高原地区，应建立和发展农牧民专业合作社，推广现代化组织方式，将生产要

素进行集中经营。只有规模经营，才有规模效益。通过大力推广“公司＋合作社＋农户”和“牧场＋合作社＋农户”的联合经营生产形式，带动产业持续发展，降低养殖业风险。目前，已建立“公司＋牧户”“牧场＋牧户”“专业合作社＋牧户”“定居点＋牧户”等多种生产经营模式，使草业、畜牧业和加工业等系统相互关联，传统草地畜牧业与生态畜牧业实现耦合，其采用先进生产技术和工艺组织生产，对已有生产技术和新技术进行有效组装，以养殖小区为载体，以牧户牲畜为基础，按照利益驱动、合同制约和技术推进机制，将分散生产的农牧民组织起来。牧民在“自愿、民办、民管、民受益”的原则下成立不同形式、不同内容、不同规模的专业合作社，通过“传、帮、带”合同约定等形式自我发展，积极参与市场竞争。对合作社成员在科技服务、原料购进和产品销售及启动资金方等方面给予支持和扶持，并负责组织对合作社草产品、畜产品进行深加工和销售，为生态畜牧业发展提供新的途径。

大力发展牧民专业合作社组织，发展联户牧场，推广畜牧新技术，推行规模化、标准化生产，开展特色畜产品加工，开拓销售市场，提升专业合作社组织服务功能和牧民组织化程度。支持畜产品龙头企业进行技术改造，建设现代畜牧业产业化基地，完善与牧民的利益联结机制，增强带动能力。依托牧区资源禀赋，创建区域性特色畜产品品牌。建立以区域性特色畜产品批发交易市场为主体，以乡村现代流通网络为基础的市场体系，促进高原特色畜产品流通和外销。

第三节 科学技术创新在青藏高原牧区肉羊产业生态建设与经济发展中的模式研究

一、科学技术创新对青藏高原牧区肉羊产业发展的重要作用

科学是关于自然、社会和人类思想的知识体系。它是在对所研究对象经过长期观察所积累起来的信息基础上进行逻辑推理，得出相应结论的过程。技术是建立在社会实践和科学知识基础上的，它可以改进现有生产方式或创立新的生产方式，提高资源的使用效率与范围。科学技术是紧密联系的，科学的发展为技术的创新提供支持，技术的创新对科学的发展提出了更高的要求，促进了科学的进一步发展。它们二者对经济的发展起着关键性的作用，科学技术是第一生产力，科技的发展对提高人民的生产技术水平、调整人与自然之间的关系、合理开发利用资源、保护环境等起着重要的作用，是可持续发展的必要条件。

科学技术是生产力的重要组成部分，是影响地区经济发展的重要因素之一。特别是现代科学技术迅速发展的今天，科技对经济发展的推动力展现出倍增效应，技术水平的提高不断地拓展人们利用自然资源的深度和广度，提高资源的综合利用能力。科技水平的提高可以调整产业结构，使产业结构高级化、合理化。目前，青藏高原牧区的产业结构不合理制约了经济发展水平的提高。因此，要通过提高科学技术水平来促进产业结构的合理化。

在科学技术发展上，青藏高原牧区普遍存在着科技创新能力偏低、科技活动产出水平低、科技促进经济社会发展的能力弱、自主研发能力不足，抵御风险能力有待加强

等问题。在这种情形下，目前的科学技术能力无法适应现代科学技术迅速发展的现实；无法拓展根据区域内资源禀赋利用自然资源的深度和广度，提高资源的综合利用能力；也无法调整产业结构，使产业结构高级化、合理化，极大地制约了经济的快速发展。只有进行技术创新，通过实现发展思路的转变，制定合理的科技发展规划，加大生态畜牧业生产技术体系的驱动作用，积极扩大国内外科技合作与交流等途径，才能提高农牧民的生产技术水平、协调当地农牧民与自然之间的关系、合理开发利用自然资源和保护环境等，最终才能形成肉羊产业发展生态保护和经济发展的良性耦合，体现出生态经济系统的耦合性。

二、实现发展思路的转变，制定合理的科技发展规划

区域可持续发展的动力和重要支撑之一是科技创新。因此，在青藏高原牧区社会和经济发展中，必须不断地提升本区域的科技水平，增强自身的自主创新能力，应积极地改变发展思路。

首先，在技术创新发展路径上，应从以模仿为主，逐渐慢慢地向模仿为辅，进而向加强自主创新转变。在发展思路上，要确立自主创新的战略基点，在实施过程中以经济建设和生态建设并重，需要瞄准、发现制约经济社会发展中的技术“瓶颈”，进而集成攻关，推动经济增长方式的转变、经济增长质量的提高，达到改善生态环境的目的。

其次，在技术创新发展重点上，应选择技术关联性强同时产业带动性大的产品，在此基础上实现关键技术的突破和集成创新。第一方面要围绕发展生态经济，在有效利用特色资源的基础上实施资源转换战略并实现突破。第二方面要围绕产业结构优化升级和传统产业的转型，在推进实用技术和生态产业发展上取得突破。第三方面是围绕发展生态畜牧业，在实用畜牧业技术开发和技术推广上取得突破。第四方面是围绕提高牧民生活质量，在社会发展和公共管理的技术上取得突破。第五方面是围绕国家重点生态功能区的建设要求，在提高生态承载力的技术保障上取得突破。

最后，在技术创新发展层面上，第一方面必须走科技富民的道路，强化先进适用的技术的推广和转化，强化新牧区建设的产业支撑，依靠科技创新增加效益，促进农牧民增产增收；第二方面是积极发展高新技术，实现畜产品产业化；利用高新技术改造传统畜牧业生产，促进传统产业的优化升级，提高其经济竞争能力；第三方面是需要加强自主创新体系建设。加强科技基础设施建设，构建适合自身发展的科技创新体系，努力创造有利于科技人员自主创新的政策环境。同时，进行科技创新的合理规划是发展的前提，要从自身的实际出发制定符合本区域发展特点的科技发展规划。科技发展规划要体现出不同层次、不同行业的发展重点，找准科技发展的切入点，提高区域科技发展的科学决策水平。

三、加大生态畜牧业生产技术体系的驱动作用

（一）优质高产饲草加工技术创新

国家科技支撑计划课题《川西北牧区“生产生态生活”优化保障关键技术集成与示

范》课题组研究人员，在青藏高原牧区选取示范点进行了优质高产饲草加工技术创新推广工作，有效的技术经验为：第一步：刈割，抽穗期至花期，选择天晴、植株上无露水时留茬5～6 cm刈割。尽量减少泥土、杂草、粪便等污染。第二步：萎蔫，根据收割时天气状况对藨草进行就地萎蔫，一般凋萎时间为2～8 h，控制含水量为55%～75%。第三步：切碎，将凋萎好的藨草用切碎机切成长度1～3 cm的节或用揉丝机揉丝。第四步：添加剂，在红原等川西北高寒牧区进行藨草青贮调制时，选择乳酸菌（$\geqslant 3\times10^{5}$ cfu·kg^{-1}FM）、蔗糖（3% FM）、丙酸（1%～5% FM）、乙酸（0.02%～0.06% FM）、甲酸（3%～5% FM）等作为添加剂均匀喷洒于切碎的藨草上，可有效提高青贮品质。选择的青贮方式为：装袋、打捆、装罐或窖贮。同时，无论何种青贮方式，都必须做到密封。最后，至少发酵30 d，当年冬季或者次年春季取用。

（二）肉羊安全生产技术

一些畜产品安全事件的发生，使得有关食物安全问题越来越受到人们的重视，因此在羊肉生产上必须把好畜产品质量安全关，确保上市羊肉安全可靠，万无一失。应研究肉羊产业安全生产的各项配套技术，建立肉羊生产和羊肉产品的相关标准，确保生产符合国际标准的优质高档羊肉产品。同时，抓好羊肉及其产品的技术安全，严禁有害添加剂的使用。发展生态畜牧业，生产精优畜肉产品，能够保证青藏高原牧区生态畜产品在市场上的一席之地。

西南民族大学、甘肃农业大学、中国农业科学院等高等院校和科研院所，依托农业部公益性行业科研专项《青藏高原特色有机畜产品生产技术与产业模式》（项目编号：201203009），在青藏高原牧区选取示范点开展了藏羊屠宰加工生产技术、酱卤藏羊肉定量卤制技术和风干藏羊肉梯度变温风干技术等技术创新，取得了很好的生态、经济效益，促进了该地区牧民增收。

1. 藏羊屠宰加工生产技术　针对青藏高原牧区藏羊屠宰过程卫生安全质量低下的现状，通过创新性建设、运行适应社区需求的藏羊屠宰平台，设计了无动力屠宰装置（图9-2），规范了屠宰技术流程（图9-3），降低了屠宰劳动强度与人员风险，提升了藏羊肉的卫生安全状况。

图9-2　无动力藏羊屠宰装置

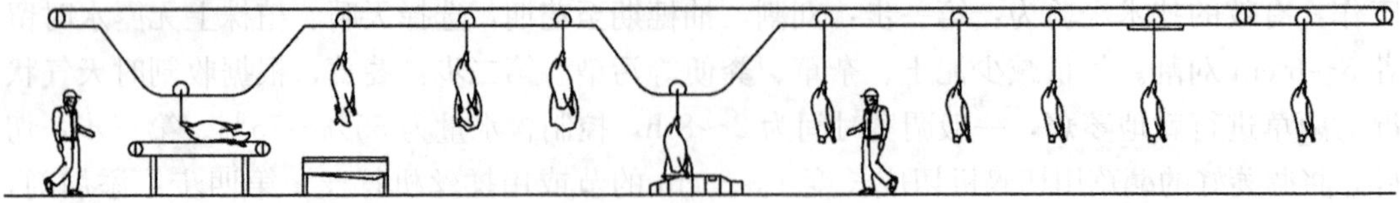

图 9-3　藏羊屠宰技术流程

本技术项目组根据青藏高原牧区藏羊屠宰规模小、电力配备有限的特点，设计制造了无动力藏羊屠宰架，其工作能力为 10 只/d。主要是通过手摇绞车把藏羊提升到一定高度，进行宰杀、扯皮、去内脏、分割等操作。同时，形成了藏羊肉分割、保鲜和包装技术，使藏羊肉的价值提高 30%以上。

2. 酱卤藏羊肉定量卤制技术　根据青藏高原牧区广大农牧民对手抓藏羊肉和酱卤藏羊肉（图 9-4）等产品的需求，突破该地区高海拔导致热水沸点低于 95℃的限制，创造性地采用油浴导热和高压水蒸气加热的方式，使羊肉快速加热到柔嫩程度，满足青藏高原牧区对不同硬度酱卤藏羊肉的需求。

图 9-4　酱卤藏羊肉

创新了定量卤制工艺，与传统酱卤工艺相比，最大的不同是调味方法的不同。传统的酱卤工艺，其调味方式是靠煮制的方法入味，而定量卤制工艺，其入味方式是利用滚揉机真空滚揉入味。滚揉机可以使藏羊肉均匀地吸收定量卤制调味料，使调味均匀，同时滚揉工艺可以提高羊肉的弹性，使做出的酱卤藏羊肉口感更好（图 9-5）。

在本技术基础上，形成了《酱卤藏羊肉加工企业标准》。在青海省河南蒙古族自治县兰龙社区应用本技术 3 年以上，极大限度地降低辅料的使用、缩短加工时间、保证安全卫生、提升产品品质，酱卤藏羊肉出品率达到 72%，附加值提高 30%以上。

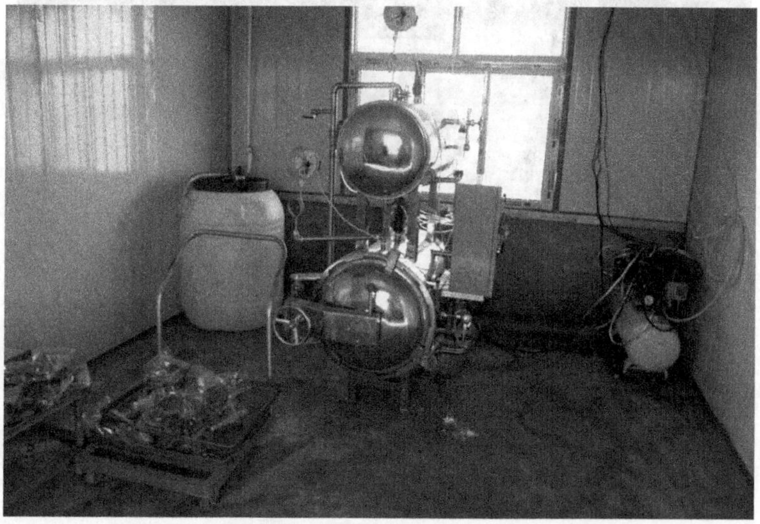

图 9-5　高温灭菌装置及灭菌后的定量卤制羊肉

3. 风干藏羊肉梯度变温风干技术　本技术主要是根据青藏高原牧区广大农牧民对风干藏羊肉（图 9-6）品质的需求，改变传统户外风干时间长（长达数月）、卫生状况差、产品品质低劣的现状，在箱体密闭、通风良好的风干设备中实现风干，关键控制点为真空滚揉腌制、梯度变温风干、油炸熟制。

在本技术基础上，形成了《风干藏羊肉加工企业标准》。在青海省河南蒙古族自治县兰龙社区应用本技术 3 年以上，实施效果明显，使风干藏羊肉的加工时间由数月缩短到 15 h 以内，产品水分含量少于 40%，风干均匀度达到 95%以上，常温货架期达到 6 个月以上，安全卫生，牧民满意度达到 100%，藏羊肉附加值提高 35%（图 9-7）。

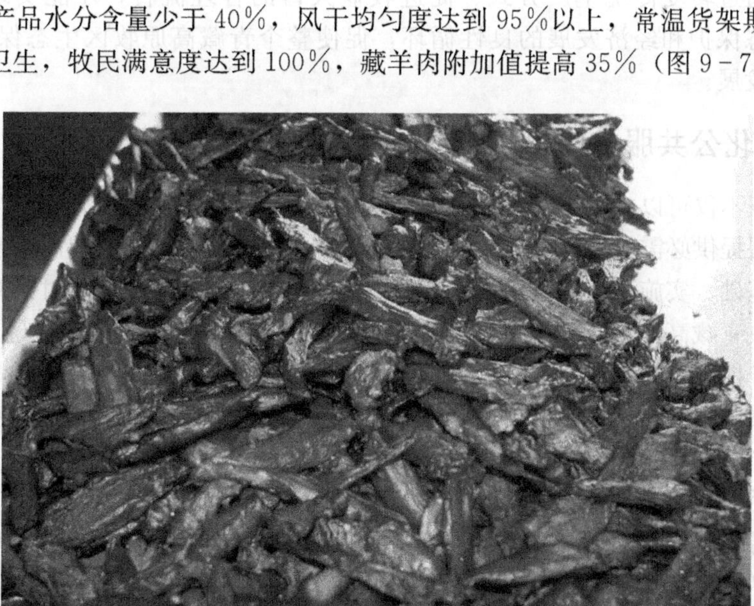

图 9-6　风干藏羊肉成品

图 9-7　河南蒙古族自治县销售的风干藏羊肉产品

第四节　青藏高原肉羊产业发展保障措施

一、实施人口分流措施，促进肉羊产业可持续发展

在社会发展过程中，在一定生产力水平下，青藏高原牧区的环境容量和资源的人口承载能力是有限度的。由于人口增长过快，人口数量和密度超过了该区域现有的生产力发展水平下的生态承载能力，导致了对草地的过牧、对生态资源的掠夺性开发，也将会导致农牧民与资源关系的失调，从而破坏生态经济系统，引发一系列的生态环境问题。只有通过转变传统生产方式、促进牧业人口的合理流转，才能实现人口分流，从而实现生态保护和经济发展的良性循环，促使整个青藏高原牧区生态保护和区域经济的可持续发展。

二、优化公共服务体系，促进肉羊产业可持续发展

公共服务不仅可以为经济发展节约成本、改善环境、提供智力和人才支持，而且还能够为经济发展提供必需的运行规则和社会秩序保证。只有通过加强基础设施建设、筑牢生态经济发展基础、实施科技兴区战略、为经济发展提供技术支持等途径对公共服务进行提升，才能解决青藏高原牧区存在的基础设施落后、公共服务事业不能适应经济社会发展、城镇公共服务能力普遍较弱、基层组织建设亟待加强等问题。通过以上措施，形成公共服务和经济发展的良性循环，为生态经济的发展创造一个良好的外部环境，促使整个青藏高原牧区肉羊产业的生态保护和区域经济的可持续发展。

（一）加强基础设施建设，筑牢生态经济发展基础

青藏高原牧区地处偏远地区，自然条件恶劣，优先发展基础设施是加快经济社会发展的前提条件。为此，必须立足长远，着眼全局，把基础设施建设放在优先发展的地位。一是要突出重点，加大投入，加快交通、水利、能源、通信等基础设施建设，尽快改善该地区经济发展的硬环境。二是要以保护生物多样性和恢复自然草原植被为重

点，组织实施各类生态建设项目，不断推动草原基础设施建设，尽快改善该地区牧民的生产、生活和公共基础设施条件，促进该地区的经济发展，进而为生态经济发展积蓄力量。三是要加大对外开放力度，最大限度地争取国家对青藏高原牧区重点生态功能区的投资资金，不断改善招商引资条件，积极引进资金、技术、人才和现代管理经营理念，遵循市场运行规则，多渠道、多方位争取优惠政策，为该地区基础设施建设创造良好的投资环境。

（二）实施科技兴区战略，为经济发展提供技术支持

科学技术是第一生产力，是支撑青藏高原牧区生态经济发展的关键要素。实施科技兴区战略，是完善公共服务、加快社会发展的必然要求。为此，一是要加大政府科技投入，完善科技研发、推广体系。要将科研能力建设列入各类建设规划之中，尽最大可能争取国家的财力、人力支持。二是提升科技服务水平。有效利用科技资源，大力提高科技对地区经济发展的贡献，着力实施科技惠民项目。拓展合作领域，深化与高等院校、科研院所的合作。强化科技对经济社会发展的支撑作用，提高科技在草畜生产、畜产品精深加工等领域的服务水平。不断扩大科技在教育、卫生等社会事业领域的广泛运用。进一步加大科技投入，提高研究经费。搭建科技成果转化平台，完善科技服务体系。优化科技人才队伍，建立与市场经济相适应的科技人才资源配置机制。三是大力推进人才开发。牢固树立科学人才观，以人力资源能力建设为核心，加大人才开发投入力度。建立人才创新创业激励机制，发挥市场配置人才资源的基础性作用。实施专业化技能人才培养工程，培养一批掌握“新、特、绝”技术的技能人才。实施牧区实用人才培养工程，培养一批建设社会主义新农村新牧区需要的生产能手、经营能人和科技人员。加大骨干人才的培养力度。四是要加强科研成果引进与转化工作。要结合区域内生态经济发展的实际需求，大力引进先进的科研成果，并加强与国内外科研机构、高校合作，做好引进成果的转化应用工作，实现科技跨越式发展，激发牧区牧民群众自觉走科学生产的道路。

三、青藏高原典型案例：“生态畜牧业＋生态旅游业＋生态畜产品”生态经济发展耦合模式：观光牧区藏绵羊反季节生产模式（红星模式）

青藏高原牧区要摒弃先发展后治理的传统观念，改善该地区的禀赋条件，在生态系统、经济系统和社会系统同步发展和耦合的基础上，形成持续的内生发展动力下发展生态经济，朝着产业生态化方向转型和发展，才能实现青藏高原牧区生态经济系统的可持续发展，这才是青藏高原牧区生态建设和经济发展的必然选择。

青藏高原牧区要形成生态环境与经济发展的良性耦合，就必须以生态保护与建设为主旨，以生态产业化和产业生态化的多产业融合发展为突破点，走“生态＋生活＋生产”生态经济发展耦合模式、“人工种草＋生态畜牧业＋生态畜产品”生态经济发展耦合模式、“生态畜牧业＋生态旅游业＋生态畜产品”生态经济发展耦合模式等多元耦合发展模式，让区域产业向产业生态化方向转型和发展，从而实现生态保护与建设、经济可持续发展、农牧民奔小康的多方共享共赢。

目前，西南民族大学等高等院校和科研院所，依托国家科技支撑计划课题《川西北牧区“生产生态生活”优化保障关键技术集成与示范》（项目编号：2012BAD13B06），在青藏高原牧区开展了大量试验研究与示范，针对青藏高原牧区的特色和优势，服务于青藏高原牧区畜牧业可持续发展的目标，以缓解草畜矛盾为手段，以提高经济效益为杠杆，以社区为单位，以特色牦牛、藏绵羊为优势品牌，推广了规模适度、生产诚信、有机低碳、环境友好、生态安全、轻简实用的生态畜牧业技术体系和模式，比如“生态畜牧业＋生态旅游业＋生态畜产品”生态经济发展耦合模式：观光牧区藏绵羊反季节生产模式（红星模式）。

（一）理念

青藏高原牧区独特的地理气候条件，导致其草场资源丰富，但时空分布不均衡，严重制约了现代畜牧业的发展。同时，也造就了奇特的自然景观和民族历史文化，蕴含着丰富的旅游资源，如黄河九曲第一湾、热尔大草原花湖、九寨沟、黄龙寺等著名风景名胜。因此，青藏高原牧区已成为著名的回归大自然和感受民族风情的生态观光牧区。

根据“因地制宜，畜牧业与观光业有机结合”的思路，创新集成藏绵羊健康养殖、疫病防控、观光牧业综合发展等关键技术，“课题组—政府—专业合作社—牧民”联动，提出、构建和验证了适合高寒牧区的青藏高原观光牧区藏绵羊反季节生产模式。

（二）做法

根据四川省阿坝藏族羌族自治州若尔盖县红星示范点的具体情况，整合畜牧业和旅游业发展中的各种资源，实现以课题技术为支持、政策资金为主导、专业合作社为示范、牧民为推广的各级联动，开展技术攻关与集成、示范，创新关键技术和核心技术，形成了“冷季藏绵羊集中育肥、暖季观光牧业综合发展”的产业体系，实现了高原畜牧业与观光业的共同发展。

1. 改变藏绵羊养殖方式 改变藏绵羊全年放牧的传统生产模式，推行“暖季（牧草丰盛、旅游旺季）自由放牧、冷季（牧草枯黄奇缺、旅游淡季）集中育肥”的两段式养殖模式。

2. 标准化与生态化养殖 研制、创新集成标准化和规范化的藏绵羊圈舍、育肥技术规程和养殖方式。在饲养过程中实行标准化、生态化养殖，做到统一饲料配方、统一消毒、统一用药、统一防疫，确保藏绵羊在无公害环境中安全生长。

红星示范点通过冷季集中2～3个月的时间对藏绵羊育肥，使其生产性能显著提高（日增重可达180～200g），平均每只羊利润达300～400元。

3. 草地修复和购草结合 针对红星示范点的情况，开展沙化和退化草地的修复工程，到项目实施截止时间，共恢复严重退化草地植被5万余亩，显著提高了草地的生产能力。同时从区域外购买干草用于冷季育肥，减轻草地压力。

4. “牧家乐”生态观光旅游 整合红星示范点的藏绵羊和牦牛特色产品、高原多民族的特色生活方式等资源，大力发展观光牧业，修建小型家庭宾馆开展“牧家乐”，以增加牧民收入，提高其生活水平。同时打开羊肉、干巴、羊绒等畜产品的销售渠道，实现畜牧业与旅游业的互补和协调发展。

（三）成效

该模式在四川省若尔盖县红星乡进行试验、示范和应用后，取得了显著的成效，产生了广泛的社会反响。

1. 生态效应　通过育肥可缩短藏绵羊的出栏时间 1～2 年，提高了出栏率，减少了草场载畜量，有利于生态保护与恢复，同时增加了牧民的收入，真正做到减畜增效。

2. 经济效益　通过圈舍暖棚标准化建设、标准化饲养、标准化防疫，提高了藏绵羊的生产性能，缩短了出栏时间，增加了出栏批数，实现了羊肉生产总量和品质的提高以及全年均衡供应。示范点反季节育肥的藏绵羊现已销往甘肃、重庆和四川的其他地市，部分牧民已做到订单养殖和定点销售。同时通过暖季开展旅游观光业、冷季集中育肥的互补方式，大力发展观光旅游业，与畜牧业达到有机结合，使牧民收入显著提高。

3. 社会效益　通过本模式的示范和应用，牧民的生产生活方式更加多样化，到项目实施截止时间 2015 年 6 月，若尔盖县红星示范点已有 159 户牧民从事反季节育肥藏绵羊，存栏 200 只以上的牧民有 30 户。这种多元耦合模式为发展牧区经济提供了一条新思路。

REFERENCES
参考文献

仓木拉，顾庆云，2018. 西藏绵羊和西藏山羊养殖技术［M］. 北京：高等教育出版社.

常耀军，2014. 舍饲养羊的饲养管理技术［J］. 中国畜牧兽医文摘，30（5）：69-70.

陈惠新，陈秋红，2005. 高原动物藏系羊心肺血流动力学研究［J］. 青海医学院学报，26（3）：156-161.

德吉，孙珂欣，罗琪，等，2022. 藏羊和牦牛的生理特征及高原适应性分子遗传学研究进展［J］. 家畜生态学报，43（4）：1-7.

丁跃胜，乌云塔娜，邬杰，等，2021. 提高戈壁短尾羊繁殖力的主要途径和技术措施［J］. 养殖与饲料，20（11）：62-65.

董全民，周华坤，施建军，等，2018. 高寒草地健康定量评价及生产--生态功能提升技术集成与示范［J］. 青海科技，25（1）：15-24.

董涛，任应高，单留江，等，2016. 高架养羊的关键技术［J］. 农村百事通，（10）：35-37.

郭磊，2020. 提高肉羊繁殖力的措施［J］. 现代畜牧科技（12）：57-58.

郭振刚，宋德荣，吴瑛，等，2023. 绵羊的胚胎移植技术要点分析［J］. 养殖与饲料，22（7）：28-31.

韩丽娟，2014. 肉用绵羊超数排卵技术研究［J］. 中国草食动物科学，34（6）：23-26.

胡春海，2021. 提高肉羊繁殖力的六种途径［J］. 农村新技术（9）：28-29.

胡自治，1996. 草原分类学概论［M］. 北京：中国农业出版社.

胡自治，洛桑，灵智多杰，2000. 青藏高原的草业发展与生态环境［M］. 北京：中国藏学出版社.

黄文娟，2008. 青干草调制、贮存及利用［J］. 草业与畜牧（9）：48-49.

贾玉山，格根图，2013. 中国北方草产品［M］. 北京：科学出版社.

郎侠，保善科，王采莲，2014. 藏羊养殖与加工［M］. 北京：中国农业科学技术出版社.

李博平，2023. 提高牛羊繁殖力的技术［J］. 吉林畜牧兽医，44（9）：85-86.

李连任，2018. 秋季养羊关键技术［J］. 科学种养（10）：45-47.

李启泉，2009. 久治县藏羊发展存在的问题及对策［J］. 青海畜牧兽医杂志，39（4）：61.

李育春，2022. 提高种公羊繁殖力的几项措施［J］. 中国动物保健，24（10）：101-102.

连冬梅，张鸿涛，2014. 提高母羊繁殖力的技术措施［J］. 湖北畜牧兽医，35（8）：67-68.

刘恩民，卢增奎，乐祥鹏，2018. 我国养羊业现状及未来发展思考［J］. 中国畜牧业，（9）：34-35.

刘铁梅，张英俊，2012. 饲草生产［M］. 北京：科学出版社.

卢晓丽，赵彦玲，吴征王，等，2019. 西藏色瓦藏绵羊高原适应性的血液生理学特性研究［J］. 西南农业学报，32（6）：1443-1447.

马国龙，2022. 藏羊高效养殖技术与发展思路分析［J］. 吉林畜牧兽医，（10）：87-88.

聂华林，2007. 区域可持续发展经济学［M］. 北京：中国社会科学出版社.

秦大河，丁永建，王根绪，等，2014. 三江源区生态保护与可持续发展的建议［M］. 北京：科学出版社.

曲百友，2014. 集约化养羊场疫病综合防控技术要点［J］. 山东畜牧兽医，35（6）：49.

史志林，2017. 规模化养羊场的消毒措施 [J]. 当代畜牧 (8)：24-25.
孙洪新，刘月，敦伟涛，2020. 提高羊人工授精受胎率的综合措施 [J]. 今日畜牧兽医，36 (2)：39-41.
覃圣，2022. 藏绵羊肾脏中 AQPs 及高原低氧相关蛋白表达特性研究 [D]. 兰州：西北民族大学.
汤永康，武艳涛，武魁，等，2019. 放牧对草地生态系统服务和功能权衡关系的影响 [J]. 植物生态学报，43 (5)：408-417.
王德利，王岭，韩国栋，2022. 草地精准放牧管理：概念、理论、技术及范式 [J]. 草业学报，31 (12)：191-199.
王海平，王春，2012. 绵羊反季节同期发情人工授精技术的研究与应用 [J]. 当代畜禽养殖业 (12)：8-11.
王建新，陈秋红，2007. 藏系绵羊心肺血液动力研究 [J]. 中华实用中西医杂志，20 (1)：78-79，81.
王军宁，李延华，边伊林，等，2017. 提高羊繁殖力的途径 [J]. 畜牧兽医杂志，36 (2)：37-40.
王岭，张敏娜，徐曼，等，2021. 草地多功能提升的多样化家畜放牧理论及应用 [J]. 科学通报，66 (30)：3791-3798.
王欣荣，吴建平，2013. 藏羊脑动脉系统结构特征与高原适应性研究 [J]. 家畜生态学报，34 (8)：36-40.
王拥庆，2015. 标准化规模养羊场建设原则 [J]. 中国畜牧业 (2)：83-84.
魏红芳，郭建来，2018. 影响羊繁殖力的因素与提高羊繁殖力的措施 [J]. 今日畜牧兽医，34 (10)：50-51.
肖登科，2019. 养羊场规划设计要求 [J]. 湖北畜牧兽医，40 (10)：26-27.
谢淑敏，2023. 羊人工授精技术关键要点 [J]. 浙江畜牧兽医，48 (5)：28-29.
熊朝瑞，2016. 高效养肉用山羊 [M]. 北京：机械工业出版社.
闫忠心，靳义超，白海涛，等，2014. 藏羊本品种选育研究现状与展望 [J]. 青海畜牧兽医杂志，44 (4)：55.
杨丽雪，张明善，张大伟，等，2018. 青藏高原东缘牧区生态保护与经济发展耦合研究 [M]. 北京：科学出版社.
杨勇，2017. 甘南州藏羊产业发展现状、存在的问题及建议 [J]. 畜牧兽医杂志，36 (6)：47-48.
杨仲一，吴英娟，2009. 规模养羊场的科学饲养管理技术 [J]. 浙江畜牧兽医，34 (4)：40.
易金云，2015. 季节与品种对绵羊超数排卵的影响 [D]. 长春：吉林农业大学.
泽柏，2018. 青藏高原社区畜牧业研究报告 [M]. 北京：民族出版社.
张晨，2020. 藏羊心肺结构特点及其高原适应性研究 [D]. 兰州：西北民族大学.
张春香，任有蛇，岳文斌，2010. 营养对母羊繁殖性能影响的研究进展 [J]. 中国草食动物，30 (6)：62-64.
张福锁，2011. 测土配方施肥技术 [M]. 北京：中国农业大学出版社.
张万明，2013. 浅谈提高肉用种羊繁殖力的途径和措施 [J]. 中国畜禽种业，9 (9)：55-56.
张小敏，2023. 提高羊繁殖力的措施 [J]. 养殖与饲料，22 (6)：51-53.
张勇，2021. 非牧区发展舍饲养羊的技术要点 [J]. 养殖与饲料，20 (3)：39-40.
赵新全，周华坤，2006. 三江源区生态环境退化、恢复治理及其可持续发展 [J]. 中国科学院院刊，20 (6)：471-476.
赵有璋，2006. 青藏高原羊产业发展对策 [J]. 中国畜禽种业 (8)：9-10.
郑红飞，刘琦，郭慧琳，等，2023. 绵羊同期发情和两年三羔生产技术的应用研究 [J]. 中国草食动物科学，43 (1)：72-76.
周光明，2018. 四川养羊产业的发展 [J]. 四川畜牧兽医，45 (11)：6-7.

周建伟，2015. 藏羊对青藏高原氮素营养胁迫的适应性研究［D］. 兰州：兰州大学.
周青平，2015. 高寒牧区畜牧业生产技术实用手册［M］. 南京：江苏凤凰科学技术出版社.
周青平，2020. 青藏高原饲用植物栽培与利用［M］. 北京：科学出版社.
朱兆良，2008. 中国土壤氮素研究［J］. 土壤学报（5）：778-783.
Dong S，Shang Z，Gao J，et al，2020. Enhancing sustainability of grassland ecosystems through ecological restoration and grazing management in an era of climate change on Qinghai-Tibetan Plateau［J］. Agriculture，Ecosystems & Environment，287：106684.
Fan Q，Cui X，Wang Z，et al，2021. Rumen microbiota of Tibetan sheep（*Ovis aries*）adaptation to extremely cold season on the Qinghai-Tibetan Plateau［J］. Front Vet Sci，8：673822.
Guo Y，He X Z，Hou F，et al，2020. Stocking rate affects plant community structure and reproductive strategies of a desirable and an undesirable grass species in an alpine steppe，Qilian Mountains，China［J］. The Rangeland Journal，42（1）：63-69.
Jing X，Zhou J，Degen A，et al，2020. Comparison between Tibetan and Small-tailed Han sheep in adipocyte phenotype，lipid metabolism and energy homoeostasis regulation of adipose tissues when consuming diets of different energy levels［J］. Br J Nutr，124（7）：668-680.
Ma Y，Ma S，Chang L，et al，2019. Gut microbiota adaptation to high altitude in indigenous animals［J］. Biochem Biophys Res Commun，516（1）：120-126.
Penaloza D，Arias-Stella J，2007. The heart and pulmonary circulation at high altitudes：healthy highlanders and chronic mountain sickness［J］. Circulation，115（9）：1132-1146.
Sha Y，Ren Y，Zhao S，et al，2022. Response of ruminal microbiota-host gene interaction to high-altitude environments in Tibetan Sheep［J］. Int J Mol Sci，23（20）.
Wang L，Zhang K，Zhang C，et al，2019. Dynamics and stabilization of the rumen microbiome in yearling Tibetan sheep［J］. Sci Rep，9（1）：19620.
Zhang H，Wu C X，Chamba Y，et al，2007. Blood characteristics for high altitude adaptation in Tibetan chickens［J］. Poult Sci，86（7）：1384-1389.
Zhang Z，Xu D，Wang L，et al，2016. Convergent evolution of rumen microbiomes in high-altitude mammals［J］. Curr Biol，26（14）：1873-1879.

主 要 品 种

草地藏系绵羊公羊

草地藏系绵羊母羊

高原型藏羊公羊

高原型藏羊母羊

欧拉羊公羊

欧拉羊母羊

岷县黑裘皮羊公羊

岷县黑裘皮羊母羊

贵德黑裘皮羊公羊

贵德黑裘皮羊母羊

勒通绵羊公羊

勒通绵羊母羊

玛格绵羊公羊

玛格绵羊母羊

西藏山羊公羊

西藏山羊母羊

白玉黑山羊公羊

白玉黑山羊母羊